中华二十四节气知识全集

李金水 ◎ 主编

当代世界出版社

图书在版编目（CIP）数据

中华二十四节气知识全集/李金水主编．—北京：当代世界出版社，2009.7
ISBN 978-7-5090-0437-1

Ⅰ．中… Ⅱ．李… Ⅲ．二十四节气—基本知识 Ⅳ．S162

中国版本图书馆 CIP 数据核字（2008）第 190483 号

中华二十四节气知识全集

出版发行：	当代世界出版社
地　　址：	北京市复兴路 4 号（100860）
网　　址：	http://www.worldpress.com.cn
编务电话：	（010）83908403
发行电话：	（010）83908410（传真）
	（010）83908408
	（010）83908409
经　　销：	全国新华书店
印　　刷：	北京凯达印务有限公司
开　　本：	787×1092 毫米　1/16
印　　张：	22.75
字　　数：	327 千字
版　　次：	2009 年 7 月第 1 版
印　　次：	2010 年 2 月第 2 次印刷
书　　号：	ISBN 978-7-5090-0437-1
定　　价：	39.00 元

如发现印装质量问题　请与承印厂联系调换
版权所有　翻印必究；未经许可　不得转载！

前　言

中国是一个历史悠久的文明古国，勤劳而智慧的华夏儿女在漫长的历史岁月里，从亲身实践中认识总结出了丰富的生产和生活经验，为后人留下了大量宝贵的文化遗产。在这些文化遗产中，二十四节气堪称一朵奇葩。

节气既是人们对天文、气象、物候的科学认识总结，也是古代历法的创造之一。节气将一年内太阳运行的位置变化并由此引起的地面气候演变秩序，划分为二十四个段落，每段约隔半个月时间，然后分配在十二个月里。每个月的月首称为"节气"，分别是立春、惊蛰、清明、立夏、芒种、小暑、立秋、白露、寒露、立冬、大雪、小寒。月中的称为"中气"，分别是雨水、春分、谷雨、小满、夏至、大暑、处暑、秋分、霜降、小雪、冬至、大寒。12个节气和12个中气合称为二十四节气。

二十四节气起源于我国黄河流域，早在春秋时期，古人利用土圭测日影的方法，定下了春分、秋分、夏至、冬至四大节气。以后，通过农业生产实践，逐渐充实完善，到秦汉时，二十四节气已经完全确立，成为农事活动的主要依据。

俗话说："国以民为本，民以食为天。"在人类生存发展的诸多条件中，吃饭是最重要的一件事。我国古代劳动人民根据气候变化而祈祷丰收，冀望消灾纳福。因此围绕着各种农事活动形成了丰富多彩的节气习俗。有的节气甚至成了节日，如"立春"就是古代的春节，即"元旦"。由此发端，节气之外还派生出了若干新的年节节日，如元宵节、端午节、中秋节、重阳节等。这些节日除了与生产有关，还增加了商业、交际、应酬、娱乐等活动形式。节气习俗和节日活动共同组成了中华民族的岁时节令文化，在几千年的历史长河中不断完善和发展，历代传承。

本书《中华二十四节气知识全集》从农事气象、生活提示、民间禁忌、

养生保健、营养药膳、习俗大观、农历节日、诗词歌赋、时令谚语等方面对二十四节气进行了系统的分析介绍和详尽的解说评述,集生产、祭祀、娱乐、礼仪、饮食、养生于一体,通天、地、人、文于一身,描绘了一幅幅色彩斑斓、气象万千的生动画面,颇具科学性、知识性和趣味性。

北宋著名哲学家程颢有一首题为《偶成》的诗,诗中说:"闲来无事不从容,睡觉东窗日已红。万物静观皆自得,四时佳兴与人同。道通天地有形外,思入风云变态中。富贵不淫贫贱苦,男儿到此是豪雄。"这是用自然的法则来表达人生的哲理。无论是"静观万物"还是享受春夏秋冬"四时佳兴",人生的道理都是一样的。要想达到"天人合一"的境界,必须按自然规律办事。即便是一年四季气候的变化,也要求人的生产、生活与它相适应,科学、合理地安排日常活动。从这个意义上说,二十四节气在讲述气象变化的同时,也在讲述人与自然的关系、人与人的关系,更是在讲述人类生存的基本法则。

本书在编写过程中,参考借鉴了大量的文献著作。正是这些资料和图片,丰富了本书内容,在此表示深深的感谢!

由于编者水平有限,书中难免错谬之处,敬请批评指正!

目 录

前　言
导　读
▶ 一、先说说历法 /1
▶ 二、二十四节气的形成 /7
▶ 三、二十四节气与历法的配合 /13
▶ 四、二十四节气常用名词 /16
▶ 五、二十四节气与七十二候 /28
▶ 六、二十四节气与四季风 /31
▶ 七、二十四节气与花信风 /32
▶ 八、各地二十四节气歌 /33

春季六节气

每年阳历的2月4日、5日前后,太阳到达黄经315°时交"立春"节气。立春是二十四节气中的第一个节气,预示季节转换,标志严冬已尽,春天来了。

▶ 立春农事气象 /37
▶ 立春生活提示 /38
▶ 立春民间禁忌 /39

- 立春养生保健 /39
- 立春营养药膳 /40
- 立春习俗大观 /41
- 立春农历节日 /48
- 立春诗词歌赋 /66
- 立春时令谚语 /68

雨水

每年阳历的2月18日、19日前后，太阳到达黄经330°时交"雨水"节气。雨水是二十四节气中的第二个节气，表示气候逐渐回暖，冰雪融化，雨水逐渐增多，空气湿度不断增大，但冷空气活动依然频繁。

- 雨水农事气象 /70
- 雨水生活提示 /71
- 雨水民间禁忌 /72
- 雨水养生保健 /72
- 雨水营养药膳 /73
- 雨水习俗大观 /74
- 雨水农历节日 /75
- 雨水诗词歌赋 /83
- 雨水时令谚语 /84

惊蛰

每年阳历的3月5日、6日，太阳的位置到达黄经345°，这一天，便是反映物候的"惊蛰"节气。自这天起，天气回暖，春雷始震，蛰伏于泥土深处一个冬季的冬眠动物和昆虫会钻出地面，开始它们新的生命。《月令七十二候集解》记载说："二月节，万物出乎震。震为雷，故曰惊蛰。是蛰虫惊而出走矣。"《群芳谱》解释说："雨水后十五日为惊蛰，蛰虫震惊而出也。"《礼记·月令》中也说："东风解冻，蛰虫始振。"

- 惊蛰农事气象 /86
- 惊蛰生活提示 /87
- 惊蛰民间禁忌 /88

- 惊蛰养生保健　/88
- 惊蛰营养药膳　/89
- 惊蛰习俗大观　/91
- 惊蛰农历节日　/94
- 惊蛰诗词歌赋　/98
- 惊蛰时令谚语　/100

春分

春分在二十四节气中是最早使用的节气,这天在阳历3月20日或21日,太阳处在黄经0°的位置。太阳直射赤道,南、北半球昼夜时间相等。《月令七十二候集解》载:"分者半也,此当九十日之半,故谓之分。"在二十四节气中,立春是春天的开始,立夏是春天的结束,有后九十天,春分节在立春、雨水、惊蛰三节之后,每节15天,三个节45天,恰好是春季的一半,所以春分有平分春天的意思。

- 春分农事气象　/102
- 春分生活提示　/103
- 春分民间禁忌　/103
- 春分养生保健　/103
- 春分营养药膳　/104
- 春分习俗大观　/105
- 春分农历节日　/106
- 春分诗词歌赋　/109
- 春分时令谚语　/109

清明

天气清澈明朗为"清",万物欣欣向荣为"明"。清明是二十四节气的第五个节气。每年阳历的4月4日、5日左右,太阳到达黄经15°交"清明"节气。"满阶杨柳绿如茵,画出清明三月天"、"佳节清明桃李笑"、"雨足郊原草木柔"等诗句,是对"清明"时节的生动描述。

- 清明农事气象　/111
- 清明生活提示　/112
- 清明民间禁忌　/112

- 清明养生保健 /113
- 清明营养药膳 /113
- 清明习俗大观 /115
- 清明农历节日 /121
- 清明诗词歌赋 /124
- 清明时令谚语 /126

谷雨

每年的4月20日、21日，太阳到达黄经30°交"谷雨"节气。谷雨是二十四气中的第六个节气，按照宋代陈元靓《岁时广记》的解释，谷雨是"雨生百谷"的意思，这时庄稼人已在田里插了秧，需要大量雨水来湿润泥土，禾苗有足够的雨水，才能茁壮成长。

- 谷雨农事气象 /128
- 谷雨生活提示 /129
- 谷雨民间禁忌 /129
- 谷雨养生保健 /129
- 谷雨营养药膳 /130
- 谷雨习俗大观 /132
- 谷雨农历节日 /135
- 谷雨诗词歌赋 /137
- 谷雨时令谚语 /139

立夏

每年阳历5月5日、6日，太阳到达黄经45°交"立夏"节气。立夏在二十四节气中排序第七，表示一年一度的夏季开始。万物生长，炎热的天气将要来临，农业生产进入繁忙季节。

- 立夏农事气象 /143
- 立夏生活提示 /144
- 立夏民间禁忌 /145

- 立夏养生保健 /145
- 立夏营养药膳 /145
- 立夏习俗大观 /146
- 立夏农历节日 /148
- 立夏诗词歌赋 /151
- 立夏时令谚语 /152

小满

每年阳历 5 月 21、22 日前后，太阳到达黄经 60°交"小满"节气。小满不表示季节也不表示气候冷热。从字面上解释，"小"是说作物刚开始灌浆，乳熟，需要继续成熟；"满"指麦类夏熟作物子粒饱满，但与真正的丰满、圆满相比，又差些时日。

- 小满农事气象 /154
- 小满生活提示 /155
- 小满民间禁忌 /156
- 小满养生保健 /156
- 小满营养药膳 /157
- 小满习俗大观 /158
- 小满诗词歌赋 /160
- 小满时令谚语 /162

芒种

作为反映农业物候现象的节气，芒种在二十四节气中排序第九，此时太阳到达黄经 75°，时间是每年阳历的 6 月 5 日、6 日前后。

- 芒种农事气象 /164
- 芒种生活提示 /166
- 芒种民间禁忌 /166
- 芒种养生保健 /166
- 芒种营养药膳 /167
- 芒种习俗大观 /168
- 芒种农历节日 /169

▶ 芒种诗词歌赋　/177
▶ 芒种时令谚语　/178

夏至

每年阳历的6月21日、22日前后,太阳到达黄经90°交"夏至"节气。夏至在二十四节气中排序第十。至,字面的意思是"极",这里指日形长到终极,一年之中夏至日太阳直射地面的位置到达一年的最北端,几乎直射北回归线,北半球的白天达到最长,且越往北越长。夏至以后,阳光直射地面的位置逐渐南移,北半球的白天日渐缩短。

▶ 夏至农事气象　/180
▶ 夏至生活提示　/181
▶ 夏至民间禁忌　/182
▶ 夏至养生保健　/182
▶ 夏至营养药膳　/183
▶ 夏至习俗大观　/184
▶ 夏至农历节日　/185
▶ 夏至诗词歌赋　/186
▶ 夏至时令谚语　/187

小暑

每年阳历的7月7日、8日前后,太阳到达黄经105°交"小暑"节气。小暑是一个反映气温变化的节气,暑是炎热,小是炎热的程度,小暑是说炎热的夏天到了,但还没有到最热的时候。

▶ 小暑农事气象　/189
▶ 小暑生活提示　/190
▶ 小暑民间禁忌　/190
▶ 小暑养生保健　/190
▶ 小暑营养药膳　/191
▶ 小暑习俗大观　/192
▶ 小暑农历节日　/193
▶ 小暑诗词歌赋　/195

▶ 小暑时令谚语 /195

大暑

每年的大暑节气,在阳历7月22日、23日,以太阳到达黄经120°为准。大暑时至三伏天气的中伏,是一年之中天气最热的阶段。

▶ 大暑农事气象 /197
▶ 大暑生活提示 /199
▶ 大暑民间禁忌 /199
▶ 大暑养生保健 /200
▶ 大暑营养药膳 /201
▶ 大暑习俗大观 /202
▶ 大暑诗词歌赋 /203
▶ 大暑时令谚语 /204

立秋

立秋是二十四节气中的第十三个节气,通常在每年阳历的8月7日、8日前后,此时太阳到达黄经135°。谚语说:"一场秋雨一场凉。"简简单单的一个"秋"字,带出了"雨",带出了"凉",更带出了一个季节的转换。

▶ 立秋农事气象 /209
▶ 立秋生活提示 /210
▶ 立秋民间禁忌 /211
▶ 立秋养生保健 /211
▶ 立秋营养药膳 /212
▶ 立秋习俗大观 /214
▶ 立秋农历节日 /217
▶ 立秋诗词歌赋 /224
▶ 立秋时令谚语 /226

处暑

每年阳历的8月23日、24日前后,太阳到达黄经150°交"处暑"节气。处是"终止"的意思,处暑表示炎热的夏天即将过去,凉爽的秋天即将到来。

- ▶ 处暑农事气象 /228
- ▶ 处暑生活提示 /228
- ▶ 处暑民间禁忌 /229
- ▶ 处暑养生保健 /229
- ▶ 处暑营养药膳 /231
- ▶ 处暑习俗大观 /233
- ▶ 处暑农历节日 /233
- ▶ 处暑时令谚语 /239

白露

每年阳历的9月7日、8日前后,太阳到达黄经165°交"白露"节气。白露,地上的阴气渐渐重了,清晨的露水一天比一天厚,凝结成团团、白白的水滴,所以叫"白露"。

- ▶ 白露农事气象 /241
- ▶ 白露生活提示 /241
- ▶ 白露民间禁忌 /242
- ▶ 白露养生保健 /242
- ▶ 白露营养药膳 /243
- ▶ 白露习俗大观 /244
- ▶ 白露诗词歌赋 /245
- ▶ 白露时令谚语 /246

秋分

每年阳历的9月23日、24日,太阳移至黄经180°交"秋分"节气。"秋分"有两个意思,一是秋季前后九十天,秋分恰居之中,从而将秋季平分为二;二是秋分当日,阳光几乎直射赤道,因此白天与黑夜时长也几乎相等。此后,阳光直射位置更向南移,北半球开始日短夜长。

- 秋分农事气象 /248
- 秋分生活提示 /248
- 秋分民间禁忌 /249
- 秋分养生保健 /249
- 秋分营养药膳 /250
- 秋分习俗大观 /251
- 秋分农历节日 /252
- 秋分诗词歌赋 /259
- 秋分时令谚语 /260

寒露

每年阳历的10月8日、9日,太阳到达黄经195°交"寒露"节气。寒露是二十四节气中的第十七个节气。所谓寒露,指"露气寒冷,将凝结也"。这时,气温往下降,野外的露水更多,形态也由白露的洁白晶莹凝结为霜形。有"霜"自然"寒",露水冰凉,寒露之名由此而起。

- 寒露农事气象 /262
- 寒露生活提示 /263
- 寒露民间禁忌 /263
- 寒露养生保健 /263
- 寒露营养药膳 /264
- 寒露习俗大观 /265
- 寒露农历节日 /266
- 寒露诗词歌赋 /272
- 寒露时令谚语 /273

霜降

每年阳历的10月23日、24日前后,太阳到达黄经210°交"霜降"节气。霜降是二十四节气中的第十八个节气,也是秋季里最后一个节气。这时,虽然仍处在秋天,但已是"千树扫作一番黄"的暮秋、残秋、晚秋。

- 霜降农事气象 /275

- 霜降生活提示 /276
- 霜降民间禁忌 /276
- 霜降养生保健 /276
- 霜降营养药膳 /277
- 霜降习俗大观 /278
- 霜降农历节日 /279
- 霜降诗词歌赋 /280
- 霜降时令谚语 /282

立冬

每年阳历的11月7日、8日,太阳到达黄经225°交"立冬"节气。立冬是二十四节气的第十九个节气,是冬季的第一个节气。古语有"立冬之日,水始冰,地始冻"的说法。从这个时候起,北风呼啸,雪花飘舞,阳气潜藏,阴气盛极,草木凋零,蛰虫伏藏,万物进入冬眠状态。

- 立冬农事气象 /287
- 立冬生活提示 /288
- 立冬民间禁忌 /289
- 立冬养生保健 /289
- 立冬营养药膳 /290
- 立冬习俗大观 /292
- 立冬农历节日 /294
- 立冬诗词歌赋 /296
- 立冬时令谚语 /297

小雪

每年阳历的11月22日、23日前后,太阳到达黄经240°交"小雪"节气。小雪包括两层意思,一是气温下降,降水在空中凝结成雪花,是降雪的起始时间;二是天还没有冷到极点,雪下得不是太大。

- 小雪农事气象 /299

- 小雪生活提示 /300
- 小雪民间禁忌 /301
- 小雪养生保健 /301
- 小雪营养药膳 /301
- 小雪习俗大观 /303
- 小雪诗词歌赋 /304
- 小雪时令谚语 /305

大雪

每年阳历的12月7日、8日,太阳到达黄经255°交"大雪"节气。大雪意味着下雪次数增多,雪量增大,天气更加寒冷。

- 大雪农事气象 /306
- 大雪生活提示 /306
- 大雪民间禁忌 /307
- 大雪养生保健 /307
- 大雪营养药膳 /308
- 大雪习俗大观 /309
- 大雪诗词歌赋 /310
- 大雪时令谚语 /312

冬至

每年阳历的12月21日、22日左右,太阳到达黄经270°交"冬至"节气。冬至这天白天时间最短,黑夜时间最长。也就是从这天起,气温进入到了一年中最冷的时期。

- 冬至农事气象 /313
- 冬至生活提示 /314
- 冬至民间禁忌 /314
- 冬至养生保健 /315
- 冬至营养药膳 /315
- 冬至习俗大观 /317

▶ 冬至诗词歌赋 /322

▶ 冬至时令谚语 /324

 小寒

每年阳历的1月5日、6日,太阳到达黄经285°交"小寒"节气。冷气积久而为寒,天气寒冷了,但还不是最冷的时候,又因为它与夏季的小暑节气相对应,故称"小寒"。

▶ 小寒农事气象 /326

▶ 小寒生活提示 /327

▶ 小寒民间禁忌 /328

▶ 小寒养生保健 /328

▶ 小寒营养药膳 /329

▶ 小寒习俗大观 /330

▶ 小寒农历节日 /331

▶ 小寒诗词歌赋 /333

▶ 小寒时令谚语 /334

大寒

每年阳历的1月20日、21日,太阳到达黄经300°交"大寒"节气。大寒是冬季的最后一个节气,也是二十四节气中的最后一个节气,这时风猛、雪大、冰厚、气温低。

▶ 大寒农事气象 /336

▶ 大寒生活提示 /336

▶ 大寒民间禁忌 /337

▶ 大寒养生保健 /337

▶ 大寒营养药膳 /338

▶ 大寒习俗大观 /339

▶ 大寒农历节日 /340

▶ 大寒诗词歌赋 /344

▶ 大寒时令谚语 /345

主要参考书目 /347

二十四节气是中华民族的先民们在远古时代开创的一部历法。这部历法首先确认了一年是365天，它和同时代古埃及人确认的一年天数相同。后来，先民们从农业生产出发，又将一年划分为二十四个节气段，每个节气段约15天，一年12个月，每月两个节气，一年共24个节气，360天。这个历法符合地球绕太阳运行的一个回归年的周期规律，是中国人在古代创建的"太阳历"。后来在夏朝时又将二十四节气和中国的"太阴历"结合，改革了太阴历，制定了"阴阳合历"的夏历，也就是现在我们常说的农历。

一、先说说历法

　　我国现行日历采用的是太阳历，简称阳历、公历，而在阳历日期的下面大多有一排小字，是农历的日期，隔半个月左右，还有今日立春、今日清明、今日小寒等提示，这些提示就是节气。
　　在历史上，二十四节气和阳历、阴历、农历三种历法有着直接和间接的关系。所以，在介绍节气之前，我们先说说历法。

1. 历字的解释

　　"历"字的上古形体很有意思。甲骨文历字写作⿓，上部是两棵禾，表示一行一行的庄稼，下部是一只脚（止），脚趾朝上，脚后跟朝下，表示脚步从一行一行的庄稼中走过。金文历字写作⿓，左上边增加了个厂字，表示在山崖之前种有一行行整整齐齐的庄稼。小篆历字写作⿓，把甲骨文和金文合并，虽然字形

复杂了，但表示的意思更全面，就像人的脚步从山崖前的庄稼田中一步一步地走过。楷书历字写作歷，形体是直接从小篆变来的。今天写的简化字历，变成了一个外形(厂)内声(力)的新形声字了。

"历"字的本义是经过，如司马迁在《报任安书》中说："足历王庭。"也就是说：从君主的住处走过。由这个本义引申为逐个地、一件一件地，如《汉书·艺文志》中说："历记成败存亡祸福之道。"大意是：一件一件地记载古今成败存亡祸福的道理。从这个意义拓展，后世就产生了新叠音词"历历"了，如杜甫就有一首《历历》诗，诗中说："历历开元事，分明在眼前。"这是说唐玄宗开元年间的事情，一件件清晰分明地出现在眼前。成语"历历在目"也正是由此而来。

时间的推移是一月月一年年地前进的，所以表示历法、历书的"历"字，古人想得很周到，把"历"改为曆，以日代止，很有道理，如《旧唐书·曆志一》："玄宗召见，令造新曆。"这个曆就是曆法的曆。由此可见，歷和曆的关系，是古今字的关系，歷是古字，曆是今字，现在都简化为历了。

2. 历法的产生

《周易·系辞上》说："仰以观于天文，俯以察觉于地理，是故知幽明之故。"现在我们经常使用的"观察"即出自这句话里的"仰观"和"俯察"。天文学的实践主要是观察，历法也是在观察的基础上产生的。"在天成象，在地成形，变化见矣。"观察天上的"象"即日月星辰，观察地上的"形"即山川动植万物，对天象地形的观察，可以看到自然的变化。天上变化最明显的是日月，因此，我们猜测古人最早观察的对象应是日月。

在观察时，人们首先感觉到的是昼夜的变化，这个变化跟太阳的升落密切相关，太阳从东方升起的时候，天就亮了，太阳西落之后，天就黑了。第二天又是这样重复一次。昼夜变化和太阳升落给人们以强烈而频繁的重复刺激，自然会给人们留下深刻的印象，从而形成了最早的时间概念：日。

其次，在夜晚的天上，明亮皎洁的月亮特别引人注目。月亮的圆缺变化当然也不会被人们所忽视。古人看到新月像蛾眉，接着一天比一天长大、长圆，然后又从圆满到亏缺、消失。过几天，又有像蛾眉的新月出现。经过多次循环往复，不断刺激，人们对月亮这种位相变化周期，也就是月相有了认识，从而形成了时间的另一个概念:月。

新月长成半圆形,"其形一旁曲,一旁直,若张弓弦也"(《艺文类聚》卷一),所以叫做"弦"。长成圆形,叫做"望"。以后又亏缺成半圆形,也叫做"弦"。"望"之前叫做"上弦","望"之后叫做"下弦"。后来再变细小乃至消失,像火熄灭一样,看不见光了,叫做"晦"。过几天,天上又重新出现新月,这叫"朔"。

第三,"日月运行,一寒一暑","变通莫大乎四时"(《周易·系辞上》)。四季气候的寒暑变化像日月同样给人们留下了深刻的印象。从寒冷的气候经过一段温暖季节,进入炎热的暑天,又经过凉爽的季节,重新出现寒冷的时节。这种情况虽然也是反复多次刺激着人们,但由于周期太长,界线并不那么明显,因此对它的认识要晚一些。在寒暑变化的同时,植物也有明显的变化,叶生叶落,花开花谢,也呈现着周期性。寒暑之气的变迁和物候的更替,形成了气候的概念。四季气候的变化,人们开始只是十分模糊的概念,后来才逐渐明确起来,并且日益精密、准确。历法就是这样发展起来的。

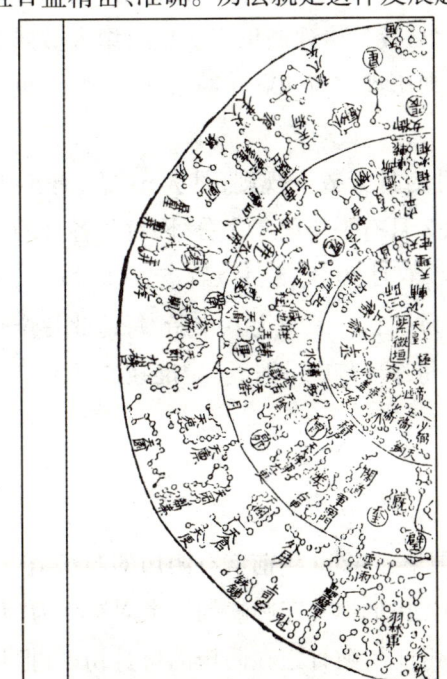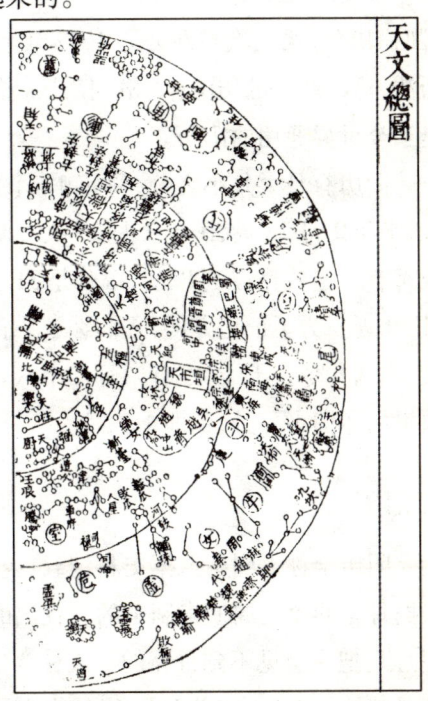

天文总图(选自《三才图会》)

3. 阳历

阳历全称太阳历,是当今世界上大多数国家、地区和民族通用的历法,所以又叫"公历"。

阳历是基于地球绕太阳运行所出现的规律制定的。它把地球绕太阳一圈所用的时间,定为一个回归年。回归年是太阳历的基本周期,这个周期起始定为365日,后来经过精密计算确定为365日5小时48分48秒,约合365.2422日。

太阳历最早形成于古埃及。4000年前,古埃及人根据天狼星的出现和尼罗河泛滥的日期规律,计算出一年是365天,分12个月,每月30天,多余的5天为年终节日,这就是古埃及的太阳历,也是西方最早的太阳历。

近2000年以来,古埃及的太阳历经过两次修订,才形成当今世界广泛应用的阳历。第一次是在公元前46年,古罗马的儒略·凯撒大帝主持修改历法,他以古埃及的太阳历为基础,修改后实施四年一闰,这个历法后人称为"儒略历"、"凯撒历"。第二次是在公元1582年,罗马教皇格列高里十三世组织人员修改历法,这次修改的历法称"格列历"。格列历规定每400年减去3个闰年,也就是当今世界通用的阳历。

阳历有月大月小之分,每年12个月的月天数不规则,月大31天,月小30天,平年2月28天,闰年2月29天。除2月有平年闰年之分外,每年各月的天数都有一定数目:7月以前,单月是31天,双月30天;8月以后,双月是31天,单月30天。为了记忆方便,人们编了一首歌诀:"一三五七八十腊,每逢此月全是大;四六九冬三十天,唯有二月二十八。每逢四年闰一日,一定准在二月加。"歌诀里的冬即十一月,腊即十二月。

4. 阴历

阴历全称太阴历。据史料记载,我国早在4200年前就有阴历的叫法,它是根据月亮的变化周期来制定的。我国的先民们把月亮圆缺的一个周期称为"朔望月",把完全见不到月亮的一天称为"朔日",朔日定在阴历的每月初一;把月亮最圆的一天称为"望日",望日定在阴历的每月十五(或十六)。从朔到望是朔望月的前半月,从望到朔是朔望月的后半月,从朔到望再到朔为阴历的一个月,一个朔望月的天数是 29 天 12 小时 44 分 2.8 秒,约合 29.5306 天。

阴历一年 12 个月,单月是大月共 30 天,双月是小月共 29 天,全年共 354 天,12 个朔望月总计 354.367 天,二者一年相差 0.367 天。如果不调整,40 年后,朔望日期就会发生颠倒。所以阴历需要安排"闰年",办法是每 30 年给规定的 11 年中的每年最后一月加 1 天,阴历经过这样调整以后,每 30 年和月亮绕地球的步调只差 16.8 分了。

由于月亮围绕地球运转和地球围绕太阳运转速度不均匀,为保持朔日必在阴历每月初一,也要进行调整,因此有时出现一连两个阴历大月或一连两个阴历小月的情况。

5. 阴阳合历

把阳历和阴历二者配合起来的历法称为"阴阳合历"。阴阳合历在我国夏代时就已制定,所以历史上长期称其为"夏历"。这种历法安排有二十四节

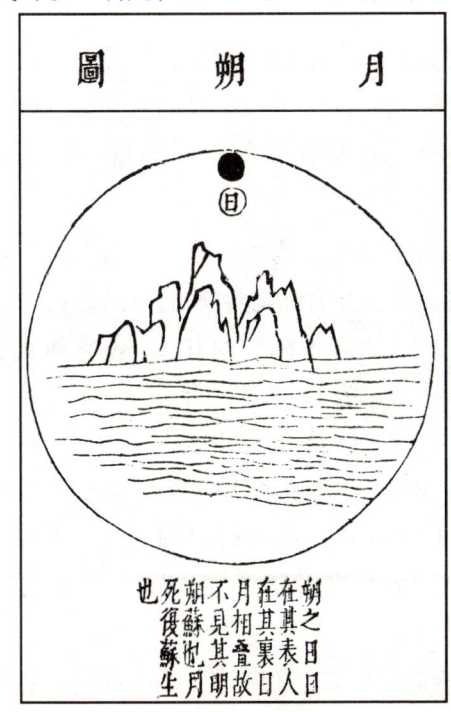

月朔图　月望图(选自《三才图会》)

气,以指导农事活动,而且主要在广大农村使用,因此称为"农历",又叫旧历、中历,民间也有称为阴历的。它用严格的朔望周期来定月,又用设置闰月的办法使年的平均长度与回归年相近,兼有阴历和阳历的性质,因此说它是一种阴阳两历并用的历法。

农历把日、月合朔的日期作为月首,即初一,也是把朔望月的时间作为历月的平均时间。在这一点上和纯粹的阴历相同,但多运用了设置闰月的办法和二十四节气的办法,使历年的平均长度等于回归年,这样它又具有阳历的成分,所以它比纯粹的阴历好。

农历基本上以12个月作为一年。但12个朔望月的时间是354.367日,和阳历比起来,前后要相差11天。这样每隔3年就要多出33天,即多出1个多月。为了把多余的日数消除,每隔3年就要加1个月,这就是农历的闰月。农历平年354天或355天,闰年时为383天或384天。

我们来看看农历是怎样编制的。

(1) 农历的历年。农历的历年长度以地球绕太阳的周期(回归年)为准。但是一回归年是365.2422日,这个数目比12个朔望月的日数多,而比13个朔望月的日数少。如果农历固定每年都是12个月,则一年只有354天左右,和一回归年相比就差11天左右。

古代天文学家考虑到这一点,在编制农历时,为使一月中任何一天都含有月相的意义(如初一都是无月的夜晚,十五左右都是圆圆的月亮),就以朔望月为主,同时兼顾季节时令,采用了"十九年七闰"的方法,使它和回归年吻合。在19年当中有12个平年,每一平年为12个月;有7个闰年,每一闰年为13个月。经过推算,19年加7个闰月较符合实际,因为,19个回归年 = 365.2422 日 × 19 = 6939.6018 日;而19个农历年加7个闰月后,共有235个朔望月,(19 × 12 + 7) = 235 × 29.5306 日 = 6939.6910 日。这样两者就差不多相符了,所以农历的月份季节可以在长期内保持大体上一样,不会发生寒暑颠倒的现象。

(2) 闰月的安插。农历闰月的安插完全是人为的规定,历代对闰月的安插也不尽相同。汉武帝太初元年(公元前104年),把闰月分插在一年的各月,以后又规定不包含"中气"的月份为前一个月的闰月,直到现在仍沿用此种规定。正确的现行农历是"中气置闰"法,更准确地说是"定冬至"法(定冬至所在月为十一月法)。所以农历的平均历年长度就是最新的回归年数(这个数也是变化的),利用这种置闰法的好处就是能永远与回归年对应,而不会产生误差。

(3) 二十四节气在农历中的地位。在推算农历时,"冬至"是处于首要地位的,确定了冬至也就是确定了农历的年长(是 12 个月还是 13 个月),"春分"(回归年是以它作为起点定义的)也非常重要。12 中气是农历历月的标志,都是农历置闰的重要依据。12 节气中的"四立:立春、立夏、立秋、立冬"是我国传统四季的正式起点。农历节气是直接以黄经度数计算的"真节气",其精度很高。

(4) 农历的三要素。日(太阳日)、朔(农历中的阴历成分)、气(农历中的阴历成分)。

(5) 农历的循环规律。阳历以回归年为准,而且每年的长短都差不多:每年总是十二个月(365 日或 366 日),各月的大小(除 2 月外)也很有规则,而且年年相同。所以在阳历里各节气和中气的日期大致上是固定的。但农历就不这样,每年月份的大小极不规则,有的连续两个、三个、四个大月或连续两个、三个小月。年的长短也不一样,而且差距很大,平年是 353—355 天,而闰年是 383—384 天。这样一来,在农历里各节气和中气分布的日期就不能年年大体上固定了。从上述情况看来,农历似乎显得很复杂,但实际并非如此,它还是有一定的规律。因为在农历 19 年里所包含的日数和 19 个回归年差不多相等,这样就使农历在每隔 19 年里,月份和每月初一日、节气和中气日期、闰月的循环保持大体相同的情况。

农历是我国古代伟大创造之一。它的特点是:任何一日都含有月相的意义;利用农历日期可以推算潮汐(潮水是月亮的吸引力造成的)。几千年来,我国农村习惯使用这种历法,所以称它为"农历"。

我国现行农历的版本,是明末清初的《时宪历》,于 1645 年农历乙酉年正式使用的。

二、二十四节气的形成

二十四节气不像 1 月、2 月、3 月……那样顺序排列地数数,它有着"春

雨惊春清谷天……"等生动而形象的名称。二十四节气不是凭空用数字算出来的,而是我国古代劳动人民在漫长的生产实践中,对天文、气候和农业生产等方面的丰富经验进行加工提炼、总结出来的,生动地展现出一幅幅描绘冷暖干湿变化的自然画卷,蕴藏着深刻的科学道理。

1. 二十四节气名称

二十四节气从阳历2月份开始,顺次为:

立春、雨水、惊蛰、春分、清明、谷雨,这是春天的6个节气;
立夏、小满、芒种、夏至、小暑、大暑,这是夏天的6个节气;
立秋、处暑、白露、秋分、寒露、霜降,这是秋天的6个节气;
立冬、小雪、大雪、冬至、小寒、大寒,这是冬天的6个节气。

一年春夏秋冬四季,一季3个月,6个节气,每2个节气历时1个月,12个月24个节气。从1月份的小寒、大寒到6月份的芒种、夏至间的12个节气,处于上半年;从7月份的小暑、大暑到12月份的大雪、冬至的12个节气,处于下半年。

今天,还流行着一首二十四节气歌:

春雨惊春清谷天,夏满芒夏暑相连。
秋处露秋寒霜降,冬雪雪冬小大寒。
上半年来六廿一,下半年来八廿三。
每月两节日期定,最多不差一两天。

2. 二十四节气类别

二十四节气按照不同的性质,有六种类别,它们是:季节类、天文类、物候类、降水类、气温类和水汽类,具体分为:

季节类:立春、立夏、立秋、立冬。这是根据气候的变化定位,表示春夏秋冬四季的开始。

天文类:春分、夏至、秋分、冬至。分别表示昼夜的长短。春分、秋分昼夜等分,夏至白天最长,冬至黑夜最长。

物候类:惊蛰、清明、小满、芒种。表示在天气的变化和气候的影响下,动植物及农作物所发生有候应现象，及其相应的农事活动。

降水类：雨水、谷雨、小雪、大雪。根据降水的时节及降水量的大小而定，表示降水的性质和程度。

气温类：小暑、大暑、处暑、小寒、大寒。根据气温的高低程度而定，表示天气的炎热和寒冷程度。

水汽类：白露、寒露、霜降。表示近地面水汽随着气温下降的程度及产生的凝结状况，主要体现气温的下降程度。

3. 二十四节气起源

二十四节气起源于黄河中下游地区，这里地处北纬30°—40°，一年四季气候分明，多河流谷地和冲积平原，地势平坦，土地肥沃，适宜耕作，特别是黄河水滋润哺育了两岸的人民。从二十四节气形成到汉代完备的漫长时期里，黄河中下游地区都是我国政治、经济、文化中心。历代王朝、列国曾建过都的地方，就有陕西的西安、咸阳，山东的临淄、曲阜，河北的邯郸，河南的开封、洛阳、商丘等地，因此，这一地区的农业生产具有"天时地利人和"特点，得以充分发展的条件和机会。所以说，二十四节气反映了黄河中下游地区的气候条件和农业生产特点。节气的确定对于整个地区的农业生产的发展起到了积极而重要的促进作用。

4. 二十四节气测定

远古时期，我国的先民们为了搞好农业生产，十分注意掌握农时，注意掌握节气气候的变化规律。怎样掌握节气气候的变化规律呢？最初人们是从观察物候入手，观察自然界生物和非生物对节气、气候变化的反应现象，从而掌握节气气候。人们以物候为从事农业活动的依据。

我国较早的古历书《夏小正》对物候有详细的记载。下面是《夏小正》的原文：

正月：启蛰。雁北乡。雉震呴。鱼陟负冰。农纬厥耒。初岁祭耒。始用畅。囿有见韭。时有俊风。寒日涤冻涂。田鼠出。农率均田。獭祭鱼。鹰则为鸠。农及雪泽。初服于公田。采芸。鞠则见。初昏参中。斗柄县在下。柳

稊。梅、杏、杝桃则华。缇缟。鸡桴粥。

二月：往耰黍，禅。初俊羔。助厥母粥。绥多女士。丁亥。万用入学。祭鲔。荣堇、采蘩。昆小虫抵蚔。来降燕乃睇。剥鳝。有鸣仓庚。荣芸，时有见稊，始收。

三月：参则伏。摄桑。委杨。䍽羊。䴷则鸣。颁冰。采识。妾、子始蚕。执养宫事。祈麦实。越有小旱。田鼠化为鴽。拂桐芭。鸣鸠。

四月：昴则见。初昏。杞南门正。鸣札。囿有见杏。鸣蜮。王萯秀。取荼。秀幽。越有大旱。执陟攻驹。

五月：参则见。浮游有殷。鴂则鸣。时有养日。乃瓜。良蜩鸣。启灌蓝蓼。匽之兴。五日翕。望乃伏。启鸠为鹰。唐蜩鸣。初昏大火中。种黍菽糜。煮梅。蓄兰。菽糜。颁马。将闲诸则。

六月：初昏。斗柄正在上。煮桃。鹰始挚。

七月：秀雚苇。狸子肇肆。湟潦生苹。爽死。荓秀。汉案户。寒蝉鸣。初昏。织女正东乡。时有霖雨。灌荼。斗柄县在下则旦。

八月：剥瓜。玄校。剥枣。栗零。丹鸟羞白鸟。辰则伏。鹿人从。鴽为鼠。参中则旦。

九月：内火。遰鸿雁。主夫出火。陟玄鸟蛰。熊罴豹貉鼬鼠生。则穴。荣鞠树麦。王始裘。辰系于日。雀入于海为蛤。

十月：豺祭兽。初昏南门见。黑鸟浴。时有养夜。玄雉入于淮，为蜃。织女正北乡，则旦。

十一月：王狩。陈筋革。啬人不从。陨麋角。

十二月：鸣弋。元驹贲。纳卵蒜。虞人入梁。陨麋角。

《夏小正》全文虽只五百余字，却以全年12个月为序，记载了每月的天象、物候、民事、农事、气象等方面的内容，说明我国古人对于星辰尤其是北斗的变化规律研究已经达到了当时较高的水平。

后来，人们发现通过物候来掌握节气气候显得粗放和不稳定，于是到了距今2700多年前的周朝、春秋时期（公元前722—前481年），聪明的中国先人意识到人的影子长短可能与太阳的位置和气候变化有某种关联，久久思索后，形成的结果是用土圭来测量太阳对晷针所投影子的长短即土圭测日影的方法正确确定了春分、秋分、夏至、冬至的时期。

所谓土圭测影，就是立竿见影，它利用直立的竿子在正午时刻测其影子的长短，把一年中影子最短的一天定为"夏至"，最长的一天定为"冬至"；两至中间（"冬至"到"夏至"、"夏至"到"冬至"）影子为长短之和一半的两天，分别定为"春分"、"秋分"。

土圭原是一支垂直地立在地表面的杆子，中午时分你去看杆子的影子长度，一年中杆子的影子夏天短冬天长。经过长时期的反复观测，人们发现在夏天的某一天正午，杆影达到最短，而后杆影越来越长，天气越来越凉，进入冬天后，又有一天其正午的杆影达到最长，我们的祖先给它们起了一个名字，叫"日至"。"至"就是达到的意思，后来又把夏天的日至，称作日南至，或夏至；冬天的日至称作日北至，或冬至。夏至到夏至，或冬至到冬至，正好是太阳公转一周，即阳历的一年。在夏至到冬至和冬至到夏至的两个时段里，有两天的白天和夜晚一样长，起名为"秋分"和"春分"，"分"表示昼夜平分。今天，河南嵩山脚下还保留着一座完好的世界上最古老的"周公测量台"，它是我国先民用土圭测日影的最好佐证。

除了用土圭，也有用北斗星斗柄所指的方向来定节气的方法。黄昏时斗柄指东为"春分"，指南为"夏至"，指西为"秋分"，指北为"冬至"。

"两至"、"两分"确立后，立春、立夏、立秋、立冬，表示春、夏、秋、冬四季开始的四个节气也相继确定。这样"四立"加上"两分"、"两至"，恰好把一年分为八个基本相等的时段，把四季的时间范围定了下来。《吕氏春秋·十二纪》中就记载了完整的八个节气，而且还记载了许多关于温度、降水变化的内容，以及温度、降水变化所影响的自然物候现象，这些都成为以后七十二候的"候应"。

随着铁制工具的普遍应用，水利灌溉事业的发展，农事活动日益精细与复杂，耕地面积日益扩大，这使得在天时的掌握上，必然要求有更多的主动性和预见性，以便及时采取措施。到秦汉时期，黄河中下游地区的人们根据本区域历年气候、天气、物候以及农业生产活动的规律和特征，先后补充确立了其余16个节气。这16个节气分别是：东汉铜圭表（示意图）

雨水、惊蛰、清明、谷雨、小满、芒种、小暑、大暑、处暑、白露、寒露、霜降、小雪、大雪、小寒、大寒。至此，二十四节气逐渐趋于完善。西汉《淮南子》一书（公元前137年）就记载了完整的二十四节气。

此后，人们对二十四节气的认识随着生产技术水平的提高而发展延伸着。对农业生产有特别意义的时段，有了更细致的阐述，并且在不同气候和农业生产特点的地区应用时，产生出大量的农谚、民谣。节气的含义，已不是24个名称所能表示的了。

5. 二十四节气释义

以二十四节气为标志和界定的一年四季以及二十四个节气本身，古代中国的历法家都有具体而确切的解释。如四季的意义，东汉刘熙的解释是：

春：蠢也，动而生也。

夏：假也，宽假万物，使生长也。

秋：缩也，缩迫品物，使时成也。

冬：终也，物终藏也。

清代陈希龄在《恪遵宪度抄本》"二十四节气解"中，对二十四节气的名称有这样的释义：

立春：立春见也。九十日之气，往者过而来者续，故谓之立。立夏立秋立冬皆同。阳气动物，于时为春。春，蠢也，物蠢生乃动运也。

雨水：天一生水。人物之生，皆始于水，春属木，木生于水，立春后继以雨水。

惊蛰：气积而奋，震而上达，万物出乎震，震为雷，故曰惊蛰。

春分：分者半也，九十日之半，谓之分。秋分同。

清明：按《国语》四时有八风，历独指清明风为三月节，此风属巽故也。万物齐乎巽，巽曰洁齐，清明取明洁之义。俗为民间扫墓的节日。

谷雨：《孝经纬》云：斗指辰为谷雨，言雨生百谷也。

立夏：夏，假也，宽假万物，使生长也。

小满：四月乾卦，谓之满者，言阳气已满。小者将满犹未至极也。又麦粒将已充足，亦为小满也。

芒种：芒音亡，种上声。谓种之有芒者麦也。今读芒为忙，种去声，非也。
夏至：阳极之至，阴气始生。日北至，日长之至，日影短至，故曰夏至。
小暑：温热之气而为暑，小者，未至于极也。
大暑：大者，乃炎热之极也。
立秋：秋就也，万物就成也。
处暑：处，止也，谓暑气将于此时止也。
白露：水土湿气凝而为露。秋属金，金色白，白者露之色，而气始寒也。
秋分：分者半也，九十日之半，谓之分。
寒露：寒者露之气，先白而后寒，固有渐也。
霜降：气肃而霜降，阴始凝也。
立冬：冬终也，物终藏也。
小雪：雨为寒气所薄，故凝雨为雪，小者意为未盛之辞。
大雪：雨为寒气所薄，凝雨为雪，大者已盛之辞，由小至大，亦有渐也。
冬至：阴极之至，阳气始生，日南至，日短之至，日影长至，故曰冬至。
小寒：冷气积久而为寒，小者未至于极也。
大寒：大者乃凛烈之极也。

三、二十四节气与历法的配合

二十四节气与阳历和农历有着千丝万缕的关系，它们的配合让古代百姓能更好地掌握农时。

1. 节气与中气

二十四节气分布在一年的12个月里，常年每月有两个节气，一个在前半月月初，俗称"节气"，一个在后半月月中，俗称"中气"。这个"气"是气象、气候的意思，是古人观察每个阶段内特有的气象或物候现象、农事活动后定出的名称。

和阳历配合时，节气在每月上旬，其规律是：上半年当月的4—6日，下半年当月的6—8日。中气在每月的下旬，其规律是：上半年当月的18—22

日，下半年当月的 22—24 日。

和农历（阴历）配合时，农历的平年每月也是两个节气，两者同样称为节气和中气，若遇到农历闰年的闰月只有一个节气，没有中气。

以下是节气和中气对照表：

节气	立春	惊蛰	清明	立夏	芒种	小暑	立秋	白露	寒露	立冬	大雪	小寒
中气	雨水	春分	谷雨	小满	夏至	大暑	处暑	秋分	霜降	小雪	冬至	大寒

2. 二十四节气在阳历中的日期

由于二十四节气和阳历都是基于地球绕太阳运行的周期规律确定的，所以二十四节气在阳历中有一定的日期，前后相差不过一两天。如下表：

季节	阳历月序	节气	阳历日期
春	2月	立春	4、5 日
		雨水	18、19 日
	3月	惊蛰	5、6 日
		春分	20、21 日
	4月	清明	4、5 日
		谷雨	18、19 日
夏	5月	立夏	5、6 日
		小满	21、22 日
	6月	芒种	5、6 日
		夏至	21、22 日
	7月	小暑	7、8 日
		大暑	22、23 日
秋	8月	立秋	7、8 日
		处暑	23、24 日
	9月	白露	7、8 日
		秋分	23、24 日
	10月	寒露	8、9 日
		霜降	23、24 日

（续表）

季节	阳历月序	节气	阳历日期
冬	11月	立冬	7、8日
		小雪	22、23日
	12月	大雪	7、8日
		冬至	21、22日
	1月	小寒	5、6日
		大寒	20、21日

3. 二十四节气在农历中的日期

人们通常把二十四节气中的节气和中气统称为节气，相邻的两个节气间隔15天左右，这样按阳历一年365天计算，一个月两个节气，前一个月的节气和中气与下一个月的节气与中气之间有30天半，而按农历一年354天计算，每月平均只有29天半。所以一个月的节气和中气比前一个月要推迟1—2天，这样一个月一个月地类推下去，便推到一个月里只有节气而无中气，因此这个月便成闰月了，之后农历月份中，就是上月的中气在前，而本月的节气在后，逐渐地类推下去，再恢复到节气在前，中气在后。照此看，从农历推知节气是不容易的，所以，节气在农历上没有固定的日期。

阳历在我国没有被推广使用之前，节气是农历很好的补充。那时，人们把节气用农历日期来表示，对掌握农时、安排农业生产和日常生活起了重要作用，如今我们推行了阳历，节气的阳历日期也基本固定，应用起来更为方便。

下面是1995—2008年间立春节气在阳历和农历的日期对照表：

阳历		农历			
年	月日	年	闰年	月	日
1995年	2月4日	乙亥（猪）	八月	正月初五、十二月十六	
1996年	2月4日	丙子（鼠）		十二月二十七	
1997年	2月4日	丁丑（牛）		（无）	
1998年	2月4日	戊寅（虎）	五月	正月初八、十二月十九	
1999年	2月4日	己卯（兔）		十二月二十九	
2000年	2月4日	庚辰（龙）		（无）	
2001年	2月4日	辛巳（蛇）	四月	正月十二、十二月二十三	
2002年	2月4日	壬午（马）		（无）	
2003年	2月4日	癸未（羊）		正月初四	
2004年	2月4日	甲申（猴）	二月	正月十四、十二月二十六	
2005年	2月4日	乙酉（鸡）		（无）	
2006年	2月4日	丙戌（狗）	七月	正月初七、十二月十七	
2007年	2月4日	丁亥（猪）		十二月二十八	
2008年	2月4日	戊子（鼠）		（无）	

从上表可见，立春节气在阳历中都是2月4日这一天，而在农历中的日期很不稳定，有时在正月，有时在十二月。逢闰年则是正月和十二月两头立春，闰年的第二年，全年又没有立春节气，或者只是到了农历十二月才有，农历闰年后的第三年又恢复到仅在正月有。种种变动的现象难免引发误解和误会，因此，每年在编制历书、挂历、台历时应尽量将二十四节气靠近阳历日期，以便一目了然，而我们在了解节气知识时也最好参看阳历日期。

四、二十四节气常用名词

谈节气，不可避免地会涉及天文学、地理学和气候学、气象学等学科知识。我们也会经常碰到一些常用的名词，只有弄懂了这些常用词，才能更好地认识二十四节气。

1. 天球

　　我们在晴朗的夜晚仰望天空，就会感到仿佛有一个巨大的半球罩在头上。而作为观察者的我们，就好像成了宇宙的中心。天文学家利用这种感觉提出了天体的概念。这就是把我们自己当做固定不变的"宇宙的中心"，太阳、月亮、北斗星等天体，都在一个想像出的很大很大的圆球上，这个圆球就叫"天球"。

2. 视太阳

　　日月星辰在天球上所处的位置，就是我们用眼睛看到的它们在天球上的位置，天球是想像出来的，为了区别宇宙星体之间的真实位置关系，天文学家把这个位置叫"视位置"。比如太阳在天球上的位置，就叫"视太阳"。日月星辰的运动也因在天球上的位置做有规律的变化而被我们观察到。又比如太阳每天东升西落地运动着，这实际是地球自转一周反映在天球上的视太阳的运动。同时一年里太阳东升西落的位置并不固定，这就是因地球绕太阳公转所致。

3. 黄道、天赤道

　　地球围绕太阳公转有一个轨道，这个轨道在一个平面上，这个平面称为黄道面。黄道面和天球相交的线，叫做"黄道"，也就是太阳一年中运动的轨道。将与地球赤道平面平行的平面，无限伸延出去，与天球相交，得到了被称为"天赤道"的交线。

4. 黄经度

　　地球环绕太阳一周的经度为360°，相应地，黄道一周的经度也是360°。二十四节气将黄道划分为24等份，每等份的经度为15°。因为每年的春分节气，白天和黑夜的时间一样长，所以将春分的黄经度作为起点，定为黄道经0°，以后每个节气段跨越15°。当太阳到达黄经15°时就是清明节气，30°时就是谷雨节气，其余顺势类推，到第二年的345°时，就是惊蛰节气，惊蛰到春

分再加15°，一共是360°，如图：

各节气的黄经度既是本节气的起点，又是上下节气的终点。例如黄经60°，既是小满的起点，又是立夏的终点；黄经180°，既是秋分的起点，又是白露的终点。

每个节气段的黄经度处，也是相邻两个节气的交节气点。如黄经0°既是惊蛰节气的终点，又是春分节气的起点，同时更是惊蛰和春分的交节气点。

5. 时辰

地球自转一周形成昼夜。地球向阳地面为昼，背阳地面为夜。春分以后，日照北半球渐多，因此北半球夜短昼长，南半球相反；秋分以后，日照南半球渐多，所以北半球昼短夜长，南半球也相反。

昼夜时长的划分方法，欧美是以24小时，每小时4刻或60分钟，每刻15分钟，每分钟60秒来计算。而我国自西周开始是以12个时辰来计算。这

12个时辰在汉代被命名为夜半、鸡鸣、平旦、日出、食时、隅中、日中、日昳（昳dié，太阳偏西）、晡时（晡bū，申时）、日入、黄昏、人定。又用子、丑、寅、卯、辰、巳、午、未、申、酉、戌、亥十二地支来表示。人们通常以夜半23点至1点为子时，1点至3点为丑时，3点至5点为寅时，其余时辰依次递推。每一时辰分为八刻，八刻又区分为上四刻、下四刻。

下面是时辰与小时对照表：

时辰	古名	别名	序列	时间
子时	夜半	子夜、中夜	第一个时辰	23点至1点
丑时	鸡鸣	荒鸡	第二个时辰	1点至3点
寅时	平旦	黎明、早晨、日旦，此时是夜与日的交替之际	第三个时辰	3点至5点
卯时	日出	日始、破晓、旭日，此时太阳刚刚露脸，冉冉初升	第四个时辰	5点至7点
辰时	食时	早食，古人"朝食"之时也就是吃早饭时间	第五个时辰	7点至9点
巳时	隅中	日禺，临近中午的时候称为隅中	第六个时辰	9点至11点
午时	日中	日正、中午	第七个时辰	11点至13点
未时	日昳	日跌、日央，太阳偏西为日昳	第八个时辰	13点至15点
申时	晡时	日晡、夕食	第九个时辰	15点至17点
酉时	日入	日落、日沉、傍晚，意为太阳落山的时候	第十个时辰	17点至19点
戌时	黄昏	日夕、日暮、日晚，此时太阳已经落山，天地昏黄	第十一个时辰	19点至21点
亥时	人定	定昏，此时夜色已深，人们停止活动，安歇睡眠了。	第十二个时辰	21点至23点

再补充说一下我国古代计时单位。除了时辰，古代计时单位还有刻、更、鼓、点等。

刻：由于古代是用漏壶来计时，漏壶分播水壶和受水壶两部。播水壶共二到四层，均有小孔，可滴水，最后流入受水壶，受水壶里有立箭，箭上刻100个刻数，箭随蓄水逐渐上升，露出刻数，以显示时间。而一昼夜24小时为100刻，相当于现在的1440分钟。可见每刻相当于现在的14.4分钟。所以

"午时三刻"相当于现在的中午1时43.2分。

更：古人将一夜分为五更，从晚上7点开始起更，一更约两小时，三更就是半夜11点至1点。

鼓：古代夜间击鼓报更，所以用鼓作为更的代称。四鼓相当于1点至3点。

点：古人一更又分五点，一点合现在24分钟。三更四点，就是半夜12：36分。

6. 天干地支

天干地支全称十天干十二地支，简称"干支"。十天干是：甲、乙、丙、丁、戊、己、庚、辛、壬、癸；十二地支是：子、丑、寅、卯、辰、巳、午、未、申、酉、戌、亥。十干和十二支依次相配，组成六十个基本单位，古人以此作为年、月、日、时的序号，叫"干支纪法"。

干支的由来

根据《五行大义》的记载，干支是大挠创制的。大挠"采五行之情，占斗机所建，始作甲乙以名日，谓之干，作子丑以名月，谓之枝。有事于天则用日，有事于地则用月。阴阳之别，故有枝干名也"。"枝"即支。

天干地支是古人建历法时为了方便做60进位而使用的符号。对古代的中国人而言，天干地支的存在，就像阿拉伯数字一样单纯，而且后来更开始把这些符号运用在地图、方位及时间（时间轴与空间轴）上，所以这些数字被赋予的意思就越来越多了。

干支纪年

干支纪年萌芽于西汉，始行于王莽时期，通行于东汉后期。汉章帝元和二年（公元85年），朝廷下令在全国推行干支纪年。有人认为中国在汉武帝以前已用干支纪年。其实是类似的太岁纪年，用太岁所在位置来纪年，干支只是用以表示十二辰，木星（太岁）11.862年绕天一周，所以太岁约86年会多走过一辰，这叫做"超辰"。在颛顼历（颛zhuān顼xū，传说中的上古帝王名）上，西汉武帝太初元年（公元前104年）是太岁在丙子，太初历用超辰法改变为丁丑。汉成帝末年，由刘歆重新编订的三统历又把太初元年改变为丙子，把太始二年（公元前95年）从乙酉改变为丙戌。而东汉的历学者未使用超辰法。所以太岁纪年和干支纪年从太始二年表面一样。

干支纪年，一个周期的第一年为"甲子"，第二年为"乙丑"，依此类推，60年一个周期；一个周期完了重复使用，周而复始，循环下去。如1947年为农历丁亥年，60年后的2007年同为农历丁亥年；1948年为农历戊子年，2008年同为农历戊子年，依次类推。

必须特别注意的是干支纪年是以立春作为一年即岁次的开始，是为岁首，不是以农历正月初一作为一年的开始。例如，2006年是岁次丙戌年，但严格来讲，这个丙戌年是自2006年立春起，至2007年立春止。

干支纪年与阳历的近似换算

从已知的阳历年份计算干支纪年：年份数减3，除以10的余数是天干，除以12的余数是地支。（公元前的年份则用58－"年份数除以60的余数"后计算）

天干：年份除以10，得到的商不管，看余数，若余数减去3得正，则按天干顺序往下数，得数即为天干顺序数，若余数减去3为负，则加10，得到的数即为天干顺序数，若余数为3，则为天干的最后一位，即癸。

地支：年份除以12，得到的商不管，看余数，若余数减去3得正，则按地支顺序往下数，得数即为地支顺序数。若余数减去3为负，则加12，得到的数即为地支顺序数，若余数为3，则为地支的最后一位，即亥。

把天干数和地支数合并起来，即为所求的干支年份。

如：2001年查万年历为辛巳年，算法为：

$2001 \div 10 = 200 \cdots\cdots 1$，$1 - 3 = -2$，$-2 + 10 = 8$，按天干顺序数到8，甲、乙、丙、丁、戊、己、庚、辛。第8位为辛。

$2001 \div 12 = 166 \cdots\cdots 9$，$9 - 3 = 6$，按地支顺序数到6，子、丑、寅、卯、辰、巳。第6位为巳。

按照以上计算结果，把天干、地支合并起来可知，2001年为辛巳年。

干支纪月

干支纪月时，每个地支对应二十四节气自某节气（非中气）至下次节气，以交节时间决定起始的一个月期间，不是农历某月初一至月底。许多历书注明某农历月对应某干支，只是近似而非全等对应。若遇甲或己之年，正月大

致为丙寅；遇上乙或庚之年，正月大致为戊寅；丙或辛之年正月大致为庚寅，丁或壬之年正月大致为壬寅，戊或癸之年正月大致为甲寅。依照正月之干支，其余月份按干支推算。60个月合5年一个周期；一个周期完了重复使用，周而复始，循环下去。东汉光武帝建武二十九年癸丑年（公元53年）冬至月（大雪至小寒的月份，近似农历十一月）就是"甲子月"。有歌诀说：甲己之年丙作首，乙庚之岁戊为头；丙辛必定寻庚起，丁壬壬位顺行流；更有戊癸何方觅，甲寅之上好追求。"下表是地支纪月时对应的节气时间段、中气、近似农历月份、近似阳历月份、以及年天干和月地支构成的月干支：

月地支	节气时间段	中气	近似农历月份	近似阳历月份	甲或己年	乙或庚年	丙或辛年	丁或壬年	戊或癸年
寅月	立春—惊蛰	雨水	正月	2月	丙寅月	戊寅月	庚寅月	壬寅月	甲寅月
卯月	惊蛰—清明	春分	二月	3月	丁卯月	己卯月	辛卯月	癸卯月	乙卯月
辰月	清明—立夏	谷雨	三月	4月	戊辰月	庚辰月	壬辰月	甲辰月	丙辰月
巳月	立夏—芒种	小满	四月	5月	己巳月	辛巳月	癸巳月	乙巳月	丁巳月
午月	芒种—小暑	夏至	五月	6月	庚午月	壬午月	甲午月	丙午月	戊午月
未月	小暑—立秋	大暑	六月	7月	辛未月	癸未月	乙未月	丁未月	己未月
申月	立秋—白露	处暑	七月	8月	壬申月	甲申月	丙申月	戊申月	庚申月
酉月	白露—寒露	秋分	八月	9月	癸酉月	乙酉月	丁酉月	己酉月	辛酉月
戌月	寒露—立冬	霜降	九月	10月	甲戌月	丙戌月	戊戌月	庚戌月	壬戌月
亥月	立冬—大雪	小雪	十月	11月	乙亥月	丁亥月	己亥月	辛亥月	癸亥月
子月	大雪—小寒	冬至	十一月	12月	丙子月	戊子月	庚子月	壬子月	甲子月
丑月	小寒—立春	大寒	十二月	1月	丁丑月	己丑月	辛丑月	癸丑月	乙丑月

干支纪日

干支纪日，60日大致合2个月一个周期；一个周期完了重复使用，周而复始，循环下去。

因为儒略历的平年有365日，而每4年一次，公元年能被4整除，闰年有366日，平均一年365.2422日，所以4年约1461日和一甲子的60日，最小公倍数是29220日，合80年。这就是说，每80年，干支纪日对应的儒略历月日日期会反复一次循环。

因为格列历的平年有365日，而每4年一次，公元年能被100但非400整除，闰年有366日，平均一年365.2422日，所以400年约146097日和一甲子的60日，最小公倍数是2921940日，合8000年。这就是说，每80年，干支纪日对应的格列历月日日期若没有遇到能被100但非400整除的公元年，会反复一次循环，但整体而言，假设未来从不改格列历，每8000年，干支纪日对应的格列历月日日期才会反复一次完整的循环。1912年2月18日，合农历壬子年正月初一，以及9912年2月18日，都是"甲子日"。

干支纪时

干支纪时，60时辰合5日一个周期；一个周期完了重复使用，周而复始，循环下去。必须注意的是子时分为0时到1时的早子时和23时到24时的晚子时，所以遇到甲或己之日，0时到1时是甲子时，但23时到24时是丙子时。晚子时又称子夜或夜子。日上起时也有歌诀："甲己还加甲，乙庚丙作初；丙辛从戊起，丁壬庚子居；戊癸何方发，壬子是真途。"下表列出日天干和时辰地支构成的时辰干支：

时辰地支	北京时间	甲或己日	乙或庚日	丙或辛日	丁或壬日	戊或癸日
早子时	0时—1时	甲子时	丙子时	戊子时	庚子时	壬子时
丑时	1时—3时	乙丑时	丁丑时	己丑时	辛丑时	癸丑时
寅时	3时—5时	丙寅时	戊寅时	庚寅时	壬寅时	甲寅时
卯时	5时—7时	丁卯时	己卯时	辛卯时	癸卯时	乙卯时
辰时	7时—9时	戊辰时	庚辰时	壬辰时	甲辰时	丙辰时
巳时	9时—11时	己巳时	辛巳时	癸巳时	乙巳时	丁巳时
午时	11时—13时	庚午时	壬午时	甲午时	丙午时	戊午时
未时	13时—15时	辛未时	癸未时	乙未时	丁未时	己未时
申时	15时—17时	壬申时	甲申时	丙申时	戊申时	庚申时
酉时	17时—19时	癸酉时	乙酉时	丁酉时	己酉时	辛酉时
戌时	19时—21时	甲戌时	丙戌时	戊戌时	庚戌时	壬戌时
亥时	21时—23时	乙亥时	丁亥时	己亥时	辛亥时	癸亥时
晚子时	23时—24时	丙子时	戊子时	庚子时	壬子时	甲子时

7. 十二生肖

我国古代是用"干支"来纪年的,文化多为士大夫阶层所掌握,广大劳动者识字的不多,要用"干支"记住所生的年份比较困难。为了便于记忆和推算年份,人们就用十二种动物与十二地支相对应的方法,每年用一种动物作为一年的属相。如2008年按干支是戊子年,属相是鼠,记鼠年就比记戊子年好多了。

生肖12年一个循环。用生肖推算年龄也比较方便。如1987年(丁卯年)春节后属牛的儿童是3岁,如果加12岁,就知道属牛的少年是15岁,依次加12年属牛的青年是27岁和39岁,中年人是51岁……

子属鼠,丑属牛,寅属虎,卯属兔,辰属龙,巳属蛇,午属马,未属羊,申属猴,酉属鸡,戌属狗,亥属猪,称为"十二属相",又称"十二生肖"。

8. 六十甲子

以天干和地支按顺序相配,即甲、乙、丙、丁、戊、己、庚、辛、壬、癸与子、丑、寅、卯、辰、巳、午、未、申、酉、戌、亥相组合,从"甲子"开始,到"癸亥"结束,满六十为一周,称为"六十甲子",或"六十花甲子"。又由于起头是"甲"字的有六组,所以也叫"六甲"。我国用六十甲子循环纪年月日由来已久,尤其以纪年为普遍,例如苏东坡的《前赤壁赋》有"壬戌之秋,七月既望"的句子,壬戌就是壬戌年。以六十甲子纪数,较之以数目来记数不易发生错误,例如孔子诞辰的干支为庚子,有人认为是阴历八月二十一日,有人认为是八月二十七日,有人认为是八月二十八日,颇有争论,因在史籍上有年月日干支可以考证,所以才确定孔子诞辰日为八月二十七日。下面是六十甲子的排列顺序:

1. 甲子 2. 乙丑 3. 丙寅 4. 丁卯 5. 戊辰 6. 己巳 7. 庚午
8. 辛未 9. 壬申 10. 癸酉 11. 甲戌 12. 乙亥 13. 丙子 14. 丁丑
15. 戊寅 16. 己卯 17. 庚辰 18. 辛巳 19. 壬午 20. 癸未 21. 甲申
22. 乙酉 23. 丙戌 24. 丁亥 25. 戊子 26. 己丑 27. 庚寅 28. 辛卯
29. 壬辰 30. 癸巳 31. 甲午 32. 乙未 33. 丙申 34. 丁酉 35. 戊戌

36. 己亥　37. 庚子　38. 辛丑　39. 壬寅　40. 癸卯　41. 甲辰　42. 乙巳
43. 丙午　44. 丁未　45. 戊申　46. 己酉　47. 庚戌　48. 辛亥　49. 壬子
50. 癸丑　51. 甲寅　52. 乙卯　53. 丙辰　54. 丁巳　55. 戊午　56. 己未
57. 庚申　58. 辛酉　59. 壬戌　60. 癸亥

9. 阴阳五行

我国古代人民经过长期对自然现象的观察、分析、综合、归纳，用阴阳五行学说，阐述自然界一切现象和事物之间的关系。五行是指金、木、水、火、土这五种物质和它的运动。

运用五行的各种特性，以金木水火土为中心，把自然界以及其他的各种现象、特征、形态、功能、表现等诸方面，和五行中某一行的特性相类似，就把它归纳于那一行中，分成五大类，分门别类做系统的归纳，这样就将各种纷繁复杂的现象理出了头绪，从而可以说明各类之间的关系，如下图五行归类简表所示：

五行归类简表

五行	五方	五季	五气	五化	五情	五色	五味	五体	五官	五脏	五腑
木	东	春	风	生	怒	青	酸	筋	目	肝	胆
火	南	夏	暑	长	喜	赤	苦	脉	舌	心	小肠
土	中	长夏	湿	化	思	黄	甘	肉	口	脾	胃
金	西	秋	燥	收	悲	白	辛	皮毛	鼻	肺	大肠
水	北	冬	寒	藏	恐	黑	咸	骨	耳	肾	膀胱

天干与五行、方位的关系

甲为栋梁之木，东方。

乙为花果之木，东方。

丙为太阳之火，南方。

丁为灯烛之火，南方。

戊为城墙之土，中方。

己为田园之土，中方。

庚为斧钺之金，西方。
辛为首饰之金，西方。
壬为江河之水，北方。
癸为雨露之水，北方。

地支与五行、方位的关系

子（鼠）属阳水，北方；亥（猪）属阴水，北方。
寅（虎）属阳木，东方；卯（兔）属阴木，东方。
巳（蛇）属阴火，南方；午（马）属阳火，南方。
申（猴）属阳金，西方；酉（鸡）属阴金，西方。
辰（龙）、戌（犬）属阳土，中方；
丑（牛）、未（羊）属阴土，中方。

10.《周易》与八卦

《周易》是中华文明史上一部内涵精深、影响广泛、流传久远的典籍，被誉为"群经之首"和"大道之源"。几千年来，《周易》以其外在的魅力（奇特的结构形式和抽象的符号显示），以及博大精深的内涵（千古永辉的义理和复杂神奇的运算机制），吸引着人们在各个领域对其进行研究和应用，形成了庞大的易学研究体系。

《周易》一书由"经"和"传"两部分构成。"经"主要是六十四卦和三百八十四爻。卦、爻各有说明。卦的解释通称卦辞，爻的说明为爻辞。"传"的内容包括解释卦辞、爻辞的七种文辞，共十篇，称为十翼。

据传，伏羲制卦，周文王系辞，孔子作十翼。古书说："河出图，洛出书，圣人则之。"后代学者据此推断先有河图后有伏羲八卦，即："河图、八卦；伏羲王天下，龙可出河，逐则其文以书八卦，谓之河图。"

八卦太极图（选自《易经图典》）

八卦分别是"乾、坎、艮、震、巽、离、坤、兑"这八个卦，是由阳爻（用"—"表示）和阴爻（用"- -"表示）按不同的组合规律，以三个爻为一组分别组成的八种符号排列。这八个由三个爻组成的卦，也叫经卦或单卦。《周易·系辞上》说："易是太极，太极生两仪，两仪生四象，四象生八卦，八卦写吉凶，吉凶成大业。"意思是说，天地未形成之前的宇宙处于一种无边无际无形的元气状态（太极），天地万物都是由它演化而来的。太极的演化是元气的分离，清阳者上升为天，浊阴者下沉为地，天为阳，地为阴，阴阳即两仪。八卦相重生出六十四卦三百八十四爻，古人以此断吉凶、趋吉避凶。

八卦中的各个卦有不同的卦形（即卦的形状，又叫卦画）、卦象（即卦的象征）、卦德（即从卦象中体现出事物的性质与特征）。八卦在创作之初与天文历法有着紧密的联系。八卦的四象表示四季：春是少阳，即阳气初生；夏是老阳，即阳气正盛；秋是少阴，即阴气初生；冬是老阴，即阴气正盛。历史上曾有人把六十四卦三百八十四爻用来纪日的记载，八卦本身也可以进行排序，并组成八卦图，用来表示方位，预测过去和未来。

为了方便阅读和运用，现将八卦与自然、季节、方位、人体、动物、节气等方面不同的配属列成图表，如下所示：

卦名	卦画	自然	季节	节气	方位	动物	人伦	人体	五行	天气
乾	☰	天	秋冬间	立冬	西北	马	父	首	金	晴
坤	☷	地	夏秋间	立秋	西南	牛	母	腹	土	云
震	☳	雷	春	春分	东	龙	长男	足	木	雷
巽	☴	风	春夏间	立夏	东南	鸡	长女	股	木	风
坎	☵	水	冬	冬至	北	豕	中男	耳	水	雨
离	☲	火	夏	夏至	南	雉	中女	目	火	晴
艮	☶	山	冬春间	立春	东北	狗	少男	手	土	雾
兑	☱	泽	秋	秋分	西	羊	少女	口	金	雨

五、二十四节气与七十二候

中国古代，一年中的二十四个节气除了在历法方面有所创造表现外，另一个重要的标志便是与此相关联的节气物候观。候：古代以一候为五日，具体用鸟兽草木的变动来验证月令的变易（其中，大多以黄河流域的气候为准）。一年为七十二候，每月有"六候"。

为了科学、有效、更切实际地划分、界定二十四节气，也为了寻找到各个节气之间相互衔接、起始的"物化标志"，于是，才有了从时序上，每月六候、一年七十二候的区分，才出现了各种应时的"物候现象"。这些以气象、水温、地温、土壤、地表、动物、植物等变易为其验证的物候，既是古代长期社会生产（主要是农业）、生活实践经验的感性认识的总结，也是古代农学、天文学、气象学、节候学等方面的一项重要科学成果。

鹰（选自《花鸟画谱》）

现根据《礼记·月令》、《逸周书·时训解》、《时宪书》等书的记述，对七十二候简介如下：

（正月）

立春：初候，东风解冻；阳和至而坚凝散也。二候，蛰虫始振；振，动也。三候，鱼陟负冰。陟，言积，升也，高也。阳气已动，鱼渐上游而近于冰也。

雨水：初候，獭祭鱼。此时鱼肥而出，故獭先祭而后食。二候，雁候北；自南而北也。三候，草木萌动。是为可耕之候。

（二月）

惊蛰：初候，桃始华；阳和发生，自此渐盛。二候，仓庚鸣；黄鹂也。三候，鹰化为鸠。鹰鸷鸟也。此时鹰化为鸠，至秋则鸠复化为鹰。

春分：初候，玄鸟至；燕来也。二候，雷乃发声；雷者阳之声，阳在阴内不得出，故奋激而为雷。三候，始电。电者阳之光，阳气微则光不见，阳盛欲达而抑于阴。其光乃发，故云始电。

（三月）

清明：初候，桐始华。二候，田鼠化为鴽，牡丹华；鴽音如，鹌鹑属，鼠阴类。阳气盛则鼠化为鴽，阴气盛则鴽复化为鼠。三候，虹始见。虹，音洪，阴阳交会之气，纯阴纯阳则无，若云薄漏日，日穿雨影，则虹见。

谷雨：初候，萍始生。二候，鸣鸠拂其羽，飞而两翼相排，农急时也。三候，戴胜降于桑，织网之鸟，一名戴鵀，阵于桑以示蚕妇也，故曰女功兴而戴鵀鸣。

（四月）

立夏：初候，蝼蝈鸣；蝼蛄也，诸言蚓者非。二候，蚯蚓出；蚯蚓阴物，感阳气而出。三候，王瓜生；王瓜色赤，阳之盛也。

小满：初候，苦菜秀；火炎上而味苦，故苦菜秀。二候，靡草死；葶苈之属。三候，麦秋至。秋者，百谷成熟之期。此时麦熟，故曰麦秋。

（五月）

芒种：初候，螳螂生；俗名刀螂，说文名拒斧。二候，鵙始鸣；鵙，屠畜切，伯劳也。三候，反舌无声。百鴙也。

夏至：初候，鹿角解；阳兽也，得阴气而解。二候，蜩始鸣，蜩，音调，蝉也。三候，半夏生，药名也，阳极阴生。

（六月）

小暑：初候，温风至。二候，蟋蟀居壁；亦名促织，此时羽翼未成，故居壁。三候，鹰始挚。挚，言至。鹰感阴气，乃生杀心，学习击搏之事。

大暑：初候，腐草为萤；离明之极，故幽类化为明类。二候，土润溽暑；溽，音辱，湿也。三候，大雨时行。

（七月）

立秋：初候，凉风至；二候，白露降；三候，寒蝉鸣。蝉小而青赤色者。

处暑：初候，鹰乃祭鸟；鹰，杀鸟。不敢先尝，示报本也。二候，天地始肃；清肃也，寒也。三候，禾乃登。稷为五谷之长，首熟此时。

（八月）

白露：初候，鸿雁来；自北而南也。一曰：大曰鸿，小曰雁。二候，玄鸟归；燕去也。三候，群鸟养羞。羞，粮食也。养羞以备冬月。

秋分：初候，雷始收声；雷于二月阳中发生，八月阴中收声。二候，蛰虫坯户；坯，音培。坯户，培益其穴中之户窍而将蛰也。三候，水始涸。国语曰：辰角见而雨毕，天根见而水涸，雨毕而除道，水涸而成梁。辰角者，角宿也。天根者，氐（氐 dī 二十八宿之一）房之间也。见者，旦见于东方也。辰角见九月本，天根见九月末，本末相去二十一余。

（九月）

寒露：初候，鸿雁来宾。宾，客也。先至者为主，后至者为宾，盖将尽之谓。二候，雀入大水为蛤；飞者化潜，阳变阴也。三候，菊有黄花。诸花皆不言，而此独言之，以其华于阴而独盛于秋也。

霜降：初候，豺乃祭兽；孟秋鹰祭鸟，飞者形小而杀气方萌，季秋豺祭兽，走者形大而杀气乃盛也。二候，草木黄落；阳气去也。三候，蛰虫咸俯。俯，蛰伏也。

（十月）

立冬：初候，水始冻；二候，地始冻；三候，雉入大水为蜃。蜃，蚌属。

小雪：初候，虹藏不见，季春阳胜阴，故虹见；孟冬阴胜阳，故藏而不见。二候，天气上升，地气下将；三候，闭塞而成冬。阳气下藏地中，阴气闭固而成冬。

（十一月）

大雪：初候，鹖鴠不鸣，鹖鴠，音曷旦，夜鸣求旦之鸟，亦名寒号虫，乃阴类而求阳者，兹得一阳之生，故不鸣矣。二候，虎始交；虎本阴类，感一阳而交也。三候，荔挺出。荔，一名马蔺叶似蒲而小，根可为刷。

冬至：初候，蚯蚓结；阳气未动，屈首下向，阳气已动，回首上向，故屈曲而

雁（选自《花鸟画谱》）

结。二候,麋角解;阴兽也。得阳气而解。三候,水泉动,天一之阳生也。

(十二月)

小寒:初候,雁北乡(同向);一岁之气,雁凡四候。如十二月雁北乡者,乃大雁,雁之父母也。正月候雁北者,乃小雁,雁之子也。盖先行者其大,随后者其小也。此说出自晋代干宝,宋人述之以为的论。二候,鹊始巢;鹊知气至,故为来岁之巢。三候,雉雊;雊,句姤二音,雉鸣也。雉火畜,感于阳而后有声。

大寒:初候,鸡乳,鸡,水畜也,得阳气而卵育,故云乳。二候,征鸟厉疾;征鸟,鹰隼之属,杀气盛极,故猛厉迅疾而善于击也。三候,水泽腹坚。阳气未达,东风未至,故水泽正结而坚。

六、二十四节气与四季风

我国东部沿海与太平洋相邻,西南部又与印度洋相距不远。由于大气环流的作用,加上海陆热力性质的差异以及冬夏行星风带的南北推移,构成了明显而普遍的季风现象,且对一年中的节候变换产生了重要影响。

对于季风现象,古人早有观测与记录。《史记·律书》中有著名的"八方位风"在不同月份吹来的记述:"不周风居西北,十月也;广莫风居北方,十一月也;条风居东北,正月也;明庶风居东方,二月也;清明风居东南维,四月也;景风居南方,五月也;凉风居西南维,六月也;阊阖风居西方,九月也。"由此可知,古代人们已经认识到一年四季中,冬季吹偏北风,春季吹偏东风,夏季吹偏南方,秋季吹偏西风。而在《淮南子·天文训》中更有以"方位风"对应"八节"的记述:距冬至四十五天条风至,距立春四十五天明庶风至,距春分四十五天清明风至,距立夏四十五天景风至,距夏至四十五天凉风至,距立秋四十五天阊阖风至,距秋分四十五天不周风至,距立冬四十五天广莫风至。

如果综合《周礼·春官》、《易通卦验》、《春秋考异邮》等书有关季节风即"八节风"的记载的话,那么,它的风名、风向(卦位)、控制的节气与大约天数则可概括为:

春季季节风（八节风）

（1）风名：条风；风向（卦位）：东北（艮卦）；控制的节气与大约天数：控制立春、雨水、惊蛰三节气，约四十五天。

（2）风名：明庶风；风向（卦位）：东（震卦）；控制的节气与大约天数：控制春分、清明、谷雨三节气，约四十五天。

夏季季节风（八节风）

（3）风名：清明风；风向（卦位）：东南（巽卦）；控制的节气与大约天数：控制立夏、小满、芒种三节气，约四十五天。

（4）风名：景风；风向（卦位）：南（离卦）；控制的节气与大约天数：控制夏至、小暑、大暑三节气，约四十五天。

秋季季节风（八节风）

（5）风名：凉风；风向（卦位）：西南（坤卦）；控制的节气与大约天数：控制立秋、处暑、白露三节气，约四十五天。

（6）风名：阊阖风；风向（卦位）：西（兑卦）；控制的节气与大约天数：控制秋分、寒露、霜降三节气，约四十五天。

冬季季节风（八节风）

（7）风名：不周风；风向（卦位）：西北（乾卦）；控制的节气与大约天数：控制立冬、小雪、大雪三节气，约四十五天。

（8）风名：广莫风；风向（卦位）：北（坎卦）；控制的节气与大约天数：控制冬至、小寒、大寒三节气，约四十五天。

七、二十四节气与花信风

"信风"，它们每年定期而至且预示着某种天气与节令物候现象即将出现，所以有节候"信号之风"的意蕴在内。

花信，以花作为标志的花期；花信风，风

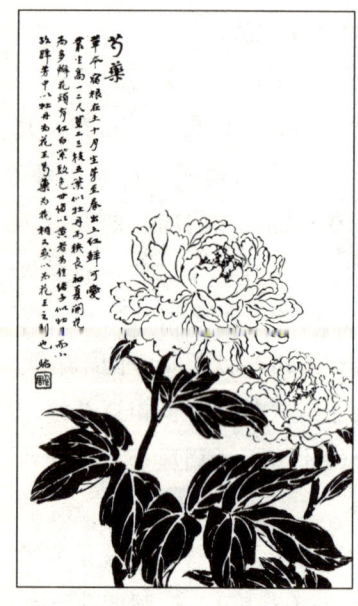

芍药（选自《马骀画宝》）

报花开的消息。风应花期，我国便产生了"二十四番花信风"的节令用语，它同时也是我国表示气候变换的词语。《内经》（即《黄帝内经》）中说："五日谓之候，三候谓之气。"根据农历节气，每年从小寒到谷雨，共八气，每气15天，一气又分三候，每五天一候，八气共分二十四候，每一候对应一种花信。二十四候便成了二十四种花期的代表。候的顺序是：

小寒：一候梅花，二候山茶，三候水仙。
大寒：一候瑞香，二候菊花，三候三矾。
立春：一候迎春，二候樱花，三候季花。
雨水：一候菜花，二候杏花，三候望春。
惊蛰：一候桃花，二候棣棠，三候蔷薇。
春分：一候海棠，二候梨花，三候木兰。
清明：一候桐花，二候麦花，三候柳花。
谷雨：一候牡丹，二候荼花，三候楝花。

经过二十四番花信之后，以"立夏"为起点的"绿肥红瘦"的夏季悄然来临。此外，人们还编成"十二姐妹花"歌谣：

正月梅花凌寒开，二月杏花满枝来。
三月桃花映绿水，四月蔷薇满篱台。
五月榴花火似红，六月荷花洒池台。
七月凤仙展奇葩，八月桂花遍地开。
九月菊花竞怒放，十月芙蓉携春来。
十一月水仙凌波开，十二月腊梅报春来。

百花所展示的自然美十分诱人。而对花的钟情，大概要数文人墨客了。他们玩味和吟咏百花，因而便有了十二月花神之说：一月兰花屈原，二月梅花林逋，三月桃花皮日休，四月牡丹欧阳修，五月芍药苏东坡，六月石榴江淹，七月荷花周濂溪，八月紫薇杨万里，九月桂花洪适，十月芙蓉范成大，十一月菊花陶潜，十二月水仙高似孙。

八、各地二十四节气歌

一月有两节，一节十五天；痒人天气暖，雨水粪送完；惊蛰快耙地，春

分犁不闲;清明多栽树,谷雨要种田;立夏点瓜豆,小满不种棉;芒种收新麦,夏至快种田;小暑不算热;大暑是伏天;立秋种白菜,处暑摘新棉;白露要打枣,秋分种麦田;寒露收割罢,霜降把地翻;立冬起完菜,小雪犁耙闲;大雪天已冷,冬至换长天;小寒快买办,大寒过新年。(流行于安徽)

正月寒,二月温,正好时候三月春;暖四月,燥五月,六月七月天气热;不冷不热是八月;九月凉,十月寒,严冬腊月冰冻天。(流行于湖南)

正月甘蔗节节长,二月橄榄两头黄,三月樱桃粒粒红,四月枇杷如蜜糖,五月杨梅红似火,六月莲子满池塘,七月南枣树头白,八月菱角如刀枪,九月石榴露齿笑,十月金橘满园香,冬月柚子金样黄,腊月龙眼荔枝凑成双。

雨水甘蔗节节长,春分橄榄两头黄,谷雨青梅口中香,小满枇杷已发黄,夏至杨梅红似火,大暑莲蓬水中扬,处暑石榴正开口,秋分菱角舞刀枪,霜降上山采黄柿,小雪龙眼荔枝配成双。(流行于苏北)

阳历节气极好算,一月两节不更变;上半年来六、廿一,下半年来八、廿三;一月小寒随大寒,农人拾粪莫偷闲;立春雨水二月里,送粪莫等冰消完;三月惊蛰又春分,天气昭苏栽栽蒜来,清明谷雨四月节,大小麦田播种勤;五月立夏望小满,待雨下种勿偷懒;芒种夏至六月里,不要强种要勤铲;七月小暑接大暑,拔麦种菜播萝卜;立秋处暑正八月,结实更喜日当午;九月白露又秋分,收割庄稼喜欣欣;十月寒露霜降至,打场起菜忙煞人;十一月中农事闲,立冬小雪天将寒;大雪冬至十二月,完了粮税过新年。(流行于辽宁)

立春雨水,赶早送粪;惊蛰春分,栽蒜当紧;清明谷雨,瓜豆快点;立夏小满,浇园防旱;芒种夏至,拔麦种谷;小暑大暑,快把草锄;立秋处暑,种菜无误;白露秋分,种麦打谷;寒露霜降,耕地翻土;立冬小雪,白菜出园;大雪冬至,拾粪当先;小寒大寒,杀猪过年。(流行于河北)

立春阳气转,雨水沿河边;惊蛰乌鸦叫,春分地皮干;清明忙种粟,谷雨种大田;立夏鹅毛住,小满雀来全;芒种大家乐,夏至不着棉;小暑不算热,大暑在伏天;立秋忙打垫,处暑动刀镰;白露割谷子,秋分无行田;寒露不算冷,霜降变了天;立冬先封地,小雪河封严;大雪交冬月,冬至不行船;小寒忙买办,大寒要过年。(流行于黄河流域)

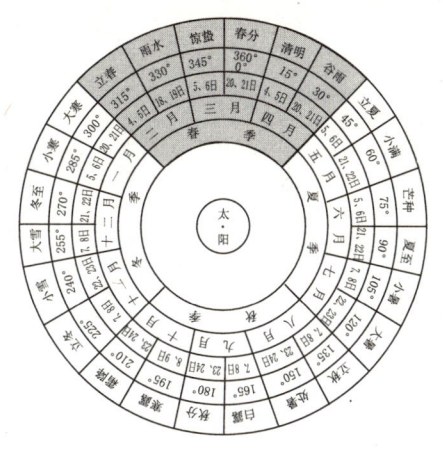

春季六节气

立春◎雨水◎惊蛰◎春分◎清明◎谷雨

每年阳历的2月4日、5日前后，太阳到达黄经315°时交"立春"节气。立春是二十四节气中的第一个节气，预示季节转换，标志严冬已尽，春天来了。

立春农事气象

立春标志春天到来，然而从气候学标准看，以立春作为春季的开始不能和全国各地的自然物候现象吻合。2月初，我国华南已经花红柳绿，而华北、东北、西北有些地方仍会漫天飞雪。

现在比较科学的划分，是把平均气温在10℃以上的起始日期作为进入春天的象征。按照这个标准，春姑娘从1月末2月初的秋春相连的广州起步北上，2月中旬先是到达云南昆明，下旬越过云贵高原进入四川盆地，3月中旬到达湖北武汉，下旬越过河南郑州和山东济南，4月上旬抵达京津地区、中旬跨过山海关来到塞外沈阳，下旬经由长春到达哈尔滨，5月20日前后，才能

春消息图（元　邹复雷）

光临我国北疆最远的地方——漠河。

由于我国幅员辽阔,地势复杂,不但春临大地的时间有早有迟,春姑娘在各地停留的时间也有长有短。西北地区土壤干燥,春季升温迅速,整个春季仅40多天,可谓来去匆匆;云南昆明等地则四季如春,被誉为"春城"。

虽然"立春"节气后不能说春天已到,但确实预示着春天的脚步近了,农业生产大忙季节即将来临。以安徽为例,"立春"节气后虽处于冬季之尾,但有时气温仍较低,还会发生低温冻害。如安徽省最低气温的极值出现在1969年2月6日的固镇县,为$-24.3℃$。有时冬季偏暖年份,南方湿热空气势力强于北方冷空气,在"立春"之后风已不像之前那样凛冽,各地气温很快回升,出现小降雨并伴有雷声响动,万物开始萌动。所以,在防寒的同时还要及早做好准备进行农田管理。

就全国主要农事而言,东北地区立春节气要顶凌耙地、送粪积肥,并做好牲畜防疫工作。华北平原要积极做好春耕准备和兴修水利。西北地区要为春小麦整地施肥。华南地区因为气温较高,此时已经展开了全面的春耕春种工作。西南地区要抓紧耕翻早稻秧田,做好选种、晒种以及夏收作物的田间管理。

立春生活提示

立春是孩子易患病的敏感时期,特别是上呼吸道或下呼吸道的感染,包括感冒、扁桃体炎、支气管炎、肺火等。如何预防这些疾病呢?

其一,孩子是易感人群,尽量不带孩子去公共场所,注意与感冒病人隔离。其二,春季气候多变,应注意保暖,切忌受寒。其三,注意居室空气的流通,适度开窗通气换气,必要时关闭门窗,用食醋熏蒸消毒空气。其四,注意饮食卫生,饮食要清淡,多喝水、不吃或少吃零食。其五,鼓励孩子参加体育锻炼,以增强体质。其六,孩子患病一定去医院,特别应让专业儿科医生诊治。

不仅小孩子要注意,体弱者和老年人同样要注意预防呼吸道感染,他们也是易感染人群。

冬春交替时还需预防面神经瘫痪，即常见的口眼歪斜，这种症状多因面部遭受过冷刺激，导致营养神经的血管痉挛，引起这部分神经组织缺血水肿，也有因过度劳累，病毒性感冒而造成。其预防方法，首先是要注意保暖，避开风寒对面部的直接侵袭，尤其是年老体弱、过劳、酒后及患有高血压、关节炎等慢性疾病者，尽可能背风行走，避免面部受冷空气刺激。其二要增强体质，注意饮食营养、劳逸结合。

立春民间禁忌

民间认为立春宜晴不宜阴。晴则兆丰，阴则兆灾。河南一带民谣说："立春清明又和暖，农人鼓腹皆翘天；倘若风阴与昏暗，五谷不登人不安。"又有"晴是诸事吉，阴乃万事愁"的说法。山东一带的人们认为立春日如果是阴天，就会有虫伤害禾豆。莱阳地区立春日忌讳挑水和掏灰，说是挑了水，一年当中精神不振，光打瞌睡；掏了灰，一年的好运就掏跑了。郓城一带忌讳儿童在家过节，不满十岁的孩子要到邻居家中度过立春时刻，叫做"躲春"。

安徽西南部将当年没有打春的年份称为"瞎年"，瞎年是不宜结婚的，否则婚后得不到幸福。

立春养生保健

立春节气，天气渐暖，万物复苏，自然界的各种生物萌生发育，此时人体内的阳气也随着春天的发生而向上向外升发，因此，我们在精神、起居、饮食、运动、补养等方面都要顺应春阳升发这一特点，在调摄养生中注意保护阳气。

中医认为，春属木，与肝相应。春天是肝旺之时，肝喜疏泄条达，所以春季应心胸开阔，情绪乐观，力戒暴怒，更忌性情抑郁，空闲时去游山玩水，会使气血调畅，精神旺盛。

天气由寒转暖，各种致病的细菌、病毒随之生长繁殖，流行性感冒、流行性脑膜炎、麻疹、肺炎也多有发生和流行，尤其是立春节气正值冬春交替，

气候变化无常,天气还是偏于寒冷,应注意防风御寒,养阳敛阴。

在饮食上应少吃酸食,多吃甜味、甘发散之品,如韭菜、枣、花生、春笋、胡萝卜等富含维生素B的新鲜蔬菜和水果,优质蛋白质如牛奶、蛋类、鱼类、虾、鸡肉、鸭肉、牛肉等可补充热量,增强身体抗病能力。而大热大辛、油腻烹煎等动肝火之物不宜多食。慢性肝病患者,利用春季肝脏功能旺盛时治疗,可取得事半功倍的疗效。

立春营养药膳

首乌猪肝粥

药膳配方

大米200克,首乌少许,鲜猪肝50克,水发木耳25克,青菜叶少许,葱、姜各适量,盐、鲜汤、酱油适量

制作程序

1. 首乌煎汤浓缩,取20毫升药液备用,猪肝剔筋洗干净剁末,葱、姜洗干净、切丝,青菜洗干净与木耳一起切碎。

2. 将大米、猪肝末以及首乌汁放入锅中,上旺火煮沸后用小火慢煮1小时。

3. 等粥黏稠时,下入木耳、青菜碎末及调味料,搅拌均匀,撒上葱、姜丝,出锅装碗即可。

药膳功效

补肝肾、益精血、乌发明目。

大葱猪骨补钙汤

药膳配方

大葱2根,猪筒子骨2根,红枣10粒,姜数片,盐适量

制作程序

1. 大葱剥去黄叶,洗干净切段;红枣洗干净去核;猪筒子骨洗干净,放

入沸水中略微氽烫，捞出洗去浮沫。

2. 将锅中放入适量水烧开，下猪筒子骨、一半葱段、姜片与红枣，再次煮沸后转小火煮约1小时，下另一半葱段与盐，小火煮熟即可。

药膳功效
发汗、祛痰、利尿，有效预防春季多发的感冒。

蹄髈炖荠菜

药膳配方
药膳猪蹄髈一只，荠菜100克，冬笋50克，葱半根，姜1小块，辣椒1个，八角3粒，酱油、盐各适量，冰糖、醪糟各1大匙，鸡精、胡椒粉、五香粉各半小匙

制作程序
1. 洗干净原材料。葱切段；姜洗干净切片；荠菜、冬笋分别入水氽烫，捞出冷水冲净。
2. 蹄髈去毛，加酱油腌拌，再炸去多余油脂，捞出沥干。
3. 爆香葱、姜，放荠菜、冬笋、蹄髈及其他调味料煮开，移到炖锅炖约40—50分钟即可。

药膳功效
利肝和中，清热祛痰，对咳喘、糖尿病、烦渴、失眠等症状有辅助疗效。

立春习俗大观

民间是把"立春"作为节日来过的。千百年来，许多活动相沿成为习俗，如迎春、鞭春、咬春、簪春幡、赐春胜、剪春花、贴春字、吃春饼、馈春盘、食春菜，表现的是欢庆春回大地、劝励农耕、祈求一年丰稔的主题。

迎春

按我国传统农历，立春是春季的第一天，自古以来颇受重视，民间也有

"新春大如年","春朝大于年朝"的说法。

立春作为节气形成于周代,而立春的重要习俗——迎春的产生和正式举行则开始于东汉时期,《后汉书·祭祀志》记载说:"立春之日,皆青幡帻,迎春于东郭外。令一童男冒青巾,衣青衣,先在东郭外野中。迎春者至,自野中出,则迎者拜之而还。"此后历经各个朝代,成为官方重要的礼俗活动,到清朝时,达到高潮。

在清朝,迎春礼仪由中央政府制定并且在全国统一施行,其范围遍及中国整个农业地区。东起胶东半岛、福建沿海,西到甘肃、宁夏一带,北自东北边陲的黑龙江,南抵海南岛,无不举行迎春礼。

《大清通礼》对于迎春礼做了这样的规定:"直省迎春之礼:先立春日,各府州县于东郊造芒神、土牛。春在十二月望后,芒神执策当牛肩,在正月朔后,当牛腹;在正月望后,当牛膝,示民农事早晚。届立春日,吏设案于芒神、春牛前,陈香烛果酒之属,案前布拜席。通选执事者于席左右立。府

太岁春牛迎春(选自《清俗纪闻》)

州县正官率在城文官丞史以下朝服毕，诣东郊。立春时至，通赞赞：行礼。正官一人在前，余官以序列行，就拜位。赞：跪，叩，兴，众行一跪三叩礼。执事者举壶爵，跪于正官之左，正官受爵酌酒，酹酒三，授爵于执事者，复行三叩礼，众随行礼，兴，乃抬芒神、土牛，鼓乐前导，各官后从，迎入城，置于公所，各退。"由于中央政府对于迎春礼仪做了这样的统一规定，所以各地的迎春礼举行时间以及仪式大多类似。

在迎春礼俗活动中，各种娱乐活动十分活跃。在河南信阳，市民玩鱼龙、角抵、高跷等游戏；在甘肃灵台，立春前一日，有"社火过堂"习俗，"官令招集各里、各甲杂业人等，名为七十二行，各按职业分穿朱衣玄裳，妆成故事，会聚县署大堂点验"。

有的地方迎春大多在立春前一日或当日进行。光绪八年（公元1882年）《宝山县志》记载："'立春日'前期，县官督委坊甲整办什物，如亭台、彩仗之类。先一日，县令率僚属迎春于东郊。"在山东齐河，立春前一日，造泥牛和芒神，预置在东郊。"邑令率僚属具吉服，陈鼓吹杂剧以迓之。饮盒酒，迎回，将芒神及泥牛置大门内，仍于堂上设席演剧，邀绪绅士饮春酒。"在江苏吴县，立春前一日，知府率领僚属行迎春礼，出娄门到柳仙堂迎芒神、春牛。其时男女争睹，并以其所颁之式来占卜雨水的多少以及有无疾病瘟疫。广东《揭阳县志》卷二《典礼·迎春》有这样的记载："每岁立春，遵照会典，迎春于东郊，出土牛。仪注：先期塑造土牛、芒神。前一日，各官常服，迎至县门外，土牛向南，芒神在东西向。立春日，早，陈设香烛酒菜，各官俱朝服，行一跪三叩礼。"《揭阳县志》卷七《岁时》也有这样的记载：立春前一日"迎春"，多装故事，谓之"扮景"，观者塞途，土牛过，争以谷、豆、果粒抛掷之，甚有用瓦砾者。至期鞭春，争取土牛归，以其利六畜，是日祭先祖。另据台湾1959—1978年的《苗栗县志》记载，在清末，当地是立春当日举行迎春盛典。在江西庐陵，也是立春日迎春，"郡县官率属迎春于城隍庙，南从太平桥过，候人跪桥侧，扬声曰'春到太平'"。

▶ 打春

打春又叫"鞭春"，是鞭打春牛的简称。春牛是一头泥塑的土牛，以桑木为骨架，身高四尺，长三尺六寸；头尾全长八尺；画四时八节三百六十日十二时辰图纹。

打春,通常在立春时刻或立春日早晨举行。打春仪式最高由皇帝亲自主持,太监执行。南宋周密《武林旧事》卷二中说:"立春,前一日,临安造进大春牛,设之福宁殿庭,及驾临幸,内官皆用五色丝彩杖鞭牛。御药院例取牛睛以充眼药,余属直阁婆掌管。预造成小牛数十,饰彩幡雪柳,分送殿阁,备随以金银线彩段为酬。"这个活动在孟元老的《东京梦华录》中也有描述,不过没有"驾临幸"的记载。

地方上,各个县以上的政府都要主持打春牛活动,但各地稍有不同。例如顾禄《清嘉录》卷一写苏州立春前一日,在娄门外"柳仙堂","鸣驺清路,盛设羽仪,前列社伙,殿以春牛。观者如市,男妇争以手摸春牛,谓占新岁造化"。到了"立春日,太守集府堂,鞭牛碎之,谓之打春。农民竟以麻麦米豆抛打春牛,里胥以春球相赠,预兆丰稔"。而扬州的迎春仪式在城东"蕃厘观"内的"后土祠"内进行。这位"后土神"是女的,称后土娘娘。这一天,扬州的府官身穿朝服,带着一班随从,抬着春牛到后土祠举行仪式,宣读祭文,然后用"五彩鞭神"抽打春牛,直到春牛被打碎,将碎了的泥土拌和五谷撒向空中,祈求后土娘娘保佑全年风调雨顺、五谷丰登。立春后一天,举行"劝耕"仪式,官员们来到扬州城北的天宁寺西侧的"省耕旧舍",由知府亲自驾牛套犁,扶着犁把耕田,再象征性地撒些谷物种子,意味着春天的农作开始。

在山东齐河,"至立春时,各官出拜芒神毕,各执春杖击牛者三,以示劝耕之意。随从胥役将牛马打碎,

梦书祭春牛文(选自《点石斋画报》)

谓之'打春'。"《宝山县志》载："至日，鞭牛碎之，随取另制小土牛，侑以鼓吹，分送乡达。民间争取春牛土置床下，云宜田蚕。"

在辽宁义县，众官立春日齐集官衙前鞭牛"打春"。打春时，拿着纸鞭鞭牛三下，打第一鞭时唱"一鞭风调雨顺"，打第二鞭时唱"二鞭国泰民安"，打第三鞭时唱"天子万年春"。在吉林海龙，也是在立春这天打春，唱颂词："一打风调雨顺，二打国泰民安，三打大人连升三级，四打四季平安，五打五谷丰登，六打合属官民人等一体鞭春。"并在门壁写上四个红字——春王正月。

抢春

官吏打春后，春牛破碎，人们抢取牛土和牛纸的行为称为"抢春"。有些地方，制作春牛时在牛腹中事先放些食品，供人们争抢。河南汝南立春日，"郡守复率僚属至春场，亲自扶犁绕春场一周，僚属亦次第仿行。春气透，鞭春牛，牛腹预藏胡桃、柿饼、栗、枣、花生等物，鞭后散落在地，民间男女多争食之"。

抢春的习俗在各地流行，只是各地民众对抢来的牛土或牛纸有不同的用途。在山西潞城，人们拾春牛土，以避牛瘟。在云南景东，农民争相取春牛之土春棚之枝，带回放在牛栏间，据说可以使牛不生病。在广东东安，立春日鞭土牛，百姓争取土牛身上的泥块放到猪圈中，说这样可以令猪壮如牛。在江苏苏州，人们也争抢春牛。据说抢了红色纸，家里难免发生火灾，抢了青色纸，家中会有人害病，抢了黑色纸，则晦气临门，但如果抢到了黄、白色纸，则大吉大利。家有未出痘的小孩，用红线将牛尾穿起来挂在牛角上，据说可以免疫。在陕西靖边，"小民争抢春牛，得撮土即调水涂灶，或剥得牛身席片，用纸糊为器，谓岁收必丰，年运必达"。在高陵，人们争相用土牛皮涂灶，叫做"祛蚍蜉"。

打春官

打春官流行于浙江等地。每年立春日的"迎春"活动中，由当地管农事的胥吏，有时是乞丐扮演春官，头戴无翅乌纱帽，身穿朝服，脚登朝靴，坐在四周围上红布的明轿中巡游街市，表演幽默风趣的动作。也有拿着"春鞭"边走边表演赶牛的。人们争向春官掷米，谁掷中了一年吉利。

戴春鸡

戴春鸡又叫迎春公鸡、"春鸡"。流行于河南及山东滕县、费县、曲阜等鲁南地区。立春前,年轻妇女用彩色碎布缝制"送春娃娃"、"唤春咕咕(布谷鸟)"、"迎春公鸡"之类节日佩饰物,立春日佩挂在孩子胸前或左衣袖上,预示新春吉祥。未种牛痘的孩子,春鸡嘴里还要衔一串黄豆,以鸡吃豆来寓意孩子不生天花、麻疹等疾病。在河南项城,人们剪彩做春鸡,大多戴在小孩的头上或袖上。在山西灵石,立春日用绢做成小孩形状,俗名春娃,戴在儿童身上。

写春贴、作春福

春贴是立春时节用来装饰房屋的。东北人家每逢立春日喜欢在红纸上书写"宜春"二字,贴在房门上。这个习俗早在晋代荆楚地区就已经存在,如《古今图书集成》和《岁时杂咏》记载,北宋司马光和欧阳修都写有类似绝句的春贴。

民间则在大红纸上写上"立新春,大吉大利,万事亨通"或"春"、"福"、"寿"等字样,粘贴在门框、户牖(yǒu 窗户)间,或大门外贴"出门见喜",或在十字路口上贴上"姜太公在此"等春贴,认为它可保康泰吉祥。

在立春日云南景东县祭祀祖先、安徽泾县祭祀土地神、浙江和湖南一些地区祭祀太岁。有的地方还安排巫祝主持祭祀活动,如在浙江会稽,立春日用巫师祷祭,叫做"作春福"。

咬春、煨春

咬春又叫"食春菜",流行于北京和河北等地。每逢立春日,当地无论贵贱,家家咬食生萝卜,取迎新之意。民间认为吃生萝卜免疥疾和解除春天困乏。清代潘荣陛《帝京岁时纪胜》载:"新春日献辛盘,虽士庶之家,亦必割鸡豚,炊面饼,而杂以生菜、青韭牙、羊角葱,冲和合菜皮,兼生食水红萝卜,名曰咬春。"

煨春流行于浙江温州地区。每年立春日,人们纷纷烧食春茶。最早时将碎切朱栾搭配白豆或黑豆,放在茶中食饮,以后改用红豆、红枣、柑橘、桂花、红糖合煮,煨得烂熟,俗叫"春茶"。饮前先敬家中祖先,然后家人分食,大家相信吃了春茶,可以明目益智,并取其大吉大利,升官富贵之意。

春盘、春饼、春酒

春盘源自晋代五辛盘，用于宴席和馈赠。这五辛分别是：小葱、大蒜、辣椒、姜和芥末。《遵生八笺》记载，晋于立春日以芦菔（萝卜）、芹菜为春盘。唐代立春用的春盘，据杜甫《立春》诗写道："春日春盘细生菜，忽忆两京梅发时。盘出高门行白玉，菜傅纤手送春丝"，就有生菜和萝卜丝。苏轼的诗歌菜单上写宋时的春盘："辛盘得春韭"、"青蒿黄韭试春盘"，则是青蒿和黄韭。明清立春用萝卜和生菜制作春盘。

时代和地域不同，盘中之物也就稍有变化，但大都是用五辛搭配时新的蔬菜。有时候，人们爱在春盘的搭配组合上花些心思。比如将芹菜、韭菜和笋调和，取勤劳长久蓬勃之意；又比如将萝卜、生菜摆弄在一处，即元好问《春日》诗中说的"载红晕碧助春情"。

春饼与春盘齐名，早在唐代就已出现。春饼是把小面团擀成薄饼烙制而成的。"春饼卷春盘"，即将萝卜细丝和其他的辛辣菜蔬用春饼裹卷共食。清代林兰痴有诗曰："调羹汤饼佶色春，春到人间一卷之。二十四番风信过，纵教能画也非时。"

吃春饼是北方人的习俗。春饼就是用白面擀成圆形的饼，用饼铛（chēng 烙饼用的平底锅）或锅烙制而成。在清朝时，春饼的制作程序是："擀面皮加包火腿肉、鸡肉等物或四季时令菜心，油炸供客。又咸肉、蒜花、黑枣、胡桃仁、白糖共碾碎，卷春饼切段。"到了现在，春饼的吃法演变为春饼抹甜面酱，卷洋角葱后食用。

立春时，大葱冒出的嫩芽，清香脆嫩，特别是春回大地，万物复苏，嫩葱先出，人们尝鲜，也是有"咬春"的意思。此外还讲究吃和菜，就是用时令菜的心，如韭黄、菠黄等切丝，叫炒和菜。

有的地方还讲究用酱肚丝、鸡丝等熟肉夹在春饼里吃。吃春饼讲究和菜包起来，从头吃到尾，叫"有头有尾"，取吉利的意思。吃春饼时，全家围坐在一起，把烙好的春饼放在蒸锅里，随吃随拿。

庄子说："春日饮酒茹葱，以通五脏也。"立春无酒，农舍间会少了红发酡颜的醉翁，农民们也少了"把酒话桑麻"的谈兴。宋诗中提到立春饮的酒

常是黄柑酿的。现在，北方人喝的是烧酒，南方人饮的是米酒。

立春农历节日

春 节

一年当中，和立春临近的农历节日大概要算春节了。春节又叫阴历年，俗称过年，是我国民间最隆重、最热闹的一个传统节日，标志年年岁岁新旧交替。

春节起源于殷商时期年头岁尾的祭神祭祖活动。春节古称元日、元辰、元正、元朔、元旦等。1911年辛亥革命以后，清朝统治者被推翻，中华民国建立。各省都督府召开会议讨论历法，达成了"行夏历，所以顺农时；从西历，所以便统计"的共识，决定使用公元纪年，并将阳历的1月1日定为"新年"，把农历的正月初一叫"春节"。不过，由于历史原因这个决定没有正式命名和推广。1949年9月，中国人民政治协商会议第一届全体会议通过使用"公历纪年法"，将公历1月1日定名为"元旦"，把农历正月初一定名为"春节"，并规定春节放假三天，让人们热烈庆祝传统新年。今天，春节假期长达七天之久。

一、春节由来

关于春节的由来，古时相传上古节令混乱耕种不便。有个叫万年的人打柴时受日影移动启发，制成日晷（rì guǐ 亦称日规），测日影知白昼长短；挖药时闻泉水声叮咚，试制五层漏壶，便于阴雨雾夜测记。由此发现，每隔360天，天时长短会从头重复。天子祖乙见节令失常，召百官计议。节令官阿衡说是天神震怒，农业不兴，要天子率百官祈天，但毫无效果。万年亲见天子，说明原委。天子筑日晷台、漏壶亭，派12童子归万年调遣。万年以星象复原，子夜时交，旧岁已完，明又始春，便请定节名。天子因春为岁首，定名春节。不久万年量准太阳历，天子定名为万年历，又封万年为日月寿星。后人称春节为年，过年挂上寿星像，据传是为了纪念万年。

在实际的生活中，春节和年的概念，最初的含义来自农业，古时人们把谷的生长周期称为"年",《说文·禾部》解释:"年,谷熟也。"年的名称是从周朝开始的,到了西汉才正式固定下来,一直延续到今天。

二、春节习俗

春节在千百年的历史发展中形成了一些较为固定的风俗习惯,有许多还相传至今。

扫灰尘

《吕氏春秋》记载,我国在尧舜时代就有扫尘的风俗。按民间的说法:因"尘"与"陈"谐音,新春扫尘有"除陈布新"的涵义,其用意是要把一切穷运、晦气统统扫出家门。这一习俗寄托着人们破旧立新的愿望和辞旧迎新的祈求。每逢春节来临,家家户户都要打扫环境,清洗器具,拆洗被褥,洒扫庭院,掸拂尘垢,疏浚沟渠,四处洋溢着欢欢喜喜搞卫生、干干净净迎新春的欢乐气氛。

贴春联

春联也叫门对、春贴、对联、对子。每逢春节,无论城市还是农村,家

卖春联图(选自《北京民间风俗百图》)

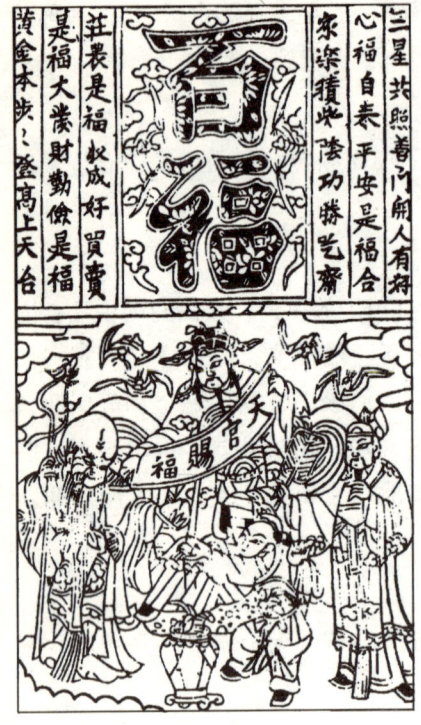

百福临门（年画）

家户户都要贴春联。春联的种类比较多，依其使用场所可分为门心、框对、横披、春条等。"门心"贴于门板上端中心部位；"框对"贴于左右两个门框上；"横披"贴于门楣的横头上；"春条"根据不同的内容贴在相应的地方；"斗斤"也叫"门叶"，为正方菱形，大多贴在家具、影壁中。

贴福字

春节在屋门、墙壁、门楣上贴"福"字，是我国由来已久的风俗。"福"字指福气、福运，寄托了人们对幸福生活的向往，对美好未来的祝愿。为了更充分地体现这种向往和祝愿，有的人干脆将"福"字倒过来贴，表示"幸福已到"、"福气已到"。

贴窗花

除了春联、福字，有的人家还喜欢在窗户上粘贴各种剪纸——窗花。剪纸在我国是一种很普及的民间艺术，千百年来深受人们的喜爱，因为它主要贴在窗户上，所以被称为"窗花"。窗花表现的是吉事祥物、美好愿望，将节日装点得红火富丽。

贴年画

年画是我国一种古老的民间艺术，反映了人民朴素的风俗和信仰，寄托着对未来的希望。随着木板印刷术的兴起，年画的内容已不仅限于门神之类单调的主题，而是变得丰富多彩。在一些年画作坊中产生了《福禄寿三星图》、《天官赐福》、《五谷丰登》、《六畜兴旺》、《迎春接福》等经典的彩色年画，以满足人们喜庆祈年的美好愿望。

贴门神

农历新年，家家户户将绘有门神的画贴于门板上。这个习俗已有两千多年的历史。先期是为了驱邪镇鬼，近世多为增添喜庆欢乐。旧时，民间一般喜贴钟馗打鬼的门神；安徽民间尤喜贴盖有大印的钟馗门神和秦叔宝、尉迟恭画像，传说这样的门神镇邪最灵。

挂门笺

挂门笺也称"挂千"、"挂签"、"挂钱"，江苏南通叫"喜笺"，天津叫"吊钱"，鲁南叫"过门笺"、"花纸"。主要贴门楣上。宋代开始流行于南北村镇。陈元靓《岁时广记》引《皇朝岁时杂记》说："元旦以鸦青纸或青绢剪四十九幡，围一大幡，或以家长年龄戴之，或贴于门楣"，后来不断发展演化。农村较常见的门笺长约一尺左右、宽约七寸，四周刻有图案，中写"五谷丰登"、"吉庆有余"之类的吉祥语，下呈穗状。每逢春节，将门笺贴在门楣上象征新年吉祥如意。

分岁

分岁是大年三十（除夕）夜晚民间各种节日活动的总称。流行于我国大部分地区。除夕晚上，全家团聚在一起守岁、饮宴、祭祖，既有对即将逝去的旧岁的留恋，又有对即将到来的新年的希望。俗话说："一夜连双岁，五更分二年"，所以人们将守岁活动称为"分岁"。1937年《歙县志·风土》中说："除夕，设馔祭祖毕，家人团坐而食，谓之'分岁'。"近代胡朴安《中华全国风俗志》卷二记载山东惠民县节日风俗说："除夕，易门神，换桃符、春联，插芝麻秸于壁，祀天地祖先，祭品较常丰盛，长幼聚饮祝颂，谓之'分岁'。"浙江地区"分岁"活动通宵达旦，清代时一般到半夜结束。清代翟灏《通俗编》卷三引陈善《杭州志》说："古有守岁之宴，言为达曙饮也。今至夜分而止，故谓之分岁。"

守岁

除夕守岁是最重要的春节活动之一，含有两层意思：年长者守岁为"辞旧岁"，有珍爱光阴的意思；年轻人守岁，是为延长父母寿命。最早记载见于西晋周处的《风土志》：除夕之夜，各相与赠送，叫"馈岁"；酒食相邀，叫"别岁"；长幼聚饮，祝颂完备，叫"分岁"；大家终夜不眠，以待天明，叫"守岁"。这种习俗后来逐渐盛行，到唐朝初期，唐太宗李世民写有《守岁》诗："暮景斜芳殿，年华丽绮宫。寒辞去冬雪，暖带入春风。阶馥舒梅素，盘花卷烛红。共欢新故岁，迎送一宵中。"直到今天，人们还习惯在除夕守岁迎新。

压岁钱

压岁钱也叫"押岁钱"、"压祟钱"、"压胜钱"、"压腰钱"。除夕吃完年夜饭，由尊长向晚辈分赠钱币，并用红线穿编铜钱成串，挂在小儿胸前，说是能够压邪驱鬼。清代富察敦崇《燕京岁时记》中说："以彩绳穿钱，编作龙形，置于床脚，谓之压岁钱。尊长之赐小儿者，亦谓之压岁钱。"这个习俗自汉魏六朝开始流行。王黼《宣和博古图录》中说："钱形长而方，上面龙马并著，俗谓佩此能驱邪镇魅。"因为"岁"与"祟"谐音，"压岁"即"压祟"，所以称为"压岁钱"。因为是守岁夜给钱，所以又称"守岁钱"。山东部分地区，还有农家用芝麻壳替代铜钱，按小儿岁数串起来系到衣带上，取

别岁（选自《点石斋画报》）

"芝麻开花节节高"的吉祥意思，预示小儿长命富贵。今天民间仍然流行此俗，不过取而代之的是纸币或镍币，改用红纸包钱，失去了镇邪的原意。

出天方

出天方又称"开天方"，简称"出方"。安徽太湖一带较流行。大人们正月初一鸡鸣起床，煮饭祭神后，全家穿上节日的服装，由当家主事的男子点燃灯烛持香出门，行礼后燃放爆竹，长幼互贺新年。人们相信，出完天方后，全家一年顺遂，万事如意。

放爆竹

中国民间有"开门爆竹"一说。即在新的一年到来之际，家家户户开门的第一件事就是燃放爆竹，以哔哔叭叭的爆竹声除旧迎新。爆竹是中国特产，亦称"炮仗"、"鞭炮"、"炮"。

在广东海丰，开门放爆竹的时候，要先在屋里把爆竹的引子点燃，然后才把门打开拿到外面放，同时说些如"平安大吉"的吉利话。在翁源，开门一定要在吉时良辰，并有开大门、开小门之别。大门是"出野外的门"，小门是屋内的房门。开门时一般先开大门再开小门，也有先开小门再开大门的。开大门，多用大花炮，开小门多用满地红和电光炮。在江苏苏州，新年开大门时放爆竹三声，取"高升三级"的寓意。在无锡，人们相信开门炮早放会早发。在湖南湘潭，把放鞭炮开门叫做"开财门"。在四川名山，开门时放十二响爆竹，希望全年十二个月都吉祥平安无凶险。在福建闽西客家，开门放爆竹是一年当中的头等大事，极受重视，大多由年纪大的长辈来做，不让小孩插手。

拜年

大年初一清早，人们都打扮得整整齐齐，出门走亲访友，相互拜年，恭祝新年大吉大利。

拜年一般从家里开始。初一早晨晚辈起床后，先向长辈拜年，祝福长辈健康长寿，万事如意。家中拜完年后，人们外出相遇时也要笑容满面地恭贺新年，互道"恭喜发财"、"新年快乐"、"四季平安"等吉祥语。《东京梦华录》中这样描写北宋汴京春节："正月一日年节，开封府放关扑三日，士庶自早相互庆贺。"明代陆容在《菽园杂记》中说："京师元旦日，上自朝官，下

至庶人，往来交错道路者连日，谓之'拜年'。然士庶人各拜其亲友多出实心。朝官往来，则多泛爱不专。"清代顾禄在《清嘉录》中记叙道："男女以次拜家长毕，主者率卑幼，出谒邻族戚友，或止遣子弟代贺，谓之'拜年'。至有终岁不相接者，此时亦互相往拜于门。"

在湖北黄陂，拜年首先拜天地君亲师，其次拜祖先，再次拜堂上，然后放鞭炮，开门上庙。从庙里回来再拜年，初一上本家拜年，初二上娘舅家拜年，初三上岳父家拜年。在鹤峰，"客至家中，主人有卧者，家人应，曰'挖窖'。"在浙江萧山，初一要到祖宗坟上去"拜坟年"。在海南定安，新媳妇这天要手持槟榔站在门外，任往来妇女观看。在河南开封，去拜年的第一家要是兴旺之家，即父母俱在、兄弟无故、求财得财、求利得利的人家。同样地，大家也都希望第一个来拜年的来自兴旺之家。

在广东广州，人们在家吃过早餐再到亲戚朋友家拜年。行礼后，主人拿出一个八果盒，中间是红瓜子，周围有莲子、马蹄、椰丝、莲藕等食品。主人请吃时，要说"拗金"，再请吃时要说"拗银"。如果是没有结婚的少年或小孩拜年，受拜者一定要说这句话。女人拜年时，都预备一个漆篮，里面盛满瓜子、红橘子等食物，赠送给受拜者，而受拜者要回赠大致相同的东西。在潮州，初一去亲戚家贺年时要带上柑包，以示送上吉利，受拜者仍还以柑包，互致好意。在东莞，大家路上相遇，互道"恭喜"，客人来了，要用攒盒请他，叫做"食大橘"。孩子们来，要拿包有银币或铜币的红纸包送给他们。在广西平乐，平日客到，一般只以烟茶相待，而新年待客则要加上槟榔。如果有小孩子到来，要给孩子柑果、米饼、荸荠之类。

在台湾，拜年（或称拜正、贺正等）一般在初五以前。贺客登门，要请其尝甜料，并喝甜茶，以示圆满亲密。在上海，有客人来拜年，互致祝贺后，主人以茶果招待，并敬上两只白糖或红糖水煮的"水炮蛋"。在湖北孝感，"亲朋互拜，至必款留，曰'拜年不空过'，疏亲均拜，曰'拜年无大小'，各持糍糕以为礼。语云：'拜年拜年，糍粑发裂'"。

新年探亲访友，互相拜贺，是春节文化的优良传统，据说此风始于宋代，周密《癸辛杂识》中已有明确记载。有些相交不深者同样要互祝新年，有时本人不上门。大户人家派仆人持红单名贴（相当于现代的名片）到别人府上投拜，答拜者也这样做，叫做"飞贴"。也有些人家在门口设"门簿"，就像现代的签到簿一样，到了签上名字，表示已经拜过年了。这种拜年活动从初一起可以一直拜到初十。今天，随着科技的进步，拜年形式也与时俱进，人们互相用短信拜年、电话拜年、邮件拜年、QQ拜年。

祭神

春节祭祀神灵是一项遍及全国的习俗。浙江湖州在天刚亮的时候，摆下天圆地方糕、顺风团、净水以接天神。在四川成都，正月初一子时，迎接诸神下界。江苏淮安一带，接天地神是春节的第一件事。在陕西洛川，人们"悬黄纸、挂灯笼于长竿，云接天神"。在台湾基隆，祭神时非常重视神桌的布置。"通常神桌叠柑塔，供拜甜果、菜头粿及发粿，其上插饭春花，紫红面线三杯，甜料；神桌前八仙桌围桌裙，桌上排设宣炉几，放水仙花、牡丹、梅花等高贵名花之花盆、花瓶；门口悬挂八仙彩或红彩"。在吉林，初一早起，"男至院中，上置供物，焚香点烛，桌北堆谷草少许，上置纸箔及大馒头二、饺子四，其侧立木架，悬鞭其上；同时，燃草，焚纸箔，点（鞭）放炮，男子按辈各集桌北，南向跪拜，以表迎新送旧之意。"在甘肃灵台，初一鸡鸣时，"主人肃衣冠，率弟子燔柏香、放花爆、燃灯球、击锣鼓，并杂陈肴馔、果酒于中庭，安设天地、神祇牌位，及于本宅灶君、土地各神位前，以次焚化表纸，谓之'接神'"。在辽宁、黑龙江各地，"时方交子，俗谓新神下界，家家衣冠致敬，凡天地、灶神、祖先位前，各焚香燃烛，然后设香案于庭，陈祭品，焚纸马，诵祝词，鸣爆竹，曰'接神'"。

祭祖

祭祖在祭神后进行。福建厦门常中午祭神、晚上祭祖。祭神时定要有一碗春饭。春饭以平常吃的饭为主，只是上面插一朵红纸做的玫瑰花一样的春花。在江苏苏州，春节这天每家都要悬挂祖宗的遗像，摆上香烛、茶果、粉丸、年糕等物，一家之主率领家人，每天依次瞻拜，直到元宵节的晚上结束。亲戚朋友之间，也相互瞻拜尊亲遗像，叫做"拜喜神"。在河北邯郸，有家庙的到家庙中祭拜；没有家庙有祖宗轴子的，就将祖宗轴子挂起敬拜，既无家庙又无祖宗轴子的，就写出祖宗牌位敬拜。如果不是在家中祭祖，就一定上坟给祖宗拜年，并在坟上燃放鞭炮。在浙江绍兴，祭祖要到宗祠里去，若是没有宗祠，就在祖先堂前叩谒，叫做"谒祖"。

接财神

这个习俗流行于北方地区，而且各地接财神的时间、仪式都有所不同。黑龙江、吉林等省是在除夕子夜接财神。接财神前全家一起包饺子，一到子夜，主妇便下厨房煮饺子，此时屋门大开。男主人提灯走到户外，按皇历上说的财神所在方位去接财神，如这一年财神在正东，出门便向东走，适可而止，放下灯笼，点燃香烛，跪拜，然后回家。在家中庭院中设立供桌，点香放炮，男主人跪拜后，从户外走进室内，室内人齐声问："迎来财神了？"男主人要虔诚回答："迎来了！迎来财神了！"家中最小的孩子事先要躺在叠得高高的被子上，听到男主人问："小日子起来了吗？"孩子就坐起来高声回答："起来了，小日子起来了！"表示财神迎到家里来了。女主人把煮熟的饺子先捞出一碗来祭财神，然后把其余饺子放在饭桌上，全家欢欢喜喜吃过年饺子。

迎喜神

民间认为，每逢春节天上必降"喜神"。谁家迎到喜神，谁家全年就会万事如意。河南农村正月初一天未亮时就摆香案设供祭家神（祖宗），祭完三叩首。家主起身翻查历书看新年"喜神"将降临何方，于是打开大门，携香表、鞭炮径直朝那个方向迎去，途中不回头，凡遇上男女老少或飞禽走兽，均须焚化香表，长鸣鞭炮，叩头作揖，做完这一切转身回家，表示迎到了"喜神"，一年内将喜事不断。

逛庙会

庙会又叫"妙会"、"庙市"或"节场"。早期庙会仅是一种隆重的祭祀活动，随着经济的发展和人们交流的需要，庙会在保持祭祀活动的同时，逐渐融入集市交易活动。随着人们的需要，又在庙会上增加娱乐性活动。于是过年逛庙会成为人们不可缺少的过年活动。在北京，每年的庙会宗教

"添财进喜"（年画）

色彩越来越淡化，只偶有娱乐性的仿祭祀活动表演，更多的是"有会无庙"，公园、体育场、商场等都成了庙会的举办场所。历年北京庙会办得最红火，让人玩得最开心的地方要数白云观庙会、东岳庙庙会、地坛庙会、龙潭庙会以及朝阳公园洋庙会（即北京朝阳国际风情节）。

三、春节饮食

饮食在中华民族成为一种文化，这一点在春节体现得尤为突出。

年夜饭

在千姿百态的春节饮食中，合家欢的年夜饭最重要。吃年夜饭，又叫吃团圆饭。大年夜，丰盛的年菜摆满一桌，桌上有大菜、冷盘、热炒、点心，更少不了鲜菜和鱼。鱼火锅沸煮，热气腾腾，温馨撩人，说明红红火火；"鱼"和"余"谐音，象征"吉庆有余"，喻示"年年有余"。还有萝卜，俗称菜头，祝愿有好彩头；龙虾、爆鱼等煎炸食物，预祝家运兴旺。最后多为一道甜食，祝福今后的日子甜甜蜜蜜。

蒸年糕

年糕因为谐音"年高"，再加上有着变化多端的口味，几乎成了家家必备的应景食品。年糕的式样有方块状的黄白年糕，象征着黄金、白银，寄寓新年发财的意思。

年糕的口味因地而异。山西、内蒙古等地，过年时习惯吃黄米粉油炸年糕，有的还包上豆沙、枣泥等馅。山东人用黄米、红枣蒸年糕。北京人喜食江米或黄米制成的红枣年糕、百果年糕和白年糕。河北人喜欢在年糕中加入大枣、小红豆及绿豆等一起蒸食。北方的年糕以甜为主，或蒸或炸，南方的年糕甜咸兼具，例如江苏苏州和浙江宁波的年糕，用粳米制作，味道清淡。除了蒸、炸以外，还可以切片炒食或是煮汤。甜味的年糕以糯米粉加白糖、猪油、玫瑰、桂花、薄荷、素蓉等配料制作，可以直接蒸食或是沾上蛋清油炸。

吃汤圆

在北京，汤圆与元宵外形相似，但制作方法不同，汤圆是包的，元宵是摇的。浙江绍兴初一早餐，是除夕夜供奉神祇和祖先的汤团，含有"团团圆

圆"的意思。江苏淮安这天早晨吃的欢喜团子，就是汤团。在河南开封，初一这天五更既要吃饺子，又要吃元宵。四川长寿称汤圆为元宝。

吃水饺

南方过年吃汤圆，北方过年吃水饺。水饺又叫扁食、水角儿、角子、馄饨、煮饽饽等。清代有史料记载："每年初一，无论贫富贵贱，皆以白面做饺食之，谓之煮饽饽，举国皆然，无不同也。富贵之家，暗以金银小锞藏之饽之中，以卜顺利，家人食得者，则终岁大吉。"说出了初一食水饺的普遍和有关习俗。

在河北邯郸，初一早晨的饭一定是水饺，而且盛水饺时要先给家中长辈盛。另外，包水饺时，常在水饺里面放一枚小钱，预测吉祥，吃中者为吉。在辽宁，早晨煮水饺，合家而食，称为"元宝汤"，黑龙江则多称为"揣元宝"。

饮屠苏酒

屠苏酒是汉末名医华佗将大黄、白术、桂枝、防风、花椒、乌头、附子等中药入酒浸制而成。最初作为一种中药使用，具有益气温阳、祛风散寒、避除疫病的功效，后来由唐代名医孙思邈传播开来。孙思邈每年腊月总是要分送给乡亲一包药，告诉大家以药泡酒，除夕进饮，可以预防瘟疫。后来到宋朝时，饮屠苏酒便成为过年的风俗。宋朝文学家苏辙的《除日》诗道："年年最后饮屠苏，不觉年来七十余。"说的就是这种风俗。苏轼在《除夜野宿常州城外》诗中说："但把穷愁博长健，不辞最后饮屠苏。"到了清代，许多地方仍继承这一习俗。

吃五果汤

五果汤系用薏米、芡实、桂圆肉、莲子和小豆煮糖水而成。有的不用莲子，加柿饼，或六味俱全，也称五果汤。农历正月初一那天，广东潮汕地区小孩向父母请安之后，便吃此汤，然后才去玩耍。春节从初一到十五期间，如果家中有客人来访，也用此汤招待。

杂拌儿

杂拌儿又称"杂拌"，分粗、细两种，前者是将一些花生、瓜子、榛子、红枣、焦枣、柿饼、炒蛋豆掺在一起放在盘子中或小笸箩等容器里，春节时大家挑拣着吃；后者指果脯蜜饯，买来放在盘子里过春节时吃。

艾窝窝

流行于北京等地，多在春节期间出售。明代《金瓶梅词话》中就有这种食品的记载。它的制作方法是：先将蒸烂之熟江米晾凉，以炒熟的芝麻及白糖、瓜子仁、碎核桃仁、青红丝、切碎的山楂糕等混合为馅，包成比一般元宵稍大些的圆球，滚黏熟大米面，吃起来软甜凉美。

煎堆

春节期间广东家家必备的食品是"煎堆"。李调元《粤东笔记》卷十六"茶素"条说："广州之俗，岁终以烈火爆开糯谷，名为炮谷，以为煎堆心馅；煎堆者，以糯粉为大小圆入油煎之，以祀先，及馈亲友也。"

煮长菜

农历除夕，云南地区家家都要煮一锅杂烩菜，以青菜、白菜、粉条为主，杂以猪肉、豆腐、笋丝、冬菇等。青菜、白菜不用刀切，整叶放入锅煮，取"长吃"的含义。其量够吃几天，在元宵节前随吃随添，也取"长吃"的含义。几天后，"长菜"发酵生出一种酸味，吃起来别具风味。

吃长寿面

四川川西一带正月初一这天每家都要吃一顿面条，寄托人们健康、长寿的希望。相传汉代东方朔曾说过：彭祖长寿，活到八百岁是因为脸长。"脸"可称"面"，"脸长"即"面长"，而面条细长，赋予"长寿"之义。所以川西地区春节期间走亲串友时，喜欢携带挂面作为礼物。

吃百杂饭

又称"吃余存"。流行于浙江西部地区。除夕吃年夜饭后，如果剩有未吃完的饭和菜一定不会倒掉，而是保留起来留到第二天中午杂煮而吃，主要是取和睦、有余的意思。

四、春节娱乐

华夏民族春节期间有"百戏杂陈"的风尚和习俗，各种民间艺术竞相展演，让炎黄子孙大饱眼福。

赛会

春节在河南开封最常见的娱乐要数赛会。在初一到初五几天里，街道上旌旗招展，金鼓齐鸣，沿路放炮，逢庙烧香。而在浙江德清，城乡通行演杂剧。

放高升

在云南车里，春节这天可以看放高升。高升用整棵的竹子做成，节中装火药，再接药线。燃放时在空旷处搭竹架，点着火药线，竹筒借力升上高空，并发出巨大的声响。当天下午，人们聚集到球场上，做抛布球的游戏。同时，人们还可以竞龙船、荡秋千，尽情嬉戏。

高跷

亦称"踩高跷"、"踏高跷"、"扎高脚"。表演者双脚绑扎木制1—3尺高的跷棍，化装成各种人物表演滑稽动作。高跷历史悠久，《列子·说符篇》里记载："宋有兰子者……以双枝长倍其身，属其胫，并驱并驰。"汉魏六朝百戏中称"跷技"，郭璞《山海经》注称为"乔人"。宋代叫"踏桥"。清代以来称为"高跷"。北京称为高跷或高跷会，陕西、甘肃、河南等黄河流域称作"扎高脚"。《清代北京竹枝词·百戏竹枝词扎高脚》中说："农人扮村公村母，以木柱各二，约三尺，缚踏足下，几于长一身有半矣。所唱亦秧歌类。高跷有文跷、武跷之分。文跷以走唱为主，有简单的舞扭动作。武跷则表演倒立、跳高桌、叠罗汉、劈叉等动作。"

舞龙

又称"龙舞"、"龙灯舞"、"舞龙灯"。最初用于春节祀神、娱神，后

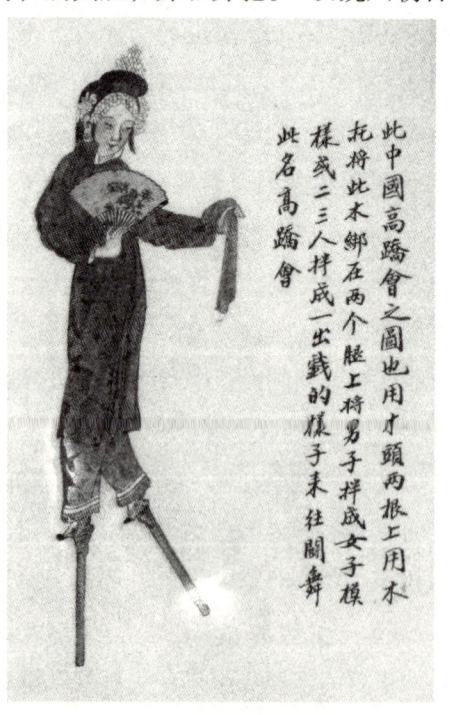

高跷会图（选自《北京民间风俗百图》）

来发展成为民间文艺活动。龙是古代传说中的神异动物，能在天上呼风唤雨，也能为人间隆福消灾。早在汉代就有舞龙祈雨的活动。当时四季祈雨，春舞青龙，夏舞赤龙或黄龙，秋舞白龙，冬舞黑龙。例如春旱舞的大苍龙，长1丈8尺，放在中央，再做7条小龙，各长4尺，放在东面。龙首向东，龙与龙之间相距8尺。舞者是孩童的，先要吃3天斋，然后穿青衣舞龙。也有将舞龙用于娱乐的。《汉书·西域传》说："武帝……作漫衍鱼龙之戏。"这是一种由人用道具扮演巨龙和巨鱼的乐舞。汉代石刻中也有舞龙形象。宋代，人们创造了观赏性的草龙。明清各代，舞龙在各地十分流行，清代范祖述《杭俗遗风》记载：杭州吴山，"山右有龙神庙，俗称'龙王堂'，灯节城厢内外所行龙灯于十二日到庙点睛参谒挂红，名曰龙灯开光。"其形状和表演形式，则因地而异，各具特色。大都由人手持起舞；也有少数是专供观赏的，如"灯板龙"、"首饰龙"。有些龙灯腹内可以燃烛，因此有日龙、夜龙之分。舞动时，锣鼓伴奏，爆竹齐鸣，场面十分热烈。每一个动作都有名号，诸如："二龙戏珠"、"二龙出水"、"黄龙过江"、"白龙出洞"、"穿越龙桥"、"打草惊蛇"、"银龙翻江"、"金龙倒海"、"海底捞月"。如果两队舞龙相遇，一定大摆龙门阵，争夺高下。有的地方，败北者为胜者奏锣鼓、放鞭炮。云南、贵州的苗族，每年正月初一至十五舞龙，同时家家户户堂屋神桌上摆糯米糍粑和酒肉，点燃香纸蜡烛，敬奉"金角老龙"，含有欢庆丰年，祈求吉祥的意思。

舞狮

广东海丰在春节"听鼓手、看舞狮、听唱曲"。舞狮主要有麒麟、狮、客仔狮、外江狮四种，唱曲主要有西秦曲、白字曲、潮州曲等多种。鼓手就是唢呐，也叫大笛或吹班。每班由二人吹大笛，一人打铜钹，一人打小鼓。他们从除夕下午就开始到商铺里去吹打，一直到初三、初四才停止。初一、初二最热闹。他们跑到人家，说声"恭喜"后就吹奏起来，直到主人掏红包才到下家去。在广西柳州，人们也可以去看舞狮。舞狮子的挨家挨户舞弄，直至拿到红包才离去。这样的活动，往往从初一持续到十五。

艺阁

又称"诗意阁"、"装台阁"，流行于台湾地区，每年春节举行。几个青

少年固定站立在高台或高车上扮演成戏剧中的人物,底下用人扛或车推,后有乐队伴奏。他们扮演的节目均含诗意,有从全国流行的传说故事如《唐明皇游月宫》、《苏东坡游赤壁》、《陶渊明采菊东篱下》中取材的,也有从本省题材如《吴凤成仁》、《义马报恩》、《侠客射鹿》、《逸士种梅》中取材的。近代以来逐渐发展为扮演自由女神,或以坦克、大炮组成的战争场面来达到娱乐目的。

五、台港澳春节拾趣

春节期间,和内地一样,中国的台湾、香港、澳门三地也有各具特色的春节习俗。

台湾

春节,是中华民族历史悠久、最为隆重的民间传统佳节。在与福建一水之隔的台湾,其历史文化、风土人情、生活习俗、亲缘血统等均与祖国大陆,尤其是福建闽南地区一脉相承,因而岛内民众的春节习俗与祖国大陆大同小异。

台湾人过年活动从农历12月16日的"尾牙"开始。这天家家户户都要祭拜土地公,特别是生意人为祈求新年发财,以牲体、金纸祭祀神灵。祀后,与同仁员工一起分享祭品,还美其名曰"食尾牙"。"食尾牙"时,对将要解聘的员工,雇主以鸡头相向,表示明年请另谋高就。因此,台湾有谚语说:"吃尾牙面忧忧,吃头牙抚嘴须。"意为尾牙餐事关工作去留。

台湾叫除夕为"二九暝"、"三十暝",依农历十二月的大小而有区别。"暝"是岁暮。天色未晚之前,家家准备甜桔、甜米果(年糕)、"春饭"、"压岁钱"等供品。此外,还在大门后面竖放两根连须带叶的甘蔗,叫"长年蔗",取又长又甜、以"坚定家运吉利"之意。

吃年夜饭"围炉"时,八仙桌下安放新炭炉和一把新葵扇,扇上和贴有红纸书写的"春"字或"福"字。围炉时要说"吃红枣,年年好"、"吃年饭,年年赚"等吉利话。桌上一定要有芥菜,叫"长年菜",象征长寿。也有的人家桌上摆"韭菜","韭"与"久"谐音,象征长寿。萝卜也不能少,闽南话叫它"菜头",表示"好彩头"。还要有鸡肉,鸡的谐音"家","食鸡起家",可大振家声。"围炉"时的蔬菜也不用刀切碎,洗干净后连根煮熟,吃时也不咬断,而是从头到尾,慢慢地吃进肚里,敬祝父母平安长寿。

年夜饭过后便是守岁。在台湾"守岁"也叫"长寿夜",象征晚辈祝愿父母长寿。半夜12点"交时"一过,全家老少用红白米糕敬祀神明,祭拜祖先,然后燃放鞭炮,迎春接福。

香港

近年来,已很少有香港人在农历新年时按传统在家里贴春联、年画,取而代之的是一些商店或家中贴"生意兴隆"、"出入平安"等红条幅。虽然如此,贴条幅的原意和贴春联与年画一样,都是希望来年事事顺利,平平安安。

香港被称为"美食天堂",春节有关吃的习俗不少,大部分家庭在春节期间吃"团年饭",全家上上下下、里里外外于除夕聚在一起,享受晚饭。而饭后的一大节目,首选是逛花市。农历新年期间,港九多处设有年宵市场,其中以维多利亚公园的花市最大、最热闹。

在香港过农历新年,最开心的莫过于收"利市"(红包)的小孩子。"利市"原为"利事",预示大吉大利。在春节拜年时,到处可以听到"讨"利市的欢笑声。

澳门

"谢灶"是澳门保存下来最传统的年节风俗之一。腊月二十三日送灶神,澳门人称为"谢灶"。澳门人送灶神按中国传统也用灶糖,说是用糖糊住灶神嘴,免得他到玉帝面前说自家的坏话。

东厨司命(年画)

澳门人过年从腊月二十八开始。腊月二十八日在粤语中谐音"易发",商家大都在岁晚之时请员工吃"团年饭",以示财运亨通,吉祥如意。

除夕之夜,守岁和逛花市是澳门人辞旧迎新的两件大事。守岁时的活动主要是打麻将、看电视、叙旧聊天,共享天伦之乐。大概受西方圣诞节和情人节的影响,现今的澳门人还争相购买一些吉祥的花木迎接新春。

春节这天,澳门和香港一样讲究"利市"。这天老板见到员工,长辈见到晚辈,甚至已婚人见到未婚人都得"利市"。澳门人把大年初二叫做"开年"。习俗是要吃"开年"饭,这餐饭必备发菜、生菜、鲤鱼,意在取其生财利路。从"开年"这天起,三天内澳门政府允许公务员"博彩"(赌博)。"开年"过后,澳门又完全回到中国传统春节习俗中,燃放爆竹,玩龙舞狮。

六、春节佳咏

元正诗
晋·辛萧

元正启令节,嘉庆肇自兹。
咸奏万年觞,小大同悦熙。

元正:即农历正月初一春节。这是一首写年节的诗。新年伊始,充满了希望。彼此举杯,共祝吉祥安康。男女老少喜气洋洋。全诗气氛热烈、喜庆;气象庄重、宏大。

正旦蒙赵王赍酒
北周·庾信

正旦辟恶酒,新年长命杯。柏叶随铭至,椒花逐颂来。
流星向碗落,浮蚁对春开。成都已救火,蜀使何时回。

赵王:南北朝时北周文帝宇文泰的第七子宇文招。赍(jī):赐。诗人庾信是南北朝著名的诗人。他的诗流丽、清新,有"清新庾开府"之誉,成就大大地超越了同时代的作家。赵王宇文招好属文,专学庾信。二人有诗文来往。此诗就是庾信元旦日得赵王赐酒后所写。

元日述怀
唐·卢照邻

筮仕无中秩,归耕有外臣。人歌小岁酒,花舞大唐春。
草色迷三径,风光动四邻。愿得长如此,年年物候新。

诗人卢照邻为初唐四杰之一。他早年出仕，因病退归乡里，住在太白山中。这首诗即是归耕后所作。从诗中可以看出诗人恬淡的心境和对大自然的热爱。这首诗似乎是诗人退隐初期的作品。后来诗人因服丹中毒，手足残废，自号"幽忧子"，终于不堪病痛折磨，投水而死。

田家元日
唐·孟浩然

昨夜斗回北，今朝岁起东。我年已强壮，无禄尚忧农。
桑野就耕父，荷锄随牧童。田家占气候，共说此年丰。

孟浩然被称为"田园山水"诗的代表诗人之一。他终生徘徊于求官与归隐的矛盾之中，在长安求官碰壁后，还归故园，一直到去世。孟浩然的诗多抒写个人怀抱，突破了初唐诗坛的那种应制、咏物的狭窄境界。所以无论在生前还是死后，他的诗都得到了很多人的推崇、倾慕，包括王维、李白这样的大诗人。这首《田家元日》就是诗人将自己的那种恬淡、惬意的情趣溶于春节的节日气氛中，显得和谐、自然。

元　日
北宋·王安石

爆竹声中一岁除，春风送暖入屠苏。
千门万户曈曈日，总把新桃换旧符。

这是一首著名的咏新年的绝句，立意清新，情景交融，洋溢着一派弃旧迎新、欢欣鼓舞的节日景象。

元夕四首（其一）
南宋·范成大

药炉汤鼎煮孤灯，禅版蒲团老病僧。
儿女强修元夕供，玉娥先避雪鬅鬙。

髼鬙（péng sēng）：头发散乱的样子。这是南宋著名诗人范成大晚年写的一首关于过新年的诗。原诗四首，这是第三首。其时，诗人老病衰残，心境凄苦，与喜庆的新年气氛很不协调。

立春诗词歌赋

京中正月七日立春

唐·罗隐

一二三四五六七，万木生芽是今日。
远天归雁拂云飞，近水游鱼迸冰出。

这是诗人在京中恰逢立春有感而作的一首诗。首句构思巧妙，"一二三四五六七"一方面告诉读者，这一年立春在正月初七；另外，则有一种蛰居了一个漫长的冬季后，好不容易盼来了春天的欣慰感。第二句的意思是从这一天起，草木复苏，春天来了。末尾两句对仗整齐，语意自然，一派春意：远远的天边上，归来的大雁贴着云彩飞翔；眼前，鱼儿不时跃出还飘着浮冰的水面。

早春图（宋 郭熙）

祝英台近·除夜立春

南宋·吴文英

剪红情，裁绿意，花信上钗股。残日东风，不放岁华去。有人添烛西窗，不眠侵晓，笑声转、新年莺语。旧尊俎，玉纤曾擘黄柑，柔香系幽素。归梦湖边，还迷镜中路。可怜千点吴霜，寒消不尽，又相对、落梅如雨。

这首诗是作者有感于除夕立春在同一天而作，上片写的是寻常人家欢乐迎春和除夕守岁的情景，"残日东风，不放岁华去"一句尤妙；下片写词人客居异乡的孤寂和凄苦，他只能在"归梦湖边，还迷镜中路"怀念过去的美好时光。

立春偶成
北宋·张栻

律回岁晚冰霜少，春到人间草木知。
便觉眼前生意满，东风吹水绿参差。

时值立春，顿觉眼前一片春意：冰雪消融，草木着装，春风徐徐，生机勃勃。诗人诗兴大发，偶成一绝。律：我国古代审定乐音高低的标准，把乐音分为六律和六吕，合称十二律。律属阳气，吕属阴气。后又与历法结合起来，一律属一月。奇数月份属律，偶数月份属吕。律回，正月即一月，属律。立春往往在正月、腊月相交时，故说"律回"。

立春日郊行
南宋·范成大

竹拥溪桥麦盖坡，土牛行处亦笙歌。
曲尘欲暗垂垂柳，醅面初明浅浅波。
日满县前春市合，潮平浦口暮帆多。
春来不饮兼无句，奈此金幡彩胜何。

醅（péi）：没有过滤的酒。醅面，指浮醅。古人酿酒时，酒面漂浮着浅碧色的浓汁浮沫，这是酒的精醇所至，叫"浮醅"。这是用来形容绿色的春水。这是一首七言律诗。立春日，诗人漫步郊外，眼前一派春天景象，耳边一片打春笙歌。如不饮酒吟诗，这春日盛景如何对付得过去呢？

汉宫春·立春日
南宋·辛弃疾

春已归来，看美人头上，袅袅春幡。无端风雨，未肯收尽余寒。年时燕子，料今宵梦到西园。浑未辨、黄柑荐酒，更传青韭堆盘。却笑东风，此便熏梅染柳，更没些闲。闲时又来镜里，转变朱颜。清愁不断，问何人会解连环？生怕见花开花落，朝来塞雁先还。

这首写立春情景和自己感怀的词章很有代表性。作者写惜春、恋春、发春怨的同时，借以抒发功业无成的苦闷和对北方故国的思念，同时也隐晦地表示了对统治者苟安江南的不满。

立春时令谚语

立春之后，白天渐长，太阳渐暖，降水也逐步增多。此时油菜抽薹，小麦拔节，小春作物长势加快，需要及时浇灌、追肥。大春备耕工作，也进入了紧张的倒计时阶段。对于庄稼人，"立春"这个头开得好不好十分重要，它关系到未来一年的光景和收成。因此有关立春的时令谚语在二十四节气中数量相对更多些，可见先人对立春的重视，对一年光景收成的期盼。

立春北风雨水多。

立春不下是旱年。

立春不逢九，五谷般般有。

立春晴，雨水匀；立春阴，花倒春。

立春落雨到清明，一日落雨一日晴。

立春之日雨淋淋，阴阴湿湿到清明。

立春东风回暖早，立春西风回暖迟。

最好立春晴一日，风调雨顺好种田。

立春当日，水暖三分；立春十日，水内热人。

立春雨水二月间，顶凌压麦种大蒜。

打了春，脱了瘟，人不知春草知春。

打了春，赤脚奔，棉袄棉裤不上身。

立春不是春，雨水还结冰。

雷打立春节，惊蛰雨不歇。

立春一声雷，一月不见天。

打春下大雪，百日还大雨。

春打六九头，备耕早动手。

立春晴一日，耕田不费力。

立春天不晴，还要冷一月。
立春阳气生，草木发新根。
立春无后霜，插柳正相当。
立春雨水到，早起晚睡觉。
立春打了霜，当春会烂秧。
立春到，农人跳。
早春晚播田。

「春季六节气」

立春

每年阳历的2月18日、19日前后，太阳到达黄经330°时交"雨水"节气。雨水是二十四节气中的第二个节气，表示气候逐渐回暖，冰雪融化，雨水逐渐增多，空气湿度不断增大，但冷空气活动依然频繁。

雨水农事气象

雨水有两层意思，一是由降雪转为降雨；二是自"雨水"起天气回暖，南方暖湿气流势力渐强，降水量增多。

"雨水"过后，我国大部分地区气温已达到0℃以上，黄淮平原日平均气温在3℃左右，江南平均气温在5℃上下，华南地区气温已超过10℃，但华北平原气温仍在0℃以下。在这样的气候背景下，黄淮平原及其以南地区开始降雨，华北平原有时仍会雪花纷飞。

在农事上，就大田来看，"雨水"前后油菜、冬麦普遍返青，对水分的需求相对较多。华北、西北以及黄淮地区这时的降水量一般较少，常不能满足农作物的需求。若早春少雨，"雨水"前后应及时进行春灌。淮河以南地区此时一般雨水较多，应做好农田清沟沥水，中耕除草，预防湿害烂根。华南双季早稻育秧工作已经

天降时雨图（宋 米芾）

开始,为防忽冷忽热、乍暖还寒的天气对秧苗的危害,应注意抓住"冷尾暖头"天气抢晴播种,力争一播全苗。西北高原山地仍处干季,容易发生火灾。另外,寒潮入侵时可引起强降温和暴风雪,对老弱幼畜危害极大,所有这些,都要特别注意防范。

你知道吗:雨有几个等级?

雨可分为小雨、中雨、大雨、暴雨、大暴雨、特大暴雨六个等级。根据24小时的降雨总量,10毫米以下为小雨,10—24.9毫米为中雨,25—49.9毫米为大雨,50—99.9毫米为暴雨,100—199毫米为大暴雨,200毫米以上为特大暴雨。

降雨开始和停止都较为突然,变化强度大的叫"阵雨";降雨时还打雷的叫"雷阵雨";如果只有某一地区有阵雨、小雨和中雨时,叫"局部地区有阵雨、小雨、中雨"。

雨水生活提示

雨水节气常处春节和元宵节之间,当大家忙忙碌碌、欢欢喜喜过节时,要饮食有度、起居有常,争取过一个健康、快乐、平安、祥和的节日。

在生活上,应改变过节时炸、煮、蒸一大堆食品,每天再"重新煮"的习惯。食物要保持新鲜,慎防变质,患有慢性病的人,更应注意饮食的控制。例如:慢性胃炎患者,饮食不当更易造成胃黏膜损伤加重;慢性胆囊炎或胰腺炎患者,要减少脂肪的摄入;心脑血管病患者,饮食以清淡为主;痛风患者忌吃海鲜,忌饮酒。另外,还要注意饮食有节、细嚼慢咽、低糖低盐、戒烟限酒、讲究卫生等良好习惯。

獭(选自《马骀画宝》)

雨水民间禁忌

雨水是农民盼望老天恩赐的礼物。春天里，绵绵密密的雨水表示今年将是丰收的一年，所以雨水这天忌讳无雨。谚语说："雨水不落，下秧无着。"雨水不下雨，下秧就没有着落了。

有些地方雨水禁忌水獭捕不到鱼。《周书》时训篇说："雨水之日，獭祭鱼；后五日，鸿雁来；后五日，草木萌动。"獭是水里的动物，样子像小狗，喜欢吃鱼，常常在捕了一条鱼之后，把它咬死放在岸边，再下水去捕，等捕来的鱼在岸边堆得够它吃一顿了，才美美把鱼吃下肚。因为鱼排列得像祭神时的供品，所以称之为"獭祭鱼"。

《月令广义》中说："雨水日，獭祭鱼，是日獭不祭鱼，国多寇贼。"雨水看不到獭祭鱼，盗贼怎么会增多呢？獭跟盗贼有什么关系呢？《月令广义》中说，如果雨水节气大地还是冰封着，獭没办法下河捕鱼，表示岁时的秩序乱了，将会影响到农夫春时的耕种和秋时的收成，老百姓没得吃，铤而走险，刑事案件自然比平常多了。

雨水养生保健

雨水季节，天气变化不定，容易引起人的情绪波动，乃至心神不宁。根据雨水节气对自然界的影响，人们在此时调养脾胃非常重要。中医认为，脾胃为"后天之本"、"气血生化之源"，脾胃的强弱是决定人生命长短的因素之一，是人们健康长寿的基础。脾胃虚弱是滋生百病的主要原因，所以，雨水节气养脾健脾很重要。养脾也要静心，以精神的调摄为主。怎样调摄呢？第一，心平气和，使肝气不横逆、脾胃安宁，让脾胃的运化功能正常，以达到健脾的目的。第二，静心养气，既不会扰乱心血，也不会损耗心气，使心气盈和，进而滋养脾脏，养脾得以健胃。

对于春天的多变天气，一定要保持心境的平和，只有情志相适，加上饮食的调养，健脾养胃的功效才会显著。

调养脾胃的方法可根据自身情况，也可以有选择地进行饮食调节、药物调养。

雨水营养药膳

▶ 枸杞蒸鸡

药膳配方
子母鸡1只，枸杞1大匙，葱1根，姜数片，清汤3碗，盐、料酒、胡椒面、味精适量

制作程序
1. 将子母鸡宰杀洗干净，放入锅内，用沸水氽透，捞出冲洗干净，沥尽水分。
2. 将枸杞装入鸡肚，再将鸡肚朝上，放入盆里，加入葱、姜、清汤、食盐、料酒、胡椒面，将盆盖好，用湿棉纸封住盆口，上笼蒸2小时。
3. 拣去姜片、葱段，再放入味精即成。

药膳功效
补肾、滋阴、养肝、明目、益气、降低胆固醇、增强免疫力。

▶ 辣炒肉末

药膳配方
肉馅300克，辣椒1个，葱1根，蒜4瓣，酱油1大匙，辣椒粉半大匙，辣椒油半大匙，白糖和味精适量

制作程序
1. 将葱、蒜、辣椒分别切碎备用。
2. 取半大匙辣椒油热锅，将肉馅放入快速炒熟，再加入蒜末、辣椒末、辣椒粉、酱油，以及少许白糖、味精翻炒，起锅前撒些葱末增香即可。

药膳功效

祛寒、散风、增强食欲、杀菌、除湿气。

▶ **猪肝菠菜粥**

药膳配方

大米 200 克，猪肝 100 克，菠菜 1 棵，盐 2 小匙

制作程序

1. 将大米淘净，加水用大火煮沸，煮沸后转小火煮至米粒熟软。
2. 将猪肝洗干净，切薄片；菠菜去根和叶，洗干净，切成小段。
3. 将菠菜加入粥中煮沸，下猪肝片煮熟，加盐调味即成。

药膳功效

促进消化吸收、补血健脾、养肝明目。

雨水习俗大观

耘（选自《天工开物》）

  雨水不是节日，所以这天民间很少有过节的习俗活动，不过在四川一带，每年雨水节气时，当地出嫁的女儿要带上罐罐肉、椅子回去拜望父母。久婚未孕的女儿，也要带上礼物回娘家。母亲会给女儿缝制一条红裤子，穿在衣裤里面，以示吉祥，祈求来年得子。

  对于庄稼来说，雨水这天最宜种稻和移植柑橘，农谚说："雨水种稻"、"雨水节，接柑橘。"台湾各地立春时，日出是上午6:36分，日落是下午5:42分，雨水时，日出比立春早10分钟、日落比立春迟8分钟，白天的大好时光一天比一天长。

雨水农历节日

元 宵 节

元宵节又叫"上元节"、"元夕节",简称"元宵"、"元夜"、"元夕"。每年农历正月十五晚上举行。以通宵张灯,供人观赏为乐,所以又叫"灯节"。东汉永平(公元58—75年)年间,明帝为提倡佛教,于上元夜在宫廷、寺院"燃灯表佛",令士族庶民家家挂灯。此后相沿成俗,成为民间盛大节日。

一、元宵节习俗

闹元宵

农历正月十五前后,民间敲锣打鼓、结队游行。明代万历《海盐仇志》说:"上元前后,里中年少合金鼓管弦为乐,曰闹元宵。其乐有《太平鼓》等。"顾禄《清嘉录·闹元宵》说:"元宵前后,比户以锣鼓铙钹,敲击成文,谓之'闹元宵'。"每到这个时候,人们手持锣鼓铙钹,沿街敲打。鼓点节奏明快,气氛热烈。袁景澜在《吴郡岁华纪丽》对此做了详细的记述:"元宵前后,比间鸣击钲鼓,错杂成文,或连朝弥日,或达旦通宵,以相娱乐。试灯风里,十棒鼓喧,谓之闹元宵。有跑马、雨夹雪、大开门、小开门、七五三、跳财神、下西风诸名。或群童征逐,各执一器,满街走击,鼎沸潮喧,谓之走马锣鼓。有无拍有腔、参差杂沓、音节不齐者,名粗锣鼓。其传自镇江者,技最精。有双笛紧膜,佐以箫管、三弦、提琴,紧缓与云锣、鼍鼓、檀板、木鱼、汤锣相应,名十番鼓。有花信风、双鸳鸯、风摆荷叶、雨打梧桐诸名。后增星钹、唢呐,吹弹击打,合拍合节。其中有闹端阳、蝶穿花,谓之粗细十番。吴俗于新年奏之,总名之曰闹元宵。"

张灯赏灯

张灯赏灯,是全国普遍流行的元宵节习俗。在浙江建德,有一种灯叫"桥灯",灯长如桥,也叫"硬板龙",长达几十节甚至几百节。在寿昌,灯有龙灯、马灯、桥灯、花灯等。在德清,乡农制作各种纸灯、马、狮、鱼、

花篮等各种纸灯,到城里去竞赛。观众燃放花炮欢迎,表演结束后赠以钱物。

在上海,各家各户都要悬挂灯笼,停泊的船只上也点燃桅灯,寺院前树"塔灯"。1921年《宝山县续志》记载,塔灯有七层、九层、十一层的,每层挂灯六盏,自下而上,由大渐小。农村挂望田灯,称为"田财灯"或"照田灯",多是农户在檐前竖立竹竿,上面高悬三四盏红灯。在外冈,要采柏叶,折竹枝,在门外扎灯棚以放灯。

山东滕州的萝卜灯别具一格。人们利用萝卜的自然颜色雕成各种花样,元宵节傍晚,男孩子提着满篮的萝卜灯到村外放灯,几十步一个,从村头一直排到山顶,恰似一条光芒四射的钻石项链。

江苏苏州在十字街口树竹竿,挂无数花灯,叫做"九莲灯",而以"树桥塔"最著名:在桥梁上树一高大桅杆,顺着桥身,前后系长绳由下到上层层挂灯,状如宝塔,十分壮观。

1934年《吉林新志》载,在"灯节"晚上,凡是墓、庙、井、仓、碾、磨、畜圈、场园等地方,当地人都送上用荞麦面蒸成的灯,沿路撒上并点燃浸过油的谷糠或木屑,这叫"撒路灯"。

陕西宜川家家通宵燃灯,甚至用面做成鸡、狗、猫、兔等形状,分别放在鸡窝、狗窝等处,用棉花做芯,浇上油点亮,到十六日早晨做成羹汤食用。

在台湾苗栗,家家户户张灯结彩。花灯都用五色纸做成。更有一种可以点火放到高空的纸灯,相传是孔明在五丈原时用来惊吓司马懿的。灯的形状有的似蝴蝶,有的似蜈蚣,有的似飞鸟,而以圆球形者居多,升到空中,宛如天上的星辰。

猜灯谜

人们张挂灯笼的时候,常常会在灯下或灯上附有谜语,供路人猜测赏玩。猜灯谜这种智力游戏始于宋代。宋代周密《武林旧事》中说:"以绢灯剪写诗词及旧京浑语,戏弄行人。"宋代吴自牧《梦粱录》中说:"商谜者,

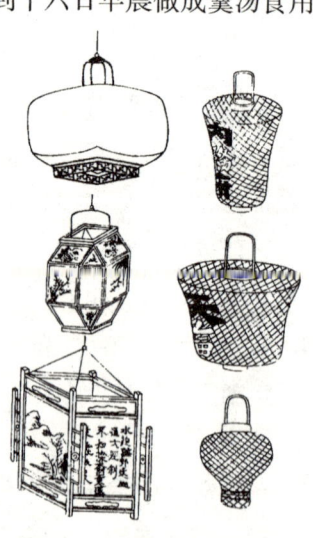

灯笼(选自《清俗纪闻》)

先以鼓儿贺之,然后聚人猜谜。"宋代耐得翁《都城纪胜》中说:"来客念隐语说谜,名打谜。"这就充分说明了猜谜的游戏的确起源于宋代,但究其渊源,可上溯到春秋时期的庾辞,在《国语》、《左传》里都有庾(yǔ姓)辞实例。进入汉代,人们便改庾辞为谜语。

灯谜有曹娥、增损(离合)、苏黄、谐声、别字、拆字、皓首、雪帽、围棋、玉带、粉底、正冠、正履、分心、卷帘、登楼、素心、重门、间珠、垂柳、锦屏风、滑头禅、无底囊、会心等二十四格,上自文人雅士,下至目不识丁的文盲,甚至婴幼孩童,都有适合各自水平的谜语可猜。据说宋代王安石创造的字谜最多,被人们称为"灯谜之祖"。

在山东登州,"好事者作灯谜榜于通衢,群聚观之,谓之'打独脚虎'"。在福建诏安,"好事者或为藏头隐语,任人商揣,中则鸣鼓咚咚,出品物相酬奉,谓之'灯猜'"。在台湾,元宵节"例有灯谜韵事。文人之有斯癖者,集寺庙中,出题悬赏,俗称'灯猜'。谜底多经书成句。"在日本占领台湾期间,虽然禁止传授中国文字,灯猜依然"公开行之,风雅不绝"。台湾光复后,灯猜习俗更加兴盛。

猜灯谜,是我国特有的富有民族风格的一种文娱形式,至今不衰,一些城市,尤其是电视节目甚至在元宵节期间举办专门的灯谜会,设下奖品,鼓励观众积极参加。

走三桥

走三桥又称"游安"、"走平安路"。流行于广东汕头、揭阳、江苏苏州一带。元宵节晚上,到处张灯树、扮八景,乡民提灯游行,奔走于各桥之间。妇女走过三座桥,说这样可以祛却病灾。

摇竹娘

流行于福建、浙江等地,是一种希望孩子快快长大的祝愿仪式。夜深时,当地竹农便让小孩单独去竹林,选一株去年长高的健壮青竹,双脚并立,在双手高举过头的地方,扶着青竹摇动,一边摇一边唱:"摇竹娘,摇竹娘,你也长,我也长,旧年是你长,今年让我长,明年你我一样长。"

间间亮

元宵节一种燃灯形式,流行于浙江台州地区。相传明代嘉靖年间,有一

年农历正月十四，戚继光在海边打垮了一股入侵的倭寇，残余倭寇逃到黄岩县时躲进了橘林和民房。戚家军和百姓一起点灯燃烛进行搜捕，最后全歼倭寇。当地橘农为纪念戚家军的胜利，每年正月十四夜晚家家都要挂灯燃烛，橘篮灯、橘花灯，照得每间房屋通明雪亮。与此同时，在每片橘林中，也燃起红烛，一片光明。

约会、行歌

元宵节是一个传统的节日，更是一个浪漫的节日。元宵节上举行的灯会给未婚男女相交相识提供了一个机会。旧社会的年轻女孩平日不允许出外自由活动，但是过节却可以结伴出游。每到这时，未婚男女借赏灯之机，顺便为自己寻找意中人。欧阳修《生查子》写道："去年元夜时，花市灯如昼。月上柳梢头，人约黄昏后。"辛弃疾《青玉案》写道："众里寻他千百度，蓦然回首，那人却在，灯火阑珊处。"这两首词就是描述元宵夜男女相会的情景。所以有人将元宵节称为中国的"情人节"。有的地方灯市有乐舞百戏表演，成千上万的人在灯下载歌载舞，叫做"行歌、踏歌"。

放烟火

元宵节放烟火宋代就已经开始了，至今不衰。

在北京，每年一进腊月，城内就辟出临时的花炮街，出售各种各样的烟花爆竹，其中有鞭炮、麻雷子、双响儿、旗火、炮打灯儿、炮打襄阳城、太平花、金盘落月、金钱、八角子、花盆、花盒二踢脚。灯节期间，商家为了招揽顾客，纷纷举办街头烟火大会。他们预先贴出大幅红纸招贴，说明为了共庆元宵佳节，定于何时在何地燃放烟火，欢迎大家届时光临。往往一条街上就有四五家乃至七八家商号兜售烟火。到时，各家互不示弱，形成对擂局面，令旁观者大饱眼福。

在福建上杭，有资料记载说，烟火被装在盆中，"置案上燃之，火光喷出，作兰菊各种形状，须臾花止，以水淋之，花复喷出，真奇观也。又有高升爆，形如纸爆，而长倍之，插以尺许之粟茎或竹茎下垂，儿童两指捻而放之，有直上数丈而放炎光者，曰'三级浪'，亦名'三点灯'。又有黄烟爆，烟作黄色，儿童手燃之以写字。"在湖北孝感，"花炮有起火、砖花、纸花。以丝横系而旋者，曰'金盘银盏'。投于水中而复出者，曰'水老鼠'，又名

'水鸭'。'落地金银'、'落地桃',皆以水湿地,药垂下有声。'赛月明'无花,但出二刃于空中若月。'云菱炮',以纸作小菱形,实药其中。'滴滴金',以灯红纸为小筒,实药燃之,有小花"。

在山西,烟火分礼花和土烟火两种。土烟火形形色色,其中晋中地区的"架火"很有特色。它用13张大方桌叠垒起来,高约四五丈,用8条大绳牵拴。方桌装饰成亭台楼阁,里面布置有各种景观。每层外悬36颗特制的大爆竹,共400颗左右;8条大绳,也都用花炮装饰。整个造型,像十三级宝塔一样,称为"主火"。主火周围,又有许多小玩艺,与主火用火药捻相连。整个架火点燃后,主火辉煌璀璨,四周炮声隆隆,十分壮观。

过去山东登州一带,也有烟火会,或者树起木架,上面绑缚各种烟花,叫做"架花"。在上海,放鞭炮和烟火叫做"挑竿",烟火种类繁多,令观众

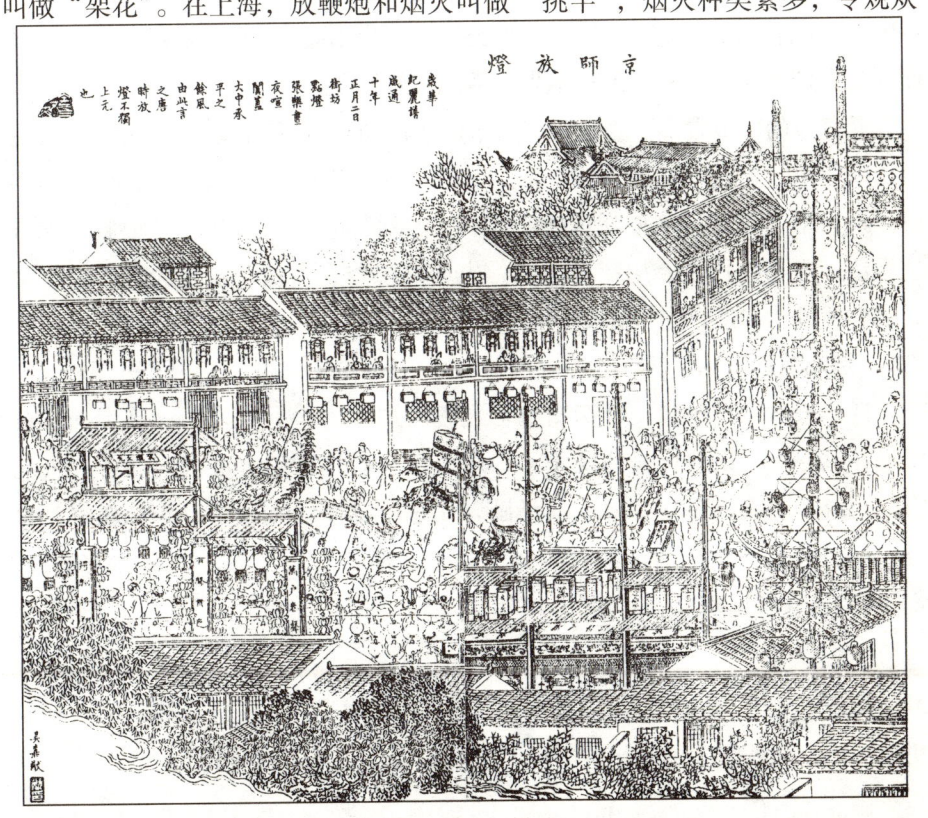

京师放灯(选自《点石斋画报》)

目不暇接。

拜天官

民间将自然界分成三界，即天界、地界和水界，并将掌管三界的神仙称为天官、地官和水官，全称三官大帝。正月十五上元为天官大帝生日。天官的主责是赐福，所以，民间在元宵节准备供品祭拜天官大帝，祈求赐福。

二、元宵饮食

吃元宵

民间有元宵节吃元宵的习俗。元宵由糯米制成，或实心，或带馅。馅有豆沙、白糖、山楂、芝麻、果料等，食用时煮、煎、蒸、炸都可以。起初，人们把这种食物叫"浮圆子"，后来又叫"汤圆"或"汤团"，这些名称与"团圆"字音相近，取团圆之意，象征全家人团团圆圆，和睦幸福，人们也以此怀念离别的亲人，寄托了对未来生活的美好愿望。

元宵节的应节食品，在南北朝是浇上肉汁的米粥或豆粥，但这项食品主要用来祭祀，还谈不上是节日食品。到了南宋，就出现了"乳糖圆子"，明朝时，人们用"元宵"来称呼这种糯米团子。刘若愚的《酌中志》记载了元宵的做法："其制作法，用糯米细面，内用核桃仁、白糖、玫瑰为馅，洒水滚成，如核桃大，即江南所称汤圆也。"清代康熙年间，御膳房特制的"八宝元宵"，是闻名朝野的美味。

近年来，元宵的制作日渐精致。光就面皮而言，有江米面、高粱面、黄米面和包谷面。馅料更是甜咸荤素，应有尽有。制作的方法也南北各异，北方的元宵多用箩滚手摇，南方的汤圆多用手心揉团。元宵可以大似核桃，也可以小似黄豆。煮食的方法有带汤、炒吃、油氽、蒸食等，不论有无馅料，都同样美味可口。

油锤

流行于江苏地区。每逢农历正月十五日元宵，民间用粉发酵裹馅，制成饼用油煎，曰油锤。它是祀神祭祖必需的供品，也是节日食物。

瞎老鼠馍

流行于陕西等地，又叫"茧儿"。元宵节时的一种食品，样子像老鼠，在

前额下嵌两颗黑豆作为眼睛，用小红枣做鼻子。未结婚的男方在给女家送灯时，同时要送20个这种馍。送馍的含义是希望女家的老鼠都变成瞎子，不能出洞糟蹋粮食。

吃面灯

面灯也叫面盏，是用面粉做的灯盏，形式多种多样，有的做灯盏12只（闰年13只），盏内放食油点燃，或将面灯放入锅中蒸煮，视灯盏灭后盏内余油的多寡或蒸熟后盏中留水的多少，以占卜今年12个月的水旱情况。清代乾隆年间陕西《雒南县志》记载："正月十五，以荞麦面蒸盏燃灯，按十二月，以卜雨降。"表达了人们祈求风调雨顺的愿望。

三、元宵佳咏

正月十五夜
唐·苏味道

火树银花合，星桥铁锁开。暗尘随马去，明月逐人来。
游妓皆秾李，行歌尽落梅。金吾不禁夜，玉漏莫相催。

这首诗写的是唐代长安的元宵灯节盛景。当时咏上元盛况的诗作甚多，此诗被推为绝唱。

正月十五夜闻京师有灯恨不得观
唐·李商隐

月色灯光满帝都，香车宝辇隘通衢。
身闲不睹中兴盛，羞逐乡人赛紫姑。

这是唐代诗人李商隐写的一首关于上元节的七律。其时作者闲居家中，对于未能目睹长安的上元盛景而深感遗憾。

正月十六日夜至京师观灯
明·高启

天街争唱落梅歌，绛阙珠灯万树罗。

莫笑游人来看晚,春风还似昨宵多。

明代每逢元宵佳节,京城到处张灯结彩。元宵夜皇帝和文武百官在紫禁城的午门赏灯,皇宫内也挂满五光十色的花灯,并且燃放焰火。高启的这首诗就是写当时北京元宵景况的。

元 夕 诗
清·施闰章

燕台夜永鼓逢逢,蜡炬金樽烂漫红。
列第侯王灯市里,九衢士女月明中。
玉箫唱遍江南曲,火树能禁塞北风。
惟有清光无远近,它乡故国此宵同。

这是清代诗人施闰章写的一首元宵节的诗。清代时,各店铺为了招徕顾客,争相制作各种各样的灯,张挂在店门口。白天售货,晚上放灯。灯市设在东华门一带,就是今日的灯市口。后京城多处设置灯市。清末,国势衰颓,灯市也逐渐凋零。但前门一些大店铺每逢元宵,仍然悬挂灯盏,任人赏玩。灯市自初八开始,十八结束。一般十三上灯,十八落灯。

青玉案·元夕
南宋·辛弃疾

东风夜放花千树,更吹落、星如雨。宝马雕车香满路,凤箫声动,玉壶光转,一夜鱼龙舞。蛾儿雪柳黄金缕,笑语盈盈暗香去。众里寻他千百度,蓦然回首,那人却在,灯火阑珊处。

这首词是辛弃疾被迫退休于江西上饶之后写的。全词着力描写了正月十五夜元宵节观灯的热闹景象。"众里寻他千百度,蓦然回首,那人却在,灯火阑珊处"已成千古绝句。

永 遇 乐
南宋·李清照

落日熔金,暮云合璧,人在何处?染柳烟浓,吹梅笛怨,春意知几许!元宵佳节,融和天气,次第岂无风雨?来相召,香车宝马,谢他酒朋诗侣。中州盛日,闺门多暇,记得偏重三五。铺翠冠儿,撚金雪柳,簇带争济楚。如今憔悴,风鬟霜鬓,怕见夜间出去。不如向、帘儿底下,听人笑语。

在诗词中,以元宵灯节为题材的优秀作品不少,大多是铺陈渲染元夕的热闹景象。李清照这首元夕词,却一反常调,以今昔元宵的不同情景作对比,抒发了深沉的盛衰之感和身世之悲。

生 查 子
北宋·欧阳修

去年元夜时,花市灯如昼。月上柳梢头,人约黄昏后。今年元夜时,月与灯依旧。不见去年人,泪满春衫袖。

这首词写的是一对恋人的幽会。它的特点在于"去年元夜时"和"今年元夜时"的强烈对比。物是人非,旧情难续,空度元夜,独赏灯月,其情其景是多么的凄惨悲凉。

雨水诗词歌赋

春 夜 喜 雨
唐·杜甫

好雨知时节,当春乃发生。
随风潜入夜,润物细无声。
野径云俱黑,江船火独明。
晓看红湿处,花重锦官城。

这首诗以细致入微的描写,刻画了成都春夜降雨后绚丽多姿的景色,字里行间充分流露了诗人关心农事、渴求春雨的喜悦心情。

江 南 春
唐·杜牧

千里莺啼绿映红,水村山郭酒旗风。
南朝四百八十寺,多少楼台烟雨中。

这是一首素负盛誉的写景诗。小小的篇幅,描绘了广阔的画面。它不是以一个具体的地方为对象而是着眼于整个江南特有的景色。全诗用高度概括的笔法,勾勒了江南地区的风物,描绘了江南明丽而迷蒙的雨景。色彩鲜明,情味隽永。

早春呈水部张十八员外二首(其一)
唐·韩愈

天街小雨润如酥,草色遥看近却无。
最是一年春好处,绝胜烟柳满皇都。

张籍在兄弟辈中排行十八,故称"张十八"。这首诗咏早春,能摄早春之魂,给读者以无穷的美感趣味,甚至是绘画所不能及的。诗人没有彩笔,但他用诗的语言描绘出极难描摹的色彩——一种淡素的、似有却无的色彩。如果没有锐利深细的观察力和高超的诗笔,便不可能把早春的自然美提炼为艺术美。

雨水时令谚语

民间有关雨水节气的时令谚语基

江南春(选自《芥子园画谱》)

本都是通过雨水当天的天气状况，预测后期气候变化的。

雨水明，夏至晴。

雨水有雨，一年多水。

雨水雨水，有雨无水。

雨水前雷，雨雪霏霏。

雨水阴寒，春季勿会早。

雨水日晴，春雨发得早。

雨水淋带风，冷到五月中。

雨打雨水节，二月落不歇。

雷响雨水后，晚春阴雨报。

雨水东风起，伏天必有雨。

雨水落了雨，阴阴沉沉到谷雨。

冷雨水，暖惊蛰；暖雨水，冷惊蛰。

雨水落雨三大碗，大河小河都要满。

雨水草萌动，嫩芽往上拱，大雁往北飞，农夫备春耕。

雨水南风紧，回春早；南风不打紧，会反春。

雨水有雨庄稼好，大麦小麦粒粒饱。

雨水无水多春旱，清明无雨多吃面。

雨水有雨庄稼奵，大春小春一片宝。

雨水清明紧相连，植树季节在眼前。

雨水不落，下秧无着。

雨水无雨，夏至无雨。

「春季六节气」

雨水

每年阳历的3月5日、6日，太阳的位置到达黄经345°，这一天，便是反映物候的"惊蛰"节气。自这天起，天气回暖，春雷始震，蛰伏于泥土深处一个冬季的冬眠动物和昆虫会钻出地面，开始它们新的生命。《月令七十二候集解》记载说："二月节，万物出乎震。震为雷，故曰惊蛰。是蛰虫惊而出走矣。"《群芳谱》解释说："雨水后十五日为惊蛰，蛰虫震惊而出也。"《礼记·月令》中也说："东风解冻，蛰虫始振。"

惊蛰农事气象

"惊蛰"前后之所以偶有雷声，是大地温度渐高而促使近地面热气上升或北上的湿热空气势力较强与活动频繁导致的。我国各地，由于南北跨度大，春雷始鸣的时间没有一致的现象。"惊蛰"开始打雷，只和长江流域的气候规律相吻合。就以往年份来看，云南南部在11月底前后能听到雷声，而北京的第一声雷响要晚到4月下旬。

惊蛰是春耕的开始。华北冬小麦开始返青，急需返青水，一旦缺水，就会减产，所以此时对冬小麦、豌豆等要及时浇

耕（选自《天工开物》）

水。此时因土壤仍处在冻融交替状态，及时耙地是减少水分损失的重要措施。

江南小麦已经拔节，油菜也开始见花，对水、肥的要求逐渐多起来，应适时追肥，干旱少雨的地方适当浇水灌溉，雨水偏多的地方要做好防止湿害的工作。俗谚说"麦沟理三交，赛如大粪浇"、"要得菜籽收，就要勤理沟"，表明搞好清沟沥水的重要性。此时，华南地区早稻播种应抓紧进行，同时要做好秧田防寒工作。

随着气温回升，茶树也开始萌动，应进行修剪，并及时追施"催芽肥"，促其多分枝，多发叶，提高茶叶产量。桃、梨、苹果等果树要施好花前肥。"惊蛰"节后，温暖的气候条件有利于多种病虫害防治和中耕除草工作。"桃花开，猪瘟来"，家禽家畜的防疫不可忽视。

你知道吗：为什么在华北春雨贵如油？

由于华北地区春季晴天多、蒸发强、雨水少，历来有"十年九春旱"的说法，因此历史上一直种植冬小麦。人们常说"南稻、北麦"的南北分界线，主要在秦岭、淮河一带。

同时，淮河也是我国年降雨量的分界线。淮河以南年降雨量从1000毫米迅速增加到1200—1500毫米；淮河以北则从1000毫米迅速减到600—800毫米。所以淮河以南全年降雨量充沛，河网密布，航运发达；淮河以北则以陆路交通为主，这就是古代"南船、北马"气候上的原因。

在华北春旱区，春季气温高，热量大，只要有水就能增产，水是增产的主要条件，下雨就是下粮食，所以在华北地区"春雨贵如油"。

惊蛰生活提示

惊蛰节气，天气忽冷忽热，湿度增大。当人体呼吸道防御功能下降时，极易受到病原体侵袭，易发生感冒（包括流感）。因此应少去通风不良的公共场所，以预防感冒。如果参加运动，出汗后立即擦干，室内可用酸醋加热熏。膳食荤素搭配，多吃鸡蛋、鲜鱼、豆腐、蔬菜、水果等一些营养丰富的食物。观察"惊蛰"的气象变化，在"倒春寒"时注意保暖，对生活、工作以及防病都会有所帮助。

惊蛰民间禁忌

惊蛰是开始鸣雷的时节。惊蛰日及惊蛰后听到雷声是正常的,预示一年风调雨顺,五谷丰登。俗语说:"雷打惊蛰谷米贱。""惊蛰闻雷米如泥。"但忌讳惊蛰日前响雷。江苏一带有谚语说:"未蛰先蛰,人吃狗食。"即是说惊蛰前闻雷声,一年会歉收。还有惊蛰日忌雷声的说法。湖北、贵州一带有谚语说:"惊蛰有雷鸣,虫蛇多成群。"惊蛰日闻雷声,则夏季毒虫必多。因此不少庄稼人会在惊蛰前一天傍晚用火灰在地面撒一幅类似弓矢一样的图案,谓之"射虫",据说效果不错。

惊蛰养生保健

惊蛰后,我国有些地区已是桃花红、李花白,黄莺鸣叫、燕子飞来的春耕时节。惊蛰节气的养生也要根据自然现象进行合理的饮食调养。

对于阴虚体质(形体消瘦,手足心热,心中时烦,少眠,便干,尿黄,不耐春夏,多喜冷饮)的人来说,惊蛰要注意保阴潜阳,多吃一些糯米、芝麻、蜂蜜、乳品、豆腐、鱼、蔬菜、甘蔗等清淡食物。有条件的人可食用一些海参、龟肉、蟹肉、银耳、雄鸭、冬虫夏草。少吃燥热辛辣的食物。

对于阳虚体质(多形体白胖,或面色淡白,手足欠温,小便清长,大便时稀,怕寒喜暖)的人来说,要多食羊肉、狗肉、鸡肉、鹿肉等壮阳食品。

对于痰湿体质(形体肥胖,肌肉松弛,嗜食肥甘,神倦身重)的人来说,要多吃白萝卜、扁豆、包菜、蚕豆、洋葱、紫菜、海蜇、荸荠、白果、枇杷、大枣、薏苡仁、红小豆等健脾利湿、化痰祛湿的食物。少吃肥甘厚味、饮料、酒类,且每餐不宜过饱。

对于血淤体质(面色晦滞,口唇色暗,肌肤干燥,眼眶黑暗)的人来说,要常吃桃仁黑豆、油菜、慈姑、醋等具有活血化淤作用的食品,经常吃山楂粥和花生粥。也可选用一些活血养血之药品(当归、川芎、丹参、地黄、地榆、五加皮)和肉类煲汤饮用。

惊蛰营养药膳

▶ 冬虫夏草炖老鸭

药膳配方
老鸭1只，冬虫夏草30克，葱段适量，姜数片，盐2小匙，味精1小匙，料酒2大匙，八角2粒

制作程序
1. 老鸭去内脏洗干净，入沸水中汆烫，捞出漂净血水、浮沫；冬虫夏草用温水洗干净。
2. 高压锅内加水烧开，放入老鸭、冬虫夏草、料酒、八角、葱段、姜片压熟，熄火放气，加盐、味精调味即可装碗。

药膳功效
养阴补肾，也可治病后体弱头晕、食欲减退、贫血、自汗、肺结核引起的阴虚喘咳和肾虚、夜尿频等。

▶ 豆荚胡萝卜炒墨鱼

药膳配方
墨鱼300克，豆荚50克，胡萝卜1根，葱1根、姜3片、盐、醪糟各1小匙

制作程序
1. 墨鱼去内脏及薄膜，洗干净，切交叉刀纹再切块；姜去皮，葱洗干净，都切成碎末；胡萝卜去皮洗干净，切片；豆荚洗干净，掐去头尾。
2. 热油2大匙爆香葱、姜末，加入墨鱼及胡萝卜片快炒，再加入豆荚炒匀，最后加入调味料调匀即可。

药膳功效
养血滋阴、益胃通气、去淤止痛、通经安胎，适合孕产期女性食用。

▶ **杜仲猪瘦肉蹄筋汤**

药膳配方

（猪、牛）蹄筋 100 克，猪瘦肉 300 克，杜仲 25 克，肉苁蓉 15 克，花生仁 50 克，红枣 12 颗，香油、盐适量，冷水 3000 毫升

制作程序

1. 将蹄筋浸后洗干净，切成中段；猪瘦肉洗干净，切成大块，用开水烫煮一下。

2. 杜仲、肉苁蓉、花生仁、红枣浸后洗干净，杜仲刮去粗皮，红枣剔去枣核。

3. 煲内倒入 3000 毫升冷水烧至水开，放入以上用料。再用中火煲 90 分钟即可。

4. 煲好后，隔除药渣，加入适量香油、盐后便可服用。

药膳功效

本方具有补肾益气、补虚活血、益脾润肺等功效。

▶ **荷叶糯米粥**

药膳配方

糯米 200 克，鲜荷叶 2 张，白糖 30 克，白矾 5 克，冷水适量

制作程序

1. 糯米洗干净，用冷水浸泡 2 小时，然后入锅加适量冷水，先用旺火烧沸，再改用小火熬至八成熟。

2. 白矾加少许溶化。

3. 另用一锅，锅底垫 1 张荷叶，上面洒少许白矾水，将糯米粥倒入锅内，上面再盖 1 张荷叶，用旺火煮沸，加入白糖调味，即可盛起食用。

药膳功效

减肥降脂，解暑清热，健脾止泻。

惊蛰习俗大观

民间将惊蛰称为"二月节"。其由来是源于东汉刘歆的《三统历》。在东汉之前的西汉《礼月令疏》将惊蛰放在正月,将清明放在二月。《三统历》将惊蛰改为二月节。既然是节,自然有许多相应的节日习俗。

▶ 蒙鼓皮

惊蛰是雷声引起的。古人想像雷神是位鸟嘴人身、长了翅膀的大神,一手持锤,一手连击环绕周身的许多个天鼓,发出隆隆的雷声。惊蛰这天,天庭有雷神击天鼓,人间也利用这个时机来蒙鼓皮。《周礼》卷四十《挥人》篇上说:"凡冒鼓必以启蛰之日。"注:"惊蛰,孟春之中也,蛰虫始闻雷声而动;鼓,所取象也;冒,蒙鼓以革。"可见不但百虫的生态与一年四季的运行相契合,万物之灵的人类也要顺应天时,凡事才能收到事半功倍之效。

雷神(选自《道界诸神》)

▶ 做面食花、吃梨、赶蛤蟆

河北张家口惊蛰时兴做面食花。面食花以面粉为原料,掺入调色,细揉成泥,然后捏成各种动物形象。在山西雁北地区惊蛰讲究吃梨,当地人认为这天吃梨可以清除体内百毒。另有一些地方的风俗,惊蛰的晚上要让儿童拎着锣鼓出去,在田头地边边敲边唱,人们称之为"赶蛤蟆"。

▶ 咒雀

云南宣威一带,晚清民初时惊蛰这天有"咒雀"的风俗。《中华全国风俗志》说:"惊蛰为旧历二月节,是日清晨,农家之家尝听见雀鸣,即唤起牧

童,往田间咒雀。牧童得命,手提铜器一具,急忙跑至田间,顺着田埂而行,随行随敲,随敲随唱咒雀词曰:金嘴雀、银嘴雀,我今朝来咒过,吃着我的谷子烂嘴壳。……其意盖谓今日咒过,迨到谷熟之时,鸟雀便不敢来啄;必须将自家所有之田埂走遍,始可回家。"相传这种咒雀词念过之后,五谷成熟时,鸟雀就不会去啄吃谷米。

抖虱子

有些地方的人在惊蛰时听到第一声春雷,赶快使劲抖衣服,认为这样不但可以抖掉身上的虱子跳蚤,而且一年都将免受这些寄生虫的骚扰。晚明刘侗在《帝京景物略》卷二《春场》里就说:"初闻雷则抖衣,曰蚤虱不生。"

雀(选自《马骀画宝》)

《千金月令》上说:"惊蛰日,取石灰糁门限外,可绝虫蚁。"石灰原本具有杀虫的功效,在惊蛰这天,撒在门槛外,认为虫蚁一年内都不敢上门,这和闻雷抖衣一样,都是在百虫出蛰时给它一个"下马威"的举动,希望害虫不敢来骚扰自己。

占惊蛰

对农民来说,惊蛰这天正是他们忙着播种插秧的时刻。民初时安徽含山有一首民谣《春雷动》唱道:"春雷动,春雷响,春雷下来农人忙;早晨春雷忙播种,中午春雷忙插秧,晚上春雷把米藏。"惊蛰这天的雷声,保证了秋时的收成。古代农民以惊蛰有无雷声来占卜一年的丰歉,所以农谚中有"惊蛰闻雷,米面如泥(言其多)"、"惊蛰未蛰(言无雷),人吃狗食"的话。

▶ 炒惊蛰

广东大埔等地有一种黄蚁,只要发现了人家收藏的糖果,一定蜂聚而食,引起人们的广泛厌恶。于是每年惊蛰日夜,家家户户炒黄豆或麦粒,炒完舂(chōng 把东西放在石臼里捣碎)后又炒,反复多次,边炒边说:"炒炒炒,炒去黄蚁爪;舂舂舂,舂死黄蚁公。"认为这种做法可以减少黄蚁的危害,并且当年家中不再出现蚁蝼。

▶ 画箭射白虎

每年"惊蛰"这一天,湘西土家族的家家户户都要用石灰在居住的吊脚楼堂屋里画上弓箭,对着门外射去。当地人叫"射过堂白虎"。这种人们用石灰画在堂屋里的弓箭是土家族人的护身符。

远古时期,土家族人是以虎为图腾的,因而家家祭虎。有一年祭虎时,真的来了一只大白虎,它东窜西走吃各家的供品,山寨被它闹得人畜不安。无奈之中,土王出榜招募打虎勇士,有一名叫斑屯的青年揭下了榜。斑屯的祖父就是打这只虎丧生的。斑屯第一次打虎时没有打中。这天晚上,祖父给他托梦,告诉他紫荆山太阳岩上有三根银荆竹,用它们做成三根银竹箭;雷打坟坡顶上有三蔸群铁杉,砍来扎成一座杉木楼,在楼上点七盏白蜡灯。这只大白虎见了白蜡灯就会扑上楼来。人伏在楼口,用一只银竹箭从口里射进去,穿破虎的喉咙,让它叫不出声音;接着再用一只银竹箭射进虎的脑门心,砍掉它头

虎(选自《中外百兽画谱》)

上的"王"字,要它当不成虎王;再接着用一只银竹箭从虎的后腿中间射进去,射破它的心,它就四脚扑地死了。射死这只大白虎,山里的老虎就不敢再搔扰山寨了。

斑屯醒来后按照祖父梦中的指点去做,果然顺利地打死了大白虎。山里的群虎见大白虎被打死了,都追出来要报仇。斑屯从身上的箭袋里抽出银竹箭,搭在弓上一拉,群虎见银竹箭闪出道道白光,吓得四散而逃。寨里的人怕老虎再窜进屋来,就用白石灰照着斑屯的弓箭在堂屋里画张弓箭。老虎看见画的弓箭以为是斑屯射死大白虎的银竹箭,掉头就跑。因为斑屯扛着大白虎回寨的这天是"惊蛰",以后人们为免虎害,都要在"惊蛰"这天画箭符,以求得一年平平安安。

惊蛰农历节日

二月二龙抬头

惊蛰前后是农历二月初二的"中和节",俗称"龙抬头"。此时春回大地,万物复苏,传说中的龙也从沉睡中醒来,故称"龙抬头"。

一、二月二习俗

每年二月二,我国各地都有许多有趣的风俗。

妇女不做女红

妇女们在二月初二这天不能做针线活,因为龙在这一天要抬头观望天下,使用针会刺伤龙的眼睛。妇女起床前,先念"二月二,龙抬头,龙不抬头我抬头"。起床后还要打着灯笼照房梁,边照边念"二月二,照房梁,蝎子蜈蚣无处藏"。

踏青

农历二月二北方虽有些寒冷,但春意已浓,因此呼朋引伴、携子带女到郊外踏青就成了很好的选择。山西新绛这天女子踏青,小儿放风筝。陕西宜川妇女到郊外采野菜,洛川的男男女女或者到野外散步,或者提篮子挖荠菜,华阴的民众携鼓乐到郊外去,朝往暮回,沿路吹吹打打,叫做"迎富",都含有踏青送瘟的意义。

引钱龙

山东一带二月二这天用灶烟在地上画一条龙，俗称"引钱龙"。引龙有两种目的：一是请龙回来，兴云播雨，祈求农业丰收；二是龙为百虫之神，龙来了百虫就躲起来，这对人体健康、农作物生长都是有益的。江苏南通白天用面粉制作寿桃、五畜，蒸熟后插上竹签，晚上再把它们插到坟地、田间，认为这是供奉百虫之神和祭祀祖先的食品，祈求祖先驱赶虫灾，也希望百虫之神不要危害庄稼。

剃头

北京等北方地区将二月初二理发称为"剃龙头"。按这些地区的习俗，正月不能理发，否则会给舅舅带来灾祸，轻者丢财受伤，重者性命不保。有俗谚说："正月不剃头，剃头死舅舅。"所以人们纷纷赶在"龙抬头"这天理发，相信这样会使人鸿运当头，福星高照。

剃头图（选自《北京民间风俗百图》）

敲财

山东济宁二月二有敲财的习俗。这天吃过晚饭,各家孩子拿出事先准备好的小木棍,去敲门枕、门框,或其他的物件,边敲边唱:"二月二,敲门枕,金子银子往家滚。二月二,敲门框,金子银子往家扛。"有时各家的孩子会跑到胡同或大街上比赛,看谁敲的、唱的花样多。

引龙回

流行于北京、山东等地。农历二月初二各家以户外水井为起点开始抛撒石灰,以屋内墙根灶脚为终点,石灰线看起来好像弯弯曲曲的龙蜿蜒入室,预示吉祥发财。也有的人家直接从门外散播石灰进屋。《析津志辑佚》记载:"二月二日,谓之龙抬头。五更时,各家以石灰于井畔周围糁引白道,直入家中房内,男子妇人不用扫地,恐惊了龙眼睛。"明代沈榜《宛署杂记·民风一》也说,在"龙抬头"日,"乡民用灰自门外委蛇布入宅厨,旋绕水缸,呼为'引龙回'"。

打灰囤

流行于我国北方。又叫"画仓"、"填仓"、"打囤"、"围仓"、"打露囤",其做法是二月二早晨在庭院中撒上草木灰,构成仓囤形的图案。

山东、吉林许多地方首先用簸箕盛上草木灰,然后用一根木棒敲打边沿,让灰慢慢落下,边打边走,使灰线形成圆圈形,中间再放上少量的五谷杂粮。粮食有的直接放在地上,有的则在"囤"中挖一个小坑,把粮食放进坑里,有的将粮食放在坑里后还压上石块、砖头、瓦片之类的硬物。还有的在灰囤外撒灰成梯形,意思是囤高粮满,预兆丰年,因此有"二月二,龙抬头,大囤尖,小囤流"的谚语。江苏阜宁等地也是在二月二早晨进行这种活动,称为"打露囤"。

试犁、下菜种

山东农家这天开始试犁。海阳等地扶犁人边礼拜犁萁边唱道:"犁破新春土,牛踩丰收亩。春种一粒粟,秋收万颗籽。"唱完歌后将牛牵到田间象征性地耕一耕。浙江一些地方习惯这天下瓜茄等菜种,正如谚语说的,"二月二,百般种子好落泥"。

二、二月二饮食

二月二的饮食较为丰富。一方面，不少地方将二月二视为过年的尾巴，通常会在这时将过年时留下的一些美味拿出来享用。另一方面，人们根据二月二这个节日的性质准备下新的食品。

各地普遍把这天吃的食品名称加上"龙"的头衔。吃水饺叫吃"龙耳"，吃春饼叫吃"龙鳞"，吃面条叫吃"龙须"，吃米饭叫吃"龙子"，吃馄饨叫吃"龙眼"。

这一天，许多人家要炸油糕、爆玉米花，说是"挑龙头"、"吃龙胆"、"金豆开花，龙王升天，兴云布雨，五谷丰登"，以示吉庆。在山西芮城要吃油条等物，说是"咬蝎尾"，以避毒螫。在河北藁城，用黄米面包枣，用油煎炸，叫"煎糕"。在新河，人家多吃油煎饼、香腴、咸食，谚语说："二月二，吃灯盏（以油煎炸），吃了灯盏不发眼眼炎。二月二，吃枣花，吃了枣花不长疮。"天津的应节食物有煎闷子、烙饼、炒鸡蛋和豆芽菜。其中闷子是一种凉粉，切成块油煎，再用麻酱、醋、蒜、香油等小料拌食。

北京人二月二讲究吃春饼，俗称"薄饼"。这是一种用白面烙成的双层荷叶饼，可以揭开，涂上甜面酱，卷上木须肉、豆芽拌粉丝、酱肘子等"盒子菜"，味道可口，吃着顺味。

在吉林省，有"二月二，龙抬头，天上下雨地下流，家家户户吃猪头"的谚语。各家习惯将年末所食猪头、猪蹄留到二月二食用。黑龙江也有吃猪头肉的习俗。河北张北一带吃猪头叫"吃龙头"。

陕西洛川一带人们购买米粽、麻花，认为这样可以免除病害。山西虞乡吃麻糖，叫做"咬蝎死"。在浙江城乡，最普遍的饭是芥菜饭，即将芥菜用刀切碎，与米一起煮饭，叫做"芥菜饭"，据说吃了以后可以明目，不生疮疖。上海、江苏、浙江有吃撑腰糕的习惯。河南林县称初二为中和节和挑菜节，当日习惯以黏糕为节令食品。

三、二月二禁忌

民间认为龙抬头表示惊蛰已过，天空将要打雷，龙王将要降雨。龙出则百虫伏藏，人们希望借助于龙的声威制伏百虫百害，使其不能危害庄稼。因此，这天要特别小心，不能动刀动剪动针线，否则会伤到"龙目"，戳到"龙

眼"。早晨担水时,禁忌水桶碰到井帮,否则会碰伤龙头。这一天忌推磨,以免压住龙头。还忌讳吃稀饭喝疙瘩汤。否则会糊住龙眼,天将降冰雹。在这一天农民停止劳动生产,禁止打猎,禁止使用刀子、斧子等有刃的工具。

河北邯郸、陕西绥德二月二禁忌太阳出来之前不能从河里或井里挑水,传说龙在水中潜伏,太阳出来之前还没有腾入云雾之中,怕挑水时把龙挑出来。这一天不碾米,不磨面。当地人认为碾是青龙,磨下有各种条纹,还要把磨顶起来,让青龙腾空,所以有"二月二顶起磨,龙抬头云里过"的谚语。二月二这天不吃面条,因为面条细长,像龙,吃了就犯忌讳。北京、河南等地二月二忌讳吃面条,说是吃面条就是吃龙须,惹了龙王,当年会闹涝灾。不能喝粥、吃米饭,人们认为粥是龙血,米饭是龙子。不能纺花,因为"二月二纺花,嘚了龙毛龙抓"。龙抓就是雷电击人的意思。不能做针线活,做针线活会扎了龙眼,如果强行做了,蝎子、蜘蛛就会往人身上爬。

民间还有在这天用阴晴占岁的习俗,晴是主旱,雨则主涝。山东有的地方,忌有风。武城一带忌太阳没升起前出屋门,否则会"踢囤尖",砸了一年丰收的希望。郓城等地忌妇女回娘家,据说"二月二踩了娘家的仓,不死公爹就死婆婆娘"。

惊蛰诗词歌赋

观 田 家
唐·韦应物

微雨众卉新,一雷惊蛰始。
田家几日闲,耕种从此起。
丁壮俱在野,场圃亦就理。
归来景常晏,饮犊西涧水。
饥劬不自苦,膏泽且为喜。
仓廪无宿储,徭役犹未已。
方惭不耕者,禄食出闾里。

劬(qú):劳苦、勤劳。这是唐代诗人韦应物任地方官(刺史)时写的一首诗。字里行间流露出对农民辛勤劳作的同情,以及自身无劳而领俸禄的惭愧心情。

秦楼月
南宋·范成大

浮云集,轻雷隐隐初惊蛰,初惊蛰。鹁鸠,鸣怒,绿杨风急。玉炉烟重香罗浥。拂墙浓杏燕支湿。燕支湿,花梢缺处,画楼人立。

浥(yì):沾湿。时到惊蛰,雷声隐隐,绿杨随风,浓杏拂墙,燕支重色,处处呈现出春日景色。词末点出"花梢缺处,画楼人立",顿使景中有人,意境全活。全词抒情含蓄,幽雅和婉。

诗配画·观田家(选自《唐诗画谱》)

春雷起蛰
金·庞铸

千梢万叶玉玲珑,枯槁丛边绿转浓。
待得春雷惊蛰起,此中应有葛陂龙。

这是一首写惊蛰前后景色的诗。开头两句写惊蛰前后草木发芽,渐浓的绿色透露着勃勃生机。第四句中的"葛陂龙"是一个典故。传说东汉汝南人费长房看见一个卖药老翁卖完药就跳入药葫芦中,知道是遇见了仙人。于是随老翁入山学道。后辞归,老翁送他一根竹杖做坐骑,费长房眨眼间到了家,把竹杖丢弃在葛陂(地名,在今河南新蔡县北),待回头看时,竹杖已化为巨龙。后两句以巨龙作结,点明题意。

惊 蛰

晋·陶渊明

促春遘时雨,始雷发东隅。
众蛰各潜骇,草木纵横舒。

遘(gòu):相遇。农谚上说冬眠的动物是被春雷惊醒的,从科学的角度讲,雷是大气不同电荷云体放电的结果。本诗描写了春雷后天气转暖的特征。

惊蛰时令谚语

自惊蛰日开始,我国大部分地区进入春耕季节。"过了惊蛰节,春耕不停歇",有关惊蛰的谚语,大多都是反映这方面的内容。

惊蛰高粱春分秧。

惊蛰秧,赛油汤。

惊蛰一犁土,春分地气通。

惊蛰不耙地,就像蒸馍走了气。

惊蛰过,暖和和,蛤蟆老角唱山歌。

惊蛰早,清明迟,春分插秧正适时。

惊蛰不开地,不过三五日。

惊蛰点瓜,遍地开花。

惊蛰不过不下种。

惊蛰地气通。

惊蛰不藏牛。

惊蛰点瓜,不开空花。

惊蛰不放蜂,十笼九笼空。

点在惊蛰口,一碗打一斗。

过了惊蛰节,亲家有话田间说。

惊蛰过后雷声响,蒜苗谷苗迎风长。

雷响惊蛰前,夜里捕鱼日过鲜。

前晌惊蛰，后晌拿锄。
惊蛰闻雷米如泥。
惊蛰打雷，小满发水。
惊蛰云不动，寒到五月中。
惊蛰刮北风，从头另过冬。
惊蛰乌鸦叫，春分地皮干。

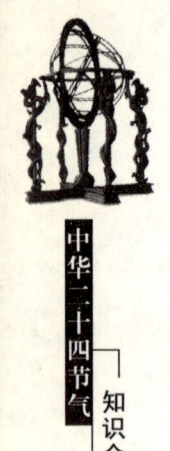

春分在二十四节气中是最早使用的节气,这天在阳历3月20日或21日,太阳处在黄经0°的位置。太阳直射赤道,南、北半球昼夜时间相等。《月令七十二候集解》载:"分者半也,此当九十日之半,故谓之分。"在二十四节气中,立春是春天的开始,立夏是春天的结束,前后九十天,春分节在立春、雨水、惊蛰三节之后,每节15天,三个节45天,恰好是春季的一半,所以春分有平分春天的意思。

春分农事气象

"春分"后,除西北高寒山区外,我国华北平原、黄淮平原及长江以南地区日平均气温已升至10℃,进入真正的春季。

在东北、华北、西北地区,抗御春旱仍是"春分"时节重要的农事活动。历史上华北地区出现过春分雪的年份,"春分雪,闹麦子",是说"春分"下雪对麦子的危害极大。因此"春分"时节加强冻害防御也十分必要。常用方法有选用抗寒良种,麦子播种深度合理,增施钾肥,灌水或喷雾等。

长江以南进入"桃花汛"期,降雨迅速增多,要注意做好清沟沥水、排涝防洪工作。同时,要谨防"倒春寒"天气的危害,抓住"冷尾暖头"天气做好早稻育秧。

"春分"前后也是植树造林的大好时机,有古诗说,"夜半饭牛呼妇起,明朝种树是春分",足见"春分"植树的紧迫性。

你知道吗:什么是倒春寒?

在阳历3—4月份天气回暖过程中,常因冷空气的侵入,使气温较正常年份明显偏低,又返回到寒冷状态,这种"前春暖,后春寒"的天气就是倒春寒。

严重的倒春寒不仅使早稻、已播棉花、花生等作物造成烂种烂秧和死苗，还影响油菜的开花受粉，及角果发育不正常，降低产量；有时影响小麦孕穗，造成大面积不孕或籽实质量低劣。

春分生活提示

中医有"春捂"之说，意思是春天要注意保暖防寒，注意顺应气候变化来增减衣服，以达到保养人体阳气，防病保健功效。在睡眠方面，春天可晚睡早起，常到室外散步，呼吸新鲜空气。平时以小运动量的活动为宜。傍晚可以步行、跑步、打打太极拳。

春分民间禁忌

山东一带春分忌晴天。民间常于春分日栽植树木，这天如果天气晴朗，则万物不长。畲族春分日禁忌挑粪、禁忌到河里洗衣服，也禁忌晾晒。

春分养生保健

春分雨水多，物品容易发霉，气温、气压、气流、湿度等气象要素变化无常，所以常引起许多疾病的复发或加重。例如易引起冠心病患者心肌梗死发作。而且风湿性心脏病患者因寒湿的影响，病原体从呼吸道感染后侵犯心脏，使春天成为"风心病"复发率极高的季节。同时，风湿性关节炎、哮喘病也极易发作和加重。

由于春暖花开，因花粉引起的过敏性疾病颇有"桃花疯"的说法。精神病患者要保证充足的睡眠，遵医嘱正规治疗，发现有情绪异常者，更要及时治疗。肝病患者春季易旧病复发，或造成一些并发症。因此肝病病人此时应加倍小心，要保持心胸开阔，情绪乐观，尽量避免烦恼生气。

春分营养药膳

▶ 木耳榆耳爆海螺

药膳配方

干净海螺肉 250 克,木耳 100 克,榆耳 100 克,青椒、红椒各半个,葱白 1 根,姜片少许,盐 1 匙,鸡粉半小匙,料酒 1 大匙,红油适量

制作程序

1. 海螺肉切成十字,入沸水中稍微汆烫;榆耳、木耳切成瓣状,青、红椒切片,葱切段。

2. 炒锅中注入油,放入葱段、青红椒片、姜,旺火爆香后,放入螺肉、榆耳、木耳及调料快速爆炒,淋红油,出锅即可。

药膳功效

养脑明目,增强体质。

▶ 嫩豆腐鲫鱼羹

药膳配方

嫩豆腐 1 块,鲫鱼肉 200 克,玉米 2 大匙,鸡蛋 1 个,姜丝 2 大匙,香菜少许,盐半小匙,淀粉 1 大匙

制作程序

1. 嫩豆腐、鲫鱼肉切丁,鸡蛋打散;香菜切小段。

2. 锅内加水,煮沸后加入豆腐、鲫鱼肉、玉米,熟后加盐调味,再以水淀粉勾芡,最后淋上蛋液,撒上姜丝及香菜即可。

药膳功效

利尿消肿,益气健脾,消热解毒,通脉下乳。

▶ 松子玉米鹌鹑汤

药膳配方

松子仁 75 克，玉米棒 2 只，陈皮 1 块，鹌鹑 4 只，猪瘦肉 150 克，盐少许，冷水适量

制作程序

1. 鹌鹑去毛、内脏，洗干净；玉米棒去衣去须，洗干净切段；松子仁漂洗干净；陈皮用清水浸透；猪瘦肉洗干净沥干水。

2. 瓦煲内加入适量冷水，先用文火煲至水开，然后放入全部材料，候水再滚起改用中火继续煲 2 小时左右，以少许盐调味即可佐膳饮用。

药膳功效

润泽肌肤、美白补湿、行气活血、调经止痛，可消除粉刺、雀斑、老年斑、妊娠斑、蝴蝶斑、脱屑、痤疮、皲裂等。

春分习俗大观

春分节气的许多习俗主要有：

▶ 酿酒

北京、天津、河北、山东、山西、浙江等地都有春分日酿酒的习俗。1913 年浙江《于潜县志》记载，当地"'春分'造酒贮于瓮，过三伏糟粕白化，其色赤，味经久不坏，谓之'春分酒'"。在山西陵川，这天不仅要酿酒，还要用酒醴祭祀先农，祈求庄稼丰收。

▶ 祭祖

清朝时，官府和世家大族在春分日要祭

仙人掌（选自《马骀画宝》）

祖。清代富察敦崇《燕京岁时记》中说："春分前后，官中祠庙皆有大臣致祭，世家大族亦于是日致祭宗祠。"山东平阴春分日祭祖先。贵州平坝春分日建有祠堂的家族要聚集在一起祭宗祠。浙江宣平这天祭家庙。

▶ 栽戒火草

梁代宗懔《荆楚岁时记》中说：南北朝时，江南人春分这天在屋顶上栽种戒火草，如此就整年不必担心有火灾发生了。戒火草是哪种植物？清代吴其浚《植物名实图考》中提到两种辟火草，一种是俗称八宝草、佛指甲或火焰草的景天，盆栽置放于屋顶上以辟火灾；另一种则是仙人掌，把仙人掌种在墙头，也具有辟火的功能。

▶ 逐疫气

安徽南陵称春分为"春分节"。这天黄昏，乡村的儿童会争相敲打铜铁响器，声传村外，东乡叫"逐厌毛狗"，北乡叫"逐疫气"，南乡叫"逐毛狗"，西乡叫"逐野猫"。广东阳江妇女在这天到山上采集百花叶，舂成粉末，与米粉和在一起做汤面吃，说是能清热解毒。

▶ 其他

《荆楚岁时记》中说，春分这天一大早，天还没亮，就有一种像乌鸦的玄鸟发出"咯咯咯"的鸣叫声，农民们听到这种鸟叫，便开始下田工作。《隋书·礼仪志》中记载，有的人家在春分这天等玄鸟来临后，把事先准备好的牛猪羊三牲带到高禖神的祠庙里祭拜，向高禖神祈子。传说春分这天祈求高禖神赐子，特别灵验。

春分农历节日

花 朝 节

流行于华北、华东、中南等地。又称"挑菜节"，简称"花朝"。阳历的时间是 3 月,大致在惊蛰后春分前,农历节期各地不尽相同。北京、河南开封在农历二月十二日;浙江、东北地区在农历二月十五日;河南洛阳等地则在二月初二。相传该日是"百花生日",届时有赏花、种花、踏青和赏红等活动。东北地区有设置花神神位,举行祭祀会的习俗。河南开封称"扑蝶会"。南宋吴自牧《梦粱录·二月望》:"仲春十五日为花朝节,浙江风俗,以为春序正中,百花争放之时,最堪游赏。"

纪念花神

在一些史地风俗记载中,花朝节是庆贺花神诞辰的祭祀性节日。《铸鼎余闻》中记载:"二月十二日,为花朝花神生日,各花卉俱赏红。"《清嘉录》中记载:"二月十二日为百花生日。虎丘花神庙击牲献乐以祝仙诞,谓之'花朝'。"《清稗类钞·时令类》中也有慈禧太后于花朝节到颐和园剪彩系花,观看"演花神庆寿事"的记述。

花神是谁?各地说法不尽相同。《花木录》说"魏夫人弟子善种花,号花姑"。《月令广义·岁令一》说"女夷,主春夏长养之神,即花神也"。

赏红

江苏、浙江、上海、湖北、湖南、江西等南方地区花朝节有"赏红"活动。在江苏,栽种花树的人家都要在花树枝上贴红纸条或挂红布条、剪红纸小旗,称为"护花符"。在浙江杭州,以农历二月十二为百花生日,以纸糊成花篮形悬挂在花树之上,也有只粘红纸条的,或缠系在花木枝上、插在盆中。

花会

许多花农花商及从事其他种植业的农民,这一天汇集到花神庙前,杀牲供果庆祝神诞,或演戏娱乐,形成热闹的庙会。爱花者举办花展"斗花会"、"扑蝶会",或在夜晚聚众提灯游行。云南大理山下的白族人民,农历二月十四举行春会,家家户户门前用盆栽花卉搭成"花山",形成花山栉比的"花街",绚丽多彩,蔚为壮观。广西等地青年男女在花朝节这天聚集平坝对歌,歌中必有歌颂百花仙子的内容,情深意浓,互抛绣球,流连忘返。所得绣球不带回家，待日落分手时，挂到木棉树（百花仙子的居住地）上，以求百花仙子保佑爱情永结，心地善良。

▶ 游春、踏青

花朝节前后是游春高潮。元代杂剧家孔尚任曾写《竹枝词》形容花朝踏青归来的盛况："千里仙乡变醉乡，参差城阙掩斜阳。雕鞍绣辔争门入，带得红尘扑鼻香。"山西翼城一带，这天人们多携带酒肴，到东南二郊浍河之滨选地围坐，酣歌起舞，尽欢而罢。在湖北巴东一带，花朝时，人们扎制风筝到山上放飞。河南光山把类似的活动叫做"踏青"。

▶ 蒸百花糕

百花糕是花朝节的特色食品，而且花粉类食物有益健康。采摘新鲜的花瓣，和着糯米粉，全家人一起亲自动手做，更有节日气氛。做好后，邻里之间互相赠送，增加友情，和谐关系。百花糕至今已成民俗小吃。

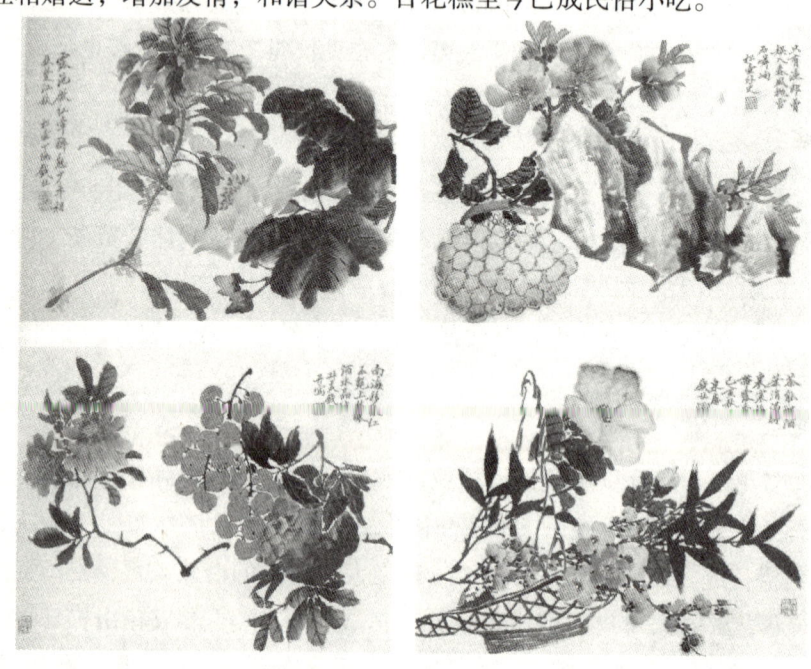

花卉图（清 钱杜）

▶ 食撑腰糕

上海、浙江等地在花朝节家家蒸食年糕,认为吃后可以不腰疼,所以起名为"撑腰糕"。

春分诗词歌赋

春日田家
清·宋琬

野田黄雀自为群,山叟相过话旧闻。
夜半饭牛呼妇起,明朝种树是春分。

这是一首写春分前后农家生活的诗。诗人通过耳闻目见,勾勒出一幅清新、素淡的春日田家图。朴直的语气中流露出对田园生活的欣羡之情。饭牛就是喂牛的意思。

答丁元珍
北宋·欧阳修

春风疑不到天涯,二月山城未见花。
残雪压枝犹有橘,冻雷惊笋欲抽芽。
夜闻啼雁生乡思,病入新年感物华。
曾是洛阳花下客,野芳虽晚不须嗟。

这首诗是欧阳修被贬到峡州时所作,诗中"冻雷"是指惊蛰时的雷,"曾是洛阳花下客"一句道出了他还是想念在洛阳做官的时辰。

春分时令谚语

有关春分的时令谚语,可以分为两大类:一类为春分农事谚语,表现春

分与农事耕作的相互关系；另一类是春分节气谚语，根据春分当日阴晴冷暖风向等气象，预测未来一段时间的天气状况。

春分秋分，昼夜平分。

春分春分，百草返青。

春分在前，斗米斗钱。

春分半豆，清明全豆。

吃了春分饭，一天长一线。

春分麦起身，一刻值千金。

春分种芍药，到老不开花。

春分前好布田，春分后好种豆。

春分有雨家家忙，先种瓜豆后插秧。

春分早报西南风，台风虫害有一宗。

春分有雨病人稀，五谷稻作处处宜。

时到春分昼夜忙，清沟排涝第一桩。

春分麦，芒种糜，小满种谷正合适。

春分至，把树接；园树佬，没空歇。

春分无雨莫耕田，秋分无雨莫种园。

春分前后怕春霜，一见春霜麦苗伤。

春分雷吼，豌豆不出犁沟。

春分吹南风，麦子加三分。

春分春分，犁耙乱纷纷。

春分麦起身，肥水要紧跟。

麦到春分昼夜忙。

春分降雪春播寒。

春分有雨是丰年。

春分日，植树木。

春分豆苗粒粒伸。

春分橄榄两头黄。

春分前，整秧田。

天气清澈明朗为"清",万物欣欣向荣为"明"。清明是二十四节气中的第五个节气。每年阳历的4月4日、5日左右,太阳到达黄经15°交"清明"节气。"满阶杨柳绿如茵,画出清明三月天"、"佳节清明桃李笑"、"雨足郊原草木柔"等诗句,是对"清明"时节的生动描述。

清明农事气象

进入清明,我国除东北与西北地区外,大部分地区日平均气温已升至12℃,大江南北、长城内外,冰河解冻,大雁北飞,玉兰花、迎春花、诸葛菜、遏蓝菜等相继含苞吐蕊,接着紫荆、樱花、桃花、杏花,梨花等次第开放,争奇斗艳,辛勤的庄稼人则忙着播种。

在北方,此时正是玉米、高粱等多种春播作物的适播期。这个时节北方的冷空气仍有一定势力,在春季田间管理工作中,还应注意防御晚霜冻对小麦、水稻秧苗、果树花蕾的危害。

在南方,此时桃红、柳绿、梨白、菜黄,多种植物进入展花期,为提高果收率,进行人工辅助授粉很有必要。而黄淮以南地区的小麦也已拔节,抓紧做好小麦后期的肥水管理和病虫害防治工作,是取得丰产的关键。对于早、中稻要抓紧抢晴播种。与此同时,茶树新芽抽长正旺,是采摘中上品的绝好时机。

清明时节,小雨纷纷,江南地区时阴时晴的充沛雨水,可满足各种作物生长发育之需。然而,若降水过多,将会诱发湿害而危害庄稼,所以需要加强防范。

清明生活提示

清明时节外出春游踏青需防花毒，更不能因一时好奇而误食了有毒的花果。有些人在花丛前呆久了，会出现头昏脑涨、咽喉肿痛等症状。有些人由于接触了植物的花粉引起过敏反应，出现全身瘙痒、皮肤发红，还有人出现阵发性喷嚏、鼻塞、流涕、流泪、哮喘等症状。所以春游之时，注意防劳累，也要注意防花粉过敏。

随着气温升高，有些人，特别是年轻爱美的女性，迅速脱下厚重的冬衣，换上质地比较薄的春衣。但清明的天气乍暖还寒，气温波动很大，早晚有些凉，因此不宜过早过快减少衣服，否则容易受凉感冒。

爱美的女性除注意穿衣外，还要注意膝关节保暖。因为这种天气许多人选择穿裙装，如果在天气寒冷，又是阴雨绵绵的日子里穿裙装，暴露在外的下肢会因风寒和湿气的袭击导致下肢发凉麻木、行动不灵、酸痛不适。尤其是膝关节处皮下脂肪组织少，缺乏保护，更容易受寒湿的侵袭。久而久之，会引起关节炎，给今后日常生活带来不便。

清明民间禁忌

山东即墨有青年妇女躲清明的习俗。据说这天有凶神要下凡抓俊俏姑娘。这一天妇女忌做针线活，一律要出外踏青、荡秋千。妇女们在这一天玩得十分痛快、开心，因此当地有"女人清明男人年"的说法。刚过门的新媳妇要在清明时节回娘家。据说，不回娘家，会死婆婆。相反在临沂地区，则忌讳妇女在清时节回娘家，否则，要死公公。在晋北地区，上坟多是男子的事情，女子忌上坟。如果上坟，回家后要用烧剩的纸钱剪成门形，贴到门上。

此外，清明还忌讳天阴、下雨、刮风。民间认为，清明不明是荒年之兆。清明有风，夏天会大旱。清明夜落雨，对麦子不好。

清明养生保健

清明节气夜渐短日渐长，阳热接近初夏水平。"人与天地相应"，这些外因对高血压患者不利。外界的不良刺激，加上不注意生活调节，使精神过分紧张，连续脑力劳动或体力劳动，或清明节怀念已故亲人，思念朋友，睡眠质量下降，情绪激动，暴饮暴食，都会造成血压上升，增加心脏负担而发生疾病。所以，慢性病患者要少激动，少做竞赛性的活动，不要做剧烈的运动；外出扫墓人员应量力而行，不要太劳累。

清明营养药膳

干红辣椒爆嫩排骨

药膳配方

嫩排骨300克，干红辣椒150克，姜1块，葱3根，酱油、高汤各2大匙，醪糟1大匙，白糖半小匙，水淀粉1大匙，香油1小匙，花椒粒半大匙，干淀粉2大匙，鸡精适量，鸡蛋1个

制作程序

1. 所有材料洗干净。排骨剁成小块，沥干水分，加入干淀粉、鸡精、鸡蛋腌拌均匀；姜去皮切片；葱切段。
2. 锅中倒入1杯油烧热，放入腌好的排骨快速过油，捞出沥干。
3. 热油2大匙，爆香花椒、干红辣椒、姜片、葱，加入酱油、高汤、醪糟、白糖及排骨拌炒均匀并煮开，淋入水淀粉勾芡，最后淋上香油即可。

药膳功效

滋阴润燥、益精补血，能促进人的食欲，健胃。

青小豆粥

药膳配方

青小豆、小麦各30克，通草3克，白糖少许，冷水适量

制作程序

1. 将通草洗干净,放入锅内,加水适量,煎煮13分钟,滤去渣,留汁备用。

2. 将小麦淘洗干净,放入锅内,适量加水,放入通草汁、青小豆、白糖,武火烧沸,再用文火煮熟成粥。

药膳功效

利水消肿,养血益气,补精填髓,防治骨质疏松。

▶ 天冬猪皮羹

药膳配方

干猪皮100克,天冬50克,香菇20克,丝瓜15克,枸杞10克,鸡蛋1个,生姜5克,色拉油8克,盐3克,味精2克,白糖1克,水淀粉25克,清汤3000克,冷水适量

制作程序

1. 干猪皮用冷水浸透,切成丁;香菇泡发回软,去蒂,切成小丁;丝瓜洗干净,去皮,也切成丁。

2. 枸杞洗干净,用温水浸泡回软;生姜去皮,切小片;鸡蛋打入碗内,捞出蛋黄,将蛋清搅匀备用。

3. 锅内加入水烧沸,放入干猪皮丁、香菇丁、氽烫去其异味,捞出用冷水冲净。

4. 在另外一口锅里倒上色拉油,放入姜片爆香,注入清汤,加入干猪皮丁、枸杞、天冬、香菇丁、丝瓜丁,调入盐、味精、白糖,用中火煮透,卜水淀粉勾芡,推入鸡蛋清,即可盛起食用。

药膳功效

补肾健脾,滋润肌肤。可治脾肾不足、精神亏损,对皮肤干燥、弹性降低、皱纹早现有改善功效。

清明习俗大观

清明既是节气,又是我国重要的传统节日。由节气演变为节日,"清明"已有两千多年的历史,节气与节日的区别在于,前者单纯反映气候变化和时节的顺序,后者包括一定的风俗活动和一定的纪念意义。清明作为节日,祭祖扫墓是主要活动之一,因此它又被称为"扫墓节"、"祭祖节"、"扫坟节"、"冥节"。

扫墓祭祖

清明扫墓习俗由来已久。明代《帝京景物略》载:"三月清明,男女扫墓,担提尊口,轿马后挂楮(chǔ 这里为纸义)锭,粲粲然满道也。拜者、酹者、哭者、为墓除草添土者,焚楮锭次,以纸钱置坟头。望中无纸钱,则孤坟矣。哭罢,不归也,趋芳树,择园圃,列坐尽醉。"汉代应劭的《汉官仪》也有"秦始皇起寝于墓侧,汉因而不改,诸陵寝皆以晦、望、二十四节气、三伏、社、腊及四时上饭其亲"的记载,这说明皇家清明墓祭制度的确立为秦汉时期,而且表明"二十四节气"是古代祭祀的节日。

到坟前祭祖时,人们通常会准备供品、纸钱等祭祀物品。供品主要有纸箔、酒醴、香楮以及其他富有地方特色的物品。在广东长乐,清明时节用枫叶染糯米,蒸饭做团,叫做"乌饭",用来祭祖。在广西宜北,每逢清明,"家家户户备办猪肉数斤,大鸡一只,稍裕之家宰用猪仔,造黄花糯米饭,香烛纱纸,男女大小上坟拜扫"。在四川新繁,人家大多采嫩艾,捣米粉做糍粑祭祀先人。在贵州兴仁,清明日取清明草叶捣茸

坟墓祭祀图(选自《清俗纪闻》)

和糯米做饼,叫做"清明粑",又用黄栀子染糯米做饭,祭祀祖先。在山西万泉,祭墓时要有一种叫"子推"的物品,用面蒸成,状如兜鍪。荣河的"子推"上插鸡子,里面包九枚胡桃,外面嵌八枚胡桃。在浙江于潜,人们用角黍祭祖,在嵊县用黏米杂青苗做成糍粑祭祖;在泰顺,人们用鼠曲叶(就是当地的绵曲)或蓬蒿和米粉馅糖做成"燕糍"祭祖。

在福建永泰,祭祀的供品还有用鼠曲叶或艾叶和秫米做成的粿。在台湾彰化、南投、嘉义、台南、澎湖等地,都有用轮饼祭祖的做法。轮饼,也叫润饼、春饼,用面皮包肉、虾、蛋、菜、土豆、白糖等做成。

▶ 标祀

又叫"清明吊子"。每年清明节,各家各族祭扫完毕,往往在墓前或坟头上插一根用竹子或柳条做的标竿,表示已经有过祭祀。标竿上有的人家会糊些长条白纸,有的人家会挂些楮钱,有的人家既糊白纸又挂楮钱。

▶ 纸钱

纸钱顾名思义是纸做的钱,是送给先人在阴间用的,又称"挂纸"、"挂钱"。清明扫墓时,人们将携带的纸钱有的烧掉,相信纸钱会化作烟气可以进入冥界,祖先容易接收。有的悬挂起来,如浙江平湖、湖北咸宁和恩施等地,用竹悬纸钱插在墓上,叫做"标墓"。在福建永泰,白纸剪成条挽在树枝或草上。在四川长寿,用白纸剪作幡形插在坟头,叫做"挂青"。在贵州兴仁,用白纸作长幡挂在墓前,谓之"标坟"。安徽《歙县志·风土》记载:(清明)"悬纸钱于墓,名曰挂纸。"有的压在坟头上,如台湾彰化"男女老幼相率上以祭祖先,在坟墓周围献置墓纸,压以土石,称为'挂纸',或称'压纸',以示子孙健在之意"。有的将纸钱抛撒掉,如陕西宜川男女踏青扫墓,撒彩纸钱,叫做"百纸"。在甘肃灵台,标纸幡的同时,还要焚化纸钱。另外,清明节送纸钱,又有不上坟墓的,如在河北张北、万全,清明日晚间,各家妇女到门前焚香烧纸,坐地哭泣,叫做"送纸"。

▶ 插柳

黄河流域、淮河流域、长江流域等地家家户户清明节这一天在门头上插柳、在屋檐下挂柳、妇女头上簪柳、男子身上佩柳、儿童吹柳管、墓前插柳挂纸钱。胡朴安《中华全国风俗志》记淮河岸边的寿春（今安徽寿县）岁时说："清明日，家家门插新柳，俗意谓可祛疫鬼。"《芜湖古今》记芜湖风俗时说，清明日"清晨，街市叫卖杨柳。家家折一枝绿柳蘸上清水插上门楣。妇女则结杨柳球，戴在鬓边"。江淮之间的和县、含山、无为等县也有用清明节这天柳叶的焦、青，占卜农作物丰歉的习惯，如谚语说的："清明柳叶焦，二麦（指大麦、小麦）吃力挑"、"檐前插柳青，农夫休望晴"。近代杨韫华《山塘棹歌》说长江下游苏南清明插柳风俗："清明一霎又今朝，听得沿街卖柳条。相约比邻诸姊妹，一枝斜插彩云翘。"

踏青

清明正值暮春三月，天清气朗，是出游的好时机，所以有的人把扫墓和郊游结合起来，到野外做春日之游，然后围坐饮宴，抵暮而归。宋代张择端《清明上河图》就描绘了当时东京（今河南开封）清明节时人们扫墓踏青归来的情景。

山东博兴的民众认为"清明踏了青，不患脚疼病"。在广东高明，妇女常常携伴郊游拾翠。

清明上河图（宋　张择端）

放风筝

放风筝是清明节活动之一，又称放断鹞。民间俗称"正月鹞，二月鹞，三月放个断线鹞"。清代顾禄《清嘉录·卷三》"放断鹞"中说：纸鸢，俗称"鹞子"，春晴竞放，川原远近，摇曳百丝……清明后，东风谢令，乃止，谓之"放断鹞"。意思是说,春天里春风由下往上吹,适于放风筝,过了清明,因风向不稳就不宜再放风筝,所以玩到清明为止,而清明这天玩一年里最后一次风筝就称为"放断鹞"。有的地方不仅白天放风筝,夜间也放。夜里在风筝下或风筝拉线上挂一串串彩色的小灯笼,像闪烁的明星,被称为"神灯"。过去,有的人把风筝放上篮天后,便剪断牵线,任凭清风把它们送往天涯海角,据说这样做,自己的疾病、秽气都让风筝带走了,留给自己的则是好运气。

放风筝图（选自《北京民间风俗百图》）

▶ 荡秋千

荡秋千是我国古代清明节习俗。秋千,最早叫千秋,后来觉得不吉利,改为秋千。古时的秋千大多用树丫枝做架,再拴上彩带做成。后来逐步发展成用两根绳索加上踏板的秋千。荡秋千在南北朝时已经流行。《荆楚岁时记》记载:"春时悬长绳于高木,士女衣彩服坐于其上而推引之,名曰打秋千。"

唐代荡秋千是很普遍的游戏，元明清三代将清明节定为秋千节。

▶ 蹴鞠

鞠是一种皮球，用皮革做成。蹴鞠，就是用足去踢球。这是古代清明节时人们喜爱的一种游戏。相传发明者是黄帝，最初目的是用来训练武士。

▶ 拔河

拔河最早叫"牵钩"、"钩强"，唐朝开始叫"拔河"。它发明于春秋后期，盛行于军旅，后来流传到民间。唐玄宗时曾在清明时举行大规模的拔河比赛。从那时起，拔河便成为清明习俗了。

蹴鞠图（选自《三才图会》）

清明饮食

不同地方的清明节有不同的饮食习俗，这些习俗使清明节具有更深邃的民俗文化。

▶ 清明粿

浙江部分地区的孩童、妇女在清明这天提篮携筐，纷纷外出采集野荠、青蓬，回家浸泡在水中，再捞起去汁、切碎和入粉中，揉成面团，作青粿。有人将它做成畚斗的形状，称为"畚斗粿"，寓意粮食丰收，有粮可装；还有人将它做成犁头的形状，寓意耕作顺利；更有做成羊、狗形状的，称为"清明羊"、"清明狗"。

▶ 清明粄

流行于广东、福建、台湾等地，又称"青粄"。粄，是用米腐或米浆做成的饼饵。青粄除糖外，必须拌入艾叶、苎麻叶。先用开水浸泡，再捣碎，拌

上米粉或面粉，加入红糖，蒸熟后分给家人吃。民间认为吃了清明粄夏天不会生疮疖。

子福

这是山西、陕西等地的清明节传统食品。用白面制成，内包枣子、豆子、核桃，外层放一个鸡蛋，周围盘几条面蛇。主要用来上坟祭祖，祈求子孙有福，"子福"。祭坟时用一个大子福，叫"总子福"，祭完后分给家庭成员吃下。全家大小每人还各有一个小子福。出嫁的女儿娘家每年都要送一个子福，直至老死。新媳妇过第一个清明节，娘家特制一对上面捏有花鸟鱼虫的子福。送给女婿女儿每人一个。新媳妇抱着子福到婆家祭祖，叫做"抱上子福认祖宗"。

润饼菜

"润饼菜"的正名是春饼。主要流行于福建各地。泉州的"润饼菜"用面粉为原料揉成薄皮，食时铺开饼皮，卷上胡萝卜丝、肉丝、芫荽等混锅菜肴，制作简单，吃起来甜润可口。晋江的"润饼菜"主料多种多样，有豌豆、豆芽、豆干、鱼丸片、虾仁、肉丁、海蛎煎、萝卜菜。

吃鸡蛋

在我国一些地方，清明吃鸡蛋就如同端午节吃粽子、中秋节吃月饼一样重要。清明蛋大致分为两种，一种是"画蛋"，就是在蛋壳上染上各种颜色，类似我们今天的"红鸡蛋"，不过颜色不同而已；另一种是"雕蛋"，在蛋壳上雕镂彩画。这个习俗在隋唐时盛行全国。

吃发糕

安徽有些地方在清明的时候要吃发糕。发糕是用黏米碾成米浆，压干水分，打成糊状再加入发粉，蒸三四个小时制成的。发糕象征发财，所以蒸得是否够"发"，显得特别重要。民间判断发糕发得好坏，主要看其表面的龟裂，龟裂得越深表示越发。

◆ 吃螺蛳

清明是采食螺蛳的最佳时令。因为这时螺蛳还未繁殖，最为丰满、肥美，故有"清明螺，抵只鹅"之说。螺蛳食法很多，可与葱、姜、酱油、料酒、白糖同炒；也可煮熟挑出螺肉，可拌、可醉、可糟、可炝。

清明农历节日

寒 食 节

寒食节是我国古代一个传统节日，起源于春秋时期，具体时间是在冬至后105天，另有103天与106天的说法，因此有清明节前两日、一日或与清明同一日的三种说法。古人很重视这个节日，按风俗家家禁火，只吃现成食物，所以称"寒食"。由于节当暮春，景物宜人，自唐至宋，寒食便成为游玩的好日子，宋人邵雍《春游》就说过"人间佳节惟寒食"。唐代制度，到清明这天，皇帝宣旨取榆柳之火赏赐近臣，以示皇恩。唐代诗人窦叔向《寒食日恩赐火》一诗说："恩光及小臣，华烛忽惊春。电影随中使，星辉拂路人。幸因榆柳暖，一照草茅贫。"

一、寒食节的由来

寒食节源于晋文公重耳的大臣介子推之死。历史记载，晋文公在未做晋国国王之前称公子重耳，在他父亲死后兄弟之间因争夺王位而互相残杀，重耳无奈亡命国外，后来经过努力及凭借外国势力的帮助做了国王，史称晋文公。由于他回国执政时封赏流亡时的追随者，其中有一个叫介子推的人，在晋文公极其潦倒的时候曾经割下自己大腿上的肉给晋文公吃，但这次封赏时，晋文公却把他给忘了，于是介子推作"龙蛇之歌"而隐居起来。晋文公发现自己错了，便到介子推隐居的山上要他下来受赏，可介子推怎么也不愿意再见他。晋文公下令用烧山的方法逼他下山，可是介子推宁肯抱着一棵大树被烧死也不肯受封，一同烧死的还有他的老母亲。

晋文公因此懊悔不已，下令将这座山命名为介山，这就是今天山西省介休县的介山；同时将介子推抱的树砍下做成木屐，穿在脚上，每日呼"足下"以示他对介子推的怀念，据说这就是我们今天尊称别人为"足下"的来源。从此晋文公就下令这一天所有人家都不得生火，只能吃冷食。这就是"寒食节"的由来。

采薇图（南宋 李唐）

二、寒食节习俗

由于寒食节与清明节日期相近，自唐代以后，与祭祀祖先亡灵以及郊游扫墓活动，逐渐融汇成为一个节日，民间也有把清明节称为寒食节、禁烟节的，甚至还有"寒食清明"的说法，因此寒食节这天有许多习俗和清明节一样，也有荡秋千、蹴鞠等娱乐活动。

画卵

河北、湖南等地区寒食节的一种游戏，就是在鸡蛋上染画颜色。宋代陈元靓《岁时广记》卷十五引《邺中记》载："寒食日，俗画鸡子以相饷。"南朝梁宗懔《荆楚岁时记》载："古之豪家，食称画卵。"到隋时有将鸡蛋染成蓝、红等颜色，仍如雕镂，辗转互相赠送的，或放在菜盘和祭器里。现传承成为民间工艺，深受国内外顾客欢迎。

斗鸡子

鸡子即鸡蛋。这是一种互相比赛雕鸡蛋和画鸡蛋技艺或互相撞击的游戏。南朝梁时，每逢寒食节民间即斗鸡、镂鸡子、斗鸡子。到隋代更加流行。近代演变为撞鸡蛋游戏，也就是把煮熟的鸡蛋或鸭蛋放在一起互相撞击，谁的蛋先碎谁输。

三、寒食节食俗

吃冷食是寒食节的饮食习惯。为了吃上冷食，有些地方总是先要准备食物，《荆楚岁时记》说这种食物是"饧大麦粥"。这是一种加了饴糖的大麦粥，或者是将大麦仁水解发酵产生一定比例的饴糖后再一起煮成的粥。陆魁《邺中记》中说："寒食三日作醴酪。又：煮粳米及麦为酪，捣杏仁，著作粥。"这种方法十分特别。"醴酪"，就是煮粳米及麦以后，经冷却而形成的凝胶状的淀粉和蛋白质胶冻。然后把捣碎后的杏仁浆和进去，就成为半流动的粥。所以这个操作叫作"著"，而不是煮。因为禁火，所以要随和随吃。"醴酪"和杏仁在未吃时分开储存。《齐民要术·醴酪》则较为详细地说明了醴酪的制法："与煮黑饧同"，这种醴酪实际是用煮饴糖的方法完成第一步，然后再连糖带渣一起煮成粥，冷却后即成醴酪。《齐民要术》中还有一种"杏酪粥"，做法是先将杏仁去皮捣碎，加水过滤得杏仁汁，煮沸，再加入大麦仁，煮得极烂，不稀不稠，盛在瓦钵内冷却，其"色白如凝脂，米粒有类青玉"，能保存一个多月。

寒食食品在隋唐时未见有新品种，到了宋代，《东京梦华录》和《武林旧事》中的寒食食品有稠饧、麦粒、乳酪、乳饼，甚至有炊饼，北宋时还有枣锢。元明以后，过寒食节的地方越来越少，寒食节与清明节逐渐合二为一。但在山西介休一带，因为传说是介子推的故乡，所以他们恪守寒食节俗。当地地方志记载，主要节日食品为冷面、黄米粉煎饼、枣锢等。还有一种被称为"子推燕"的面食。做法是：先把面粉和枣泥揉搓在一起，捏成燕子的模样，然后放在笼屉里蒸熟，出锅后冷食。

清明诗词歌赋

清 明
唐·杜牧

清明时节雨纷纷，路上行人欲断魂。
借问酒家何处有，牧童遥指杏花村。

诗人以通俗自然的语言，鲜明生动的艺术形象，优美含蓄的意境，表达了"清明时节雨纷纷"这一特定环境中行人的思绪和愿望。全诗不事雕琢，清新自然，耐人寻味。

阊门即事
唐·张继

耕夫召募逐楼船，春草青青万顷田。
试上吴门窥郡郭，清明几处有新烟。

阊门：这里指苏州城西门。即事：就眼前景物抒情。清明佳节，诗人登高远望，呈现在眼前的却是一片荒凉。因为这里刚刚经历过一场战乱的洗劫。上元元年（公元760年），唐肃宗疑忌淮西节度副使李铣、刘展，先诛杀了李铣。刘展反叛起兵，连连攻陷江淮十余州，次年被肃宗平定。官兵趁机掳掠。据史籍记载，安史之乱，乱兵不曾祸及江南，这一次，江南百姓却饱受战乱之苦。诗人所见，就是战乱后的荒凉景象，不禁感慨万千。

春 兴
清·黄景仁

夜来风雨梦难成，是处溪头听卖饧。
怪底桃花半零落，江村明日是清明。

饧（xíng）：即糖稀。题为"春兴"，即因春天而起兴。清明前后，春意正浓，故而抒情。但是诗人的笔触并未直接写春景、写节令，而是通过一闻、一见，从侧面道出了清明前后的春日景象。

风 入 松
南宋·吴文英

听风听雨过清明，愁草瘗花铭。
楼前绿暗分携路，一丝柳、一寸柔情。
料峭春寒中酒，交加晓梦啼莺。
西园日日扫林亭，依旧赏新晴。
黄蜂频扑秋千索，有当时纤手香凝。
惆怅双鸳不到，幽阶一夜苔生。

瘗（yì）：埋葬的意思。本词作于清明，既伤春又思人。上片写愁风雨，惜年华，伤离别，意象集中精练，感人至深，显出词人密中有疏的特色；下片写清明已过，风雨已止，天气放晴了，但是思念久别的情人，叫人如何忘怀。伤春、伤别交织交融，形象丰满，意蕴深厚。

三台·清明应制
北宋·万俟咏

见梨花初带夜月，海棠半含朝雨。内苑春、不禁过青门，御沟涨、潜通南浦。东风静、细柳垂金缕。望凤阙、非烟非雾。好时代、朝野多欢，遍九陌、太平箫鼓。乍莺儿百啭断续，燕子飞来飞去。近绿水、台榭映秋千，斗草聚、双双游女。饧香更、酒冷踏青路。会暗识、夭桃朱户。向晚骤、宝马雕鞍，醉襟惹、乱花飞絮。　　正轻寒轻暖漏永，半阴半晴云暮。禁火天、已是试新妆，岁华到、三分佳处。清明看、汉宫传蜡炬。散翠烟、飞入槐府。敛兵卫、阊阖门开，住传宣、又还休务。

这首词题描写了帝京清明大好的景象和百姓欢乐的游赏。字里行间免不了粉饰太平，但也反映了当时的节令风光。综观全词，描写景物能抓住特点，

注意面的渲染和点的描摹。虽为歌颂太平,却不庸俗肉麻,笔法也明丽轻快,能一定程度上反映当时的社会风貌,可当作一幅"清明游乐图"观赏。

清明时令谚语

因为清明前后是一年一度的春耕大忙时节,因此清明谚语除少数与气象变化有关外,其余多以农事耕作为内容。而不同地区的清明谚语,表现内容和表述方式,也有一定地方文化意义的差异。

清明前后,点瓜种豆。(华北)

清明前,去种棉。(黄淮地区)

憨到死,清明不插插谷雨。(华南)

清明不戴柳,红颜变白首。(江南)

清明忙种麦,谷雨种大田。(黄河流域)

清明不插柳,死后变黄狗。(苏、浙、皖)

二月清明你莫赶,三月清明你莫懒。(江浙一带)

清明出现大头鲑,白带鱼跟在后面追。(沿海地区)

清明秧子谷雨花,立夏苞谷顶呱呱。(黔)

阴雨下了清明节,断断续续三个月。(桂)

雨打清明前,春雨定频繁。(鲁)

清明难得晴,谷雨难得阴。(鲁)

清明不怕晴,谷雨不怕雨。(黑)

雨打清明前,洼地好种田。(黑)

清明雨星星,一棵高粱打一升。(黑)

清明断雪不断雪,谷雨断霜不断霜。(冀、晋)

清明无雨旱黄梅,清明有雨水黄梅。(苏、鄂)

清明起尘,黄土埋人。(晋、内蒙古)

麦怕清明霜,谷要秋来早。(云)

清明宜晴,谷雨宜雨。(赣)

清明有霜梅雨少。(苏)

清明刮动土，要刮四十五。（苏）

清明有雾，夏秋有雨。（苏、鄂）

清明暖，寒露寒。（湘）

清明响雷头个梅。（浙）

清明雾浓，一日天晴。（豫）

清明冷，好年景。（辽、冀）

清明北风十天寒，春霜结束在眼前。（冀）

清明一吹西北风，当年天旱黄风多。（宁）

清明南风，夏水较多；清明北风，夏水较少。（闽）

清明断雪，谷雨断霜。（华东、华中、华南、四川及云贵高原）

清明晴，斗笠蓑衣跟背行；清明落，斗笠蓑衣挂屋角。（鄂）

清明淋，果果吃不成；清明晴，果果吃不赢。（鄂）

清明晒干柳，撑死老黄狗。（鄂）

清明谷雨风，冻死老家公。（鄂）

每年的 4 月 20 日、21 日，太阳到达黄经 30°交"谷雨"节气。谷雨是二十四气中的第六个节气，按照宋代陈元靓《岁时广记》的解释，谷雨是"雨生百谷"的意思，这时庄稼人已在田里插了秧，需要大量雨水来湿润泥土，禾苗有足够的雨水，才能茁壮成长。

谷雨农事气象

时至谷雨，柳絮飞落，杜鹃夜啼，牡丹吐蕊，樱桃红熟，已经是暮春节气。谷雨前后，天变暖，霜雪断，雨量也较前增多，是春作物播种出土的重要季节，高粱、谷子、春玉米、红薯等早秋作物也开始种植。

此时，我国除青藏高原和黑龙江最北部气温较低外，大部分地区气温已经在15℃以上，长江以南地区常有100毫米左右的降雨发生。在北京也是"柳絮飞舞枣发芽，燕子呢喃赏樱花"的季节。华南沿海地区和川西南低海拔地带日平均气温一般在20℃以上。从气温的这种变化可知，"谷雨"前后农业生产最为繁忙。趁此时机，长江流域要下秧，黄淮平原要种棉，华北平原要种瓜种豆。

大江南北，谷雨间早稻秧苗到达二三叶期，正是生产管理的关键时期。小麦要抓紧施好孕穗肥，秧苗要于二叶期追施"断奶肥"。对油菜进行一次叶面喷肥，能促进子粒饱满，尤其适喷硼肥，可预防油菜"花而不实"。此时，也是我国自南向北棉花、玉米、春小麦的播种期，各地应抓住"冷尾暖头"天气适时下种。

谷雨对春茶的采制已进入旺季，宜抓紧进行。对于终年炎热的海南岛来说，早稻的田间管理工作绝不能放松。长江以南地区这时降水明显丰沛，农田防渍防涝不可放松。而华北、西北地区仍是少雨季节，重点应加强春旱的防御工作。

谷雨生活提示

谷雨处在春夏交接之际，许多地方风大沙多，对健康极为不利。这时应做到以下几点：

首先，尽量避免在沙尘天气进行户外活动，外出活动或工作时尽可能选择浮尘较轻的时段，并在外出时戴口罩或用纱巾蒙头，这样可以相应减少浮尘的吸入量；其次，要关闭好居室或工作场所的门窗，避免浮尘进入室内；再次，注意饮食调理，多喝水，适当吃些具有清除肺部污染的食物，最值得推崇的当属猪血，其所含的蛋白质经胃酸分解后，可产生一种消毒素及滑肠的物质，能与侵入人体内的粉尘和有害金属微粒产生化学反应，然后通过排泄渠道将这些有害物质排出体外。

谷雨民间禁忌

就全国范围而言，谷雨较为普遍的就是禁蝎。蝎子是一种有毒的节肢动物，民间将其看成"五毒"之一，是被驱禁的对象。

谷雨禁蝎，最常见的方式就是在墙壁上贴符。陕西同官、米脂在墙壁上贴压蝎符，认为可以除蝎。山西灵石、翼城禁蝎符上书写："谷雨日，谷雨时，口念禁蝎咒，奉请禁蝎神，蝎子一概化灰尘。"山西临汾，人们把灰洒洒到墙上，也叫"禁蝎"。

谷雨养生保健

谷雨节气雨水偏多，天气潮湿，人们常为这种潮湿天气烦闷，患有风湿骨病的人这时更易遭受疼痛的煎熬。人们常笑称风湿性关节炎患者是"气象

台",每于刮风下雨前就会周身关节酸痛。那么,怎样才能预防风湿性关节炎或减轻风湿性关节炎的发作呢?

第一,改善生活及工作环境,保持筋骨活动能力,不要长时间久坐不动,适当参加一些运动。

第二,凡患有风、寒、湿痹,关节疼痛的人,或关节曾遭受创伤的人,要注意对损伤处的小心护理,注意保暖,避免着凉。

第三,避免久处湿地。经常接触水的人,应加强防湿措施,如穿鞋、戴手套。女性在天气转暖的情况下爱穿裙装,膝关节暴露在外,这样就容易让风寒湿气侵袭膝关节。所以气候寒冷或阴雨天不宜穿裙子,长袜应过膝,对膝关节要有所保护。

第四,如疼痛发作,应请医生治疗,针灸和推拿及服药都可以采用。

总之,谷雨节气的气温虽偏温和,但早晚温差大,时冷时热,早出晚归者要加倍小心地保护自己。

谷雨营养药膳

▶ **春笋烧鲤鱼**

药膳配方

鲤鱼1条,春笋1根,蒜末各1匙,料酒1小匙,盐、味精各适量,水淀粉1小匙,胡椒粉少许

制作程序

1. 鲤鱼洗干净后用沸水烫一下,刮去黏液,切成2厘米的块,再用开水烫一下。

2. 春笋去壳洗干净,切成稍厚的块。

3. 起锅热油,放入鱼块、春笋、蒜,一同下锅煸炒,然后加料酒、清水、大火烧开,汤变白后,加盐、味精,待熟后,用水淀粉勾芡,撒上胡椒粉炒匀即可。

药膳功效

利九窍,通血脉,化痰涎,消食胀。

▶ 鲜笋香菇黄鳝羹

药膳配方

黄鳝 1 条(约 300 克),鲜笋丝 100 克,香菇 30 克,蒜头 4 瓣,姜丝 3 克,色拉油 15 克,香油 4 克,盐 1 克,老抽 6 克,粟粉 10 克,胡椒粉 1.5 克,高汤 500 克,冷水适量

制作程序

1. 将鳝鱼,去掉内脏和骨,切成细丝,放进冷水中漂去血水,放碗内,下高汤少许,上笼略蒸片刻。
2. 香菇浸软,洗干净,去蒂切丝;蒜头去衣剁蓉。
3. 热锅内加入香菇丝和鳝丝,加入高汤,下入盐、老抽、蒜蓉,煮滚约 15 分钟,将粟粉加冷水调匀,缓缓倒入锅中勾稠芡,最后撒上胡椒粉,淋入香油,即可盛起食用。

药膳功效

养血益气,补肾健脾,滋肝明目。

▶ 卷心菜牛肉汤

药膳配方

卷心菜 500 克,牛肉 60 克,生姜、盐各少许,冷水适量

制作程序

1. 将牛肉洗干净切薄片,连同生姜放入锅内,加适量水煮沸。
2. 投入已洗干净切好的卷心菜,续煮至菜熟肉烂,以盐调味即可。

药膳功效

减皱抗衰。对皮肤干燥、弹性降低、皱纹早现有改善功效。

谷雨习俗大观

谷雨是农田耕作时节,民间的习俗大多与耕作有关。

▶ 禁杀五毒

谷雨节流行禁杀五毒。谷雨以后气温升高,病虫害进入高繁衍期,为了减轻虫害对农作物及人的伤害,农家一边进田灭虫,一边张贴谷雨贴,进行驱凶纳吉的祈祷。这一习俗在山东、山西、陕西一带流行。

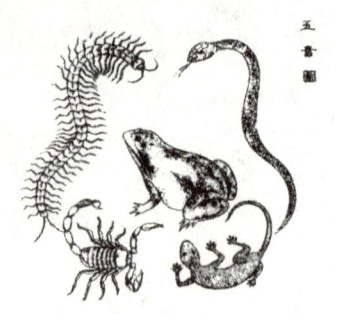

五毒图(民间绘画)

谷雨贴属于年画的一种,上面刻绘神鸡捉蝎、天师除五毒形象或道教神符,有的还附有"太上老君如律令,谷雨三月中,蛇蝎永不生"、"谷雨三月中,老君下天空,手迟七星剑,单斩蝎子精"、"谷雨三月中,蝎子逞威风,神鸡口一嘴,毒虫化为水"等文字说明。山东的谷雨贴采用黄表纸制作,以朱砂画出禁蝎符,贴在墙壁或蝎穴处,寄托人们查杀害虫、盼望丰收与安宁的心理。

▶ 赏牡丹

河南洛阳是牡丹花的故乡,牡丹盛开时节正值谷雨,所以人们又将牡丹花称为"谷雨花",并衍生出"谷雨赏牡丹"的习俗。凡有花之处,就有仕女游观。也有在夜间垂幕悬灯,宴饮赏花的,号称"花会"。清代顾禄《清嘉录》记载:"神祠别馆筑商人,谷雨看花局一新。不信相逢无国色,锦棚只护玉楼春。"

▶ 祭海

对于渔民而言,谷雨节要祭海。谷雨正是春海水暖之时,百鱼行至浅海地带,是下海捕鱼的好日子。为了能够出海平安、满载而归,谷雨这天渔民举行海祭,祝福海神保佑。因此,谷雨节也被称为渔民的"壮行节"。

这一习俗在今天山东胶东、荣成一带仍然流行。过去,渔民由渔行统一管理,海祭活动由渔行组织。祭品为去毛烙皮的肥猪一头,用腔血抹红,白面大饽饽十个。另外,还准备鞭炮、香纸。渔民合伙组织的海祭没有整猪的,就用猪头或蒸制的猪形饽饽代替。古代村村都有海神庙或娘娘庙,祭祀时辰一到,渔民便抬着供品到海神庙、娘娘庙前摆供祭祀,有的还将供品抬到海边,敲锣打鼓,燃放鞭炮,面海祭祀,场面十分隆重。

采茶

"吃好茶,雨前嫩尖采谷芽"。真正的好茶采自谷雨时节,味道香醇。采

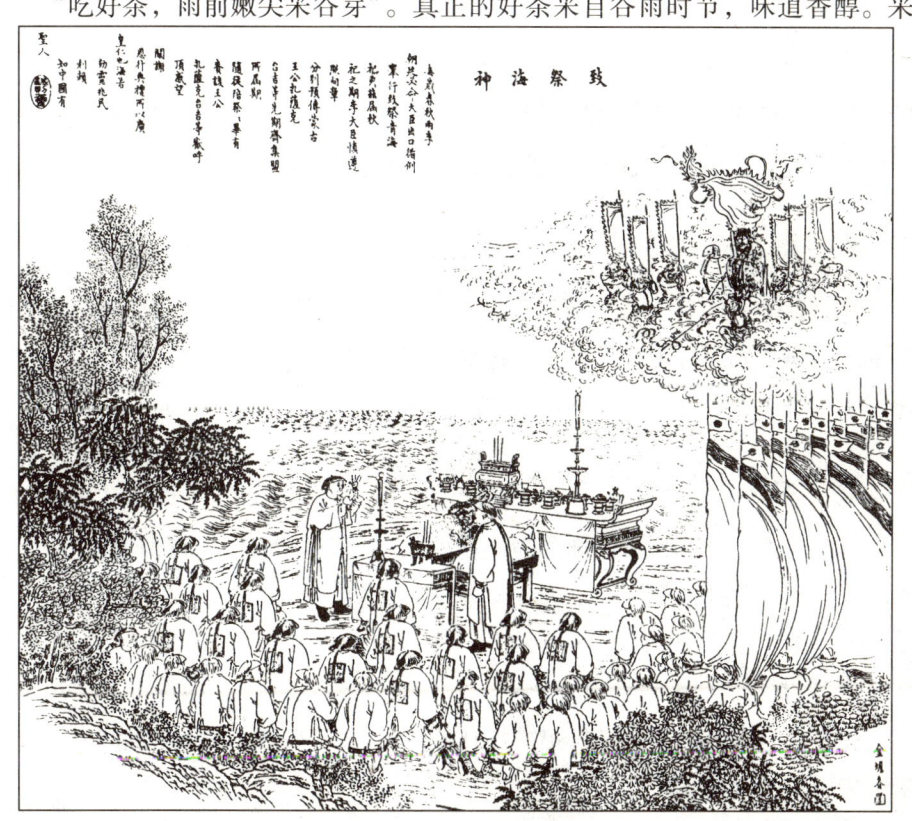

致祭海神(选自《点石斋画报》)

茶专家介绍，谷雨又名"茶节"，谷雨前采摘的茶叶细嫩清香，味道最佳，因此谷雨品尝新茶，相沿成习。此时也是采茶、制茶、交易的大好时机。相传喝了谷雨茶能解凉消毒，夏天不易生痱子、疱子。

▶ 食香椿

谷雨这一天，北京人有采食香椿的习俗。谷雨边的香椿醇香爽口营养价值高，谚语有"雨前香椿嫩如丝"的说法。香椿有提高机体免疫力，健胃、理气、止泻、润肤、抗菌、消炎、杀虫的功效，可炒食、凉拌、油炸、干制、腌渍。

▶ 吃野菜

晋西北地区在谷雨节前后挖野菜吃。春季，植物新芽吐放，把鲜嫩的柳叶、杨叶采回家，泡去苦味，煮渍后加调味可为小菜；榆钱嫩黄，采回摘洗干净，加面粉，俗称"傀儡"。槐花、苜宿花也同样可照此食用。

▶ 走谷雨

在古代，谷雨有个奇特的风俗，庄户人家的大姑娘小媳妇无论有事没事，都要挎着篮子到野外走一圈回来，称为"走谷雨"。她们这样做，意图是想走出一个五谷丰登、六畜兴旺的好年成。

▶ 洗"桃花水"

谷雨的河水非常珍贵，被称为"桃花水"，传说用它洗浴可消灾避祸。谷雨节人们用"桃花水"洗浴，举行射猎、跳舞等庆祝活动。

▶ 祭仓颉

在陕西白水县，谷雨有祭祀文祖仓颉的习俗。"谷雨祭仓颉"是自汉代以来流传千年的民间传统。

谷雨农历节日

三月三上巳节

三月三是一个古老的节日,人们将这天定为上巳节。上巳节又名元巳、除巳、上除。

春秋时的郑国,人们每到这一天,会在溱、洧两水(洧 wěi,在河南;溱 zhēn,古水名,在河南)之上招魂续魄,秉执兰草,祓(祓 fú,古时一种除灾求福的祭祀。)除不祥。汉代时增加了临水宴宾和求子习俗。晋代以后,王羲之在兰亭修禊(禊 xì,古代于春秋两季在水边举行的一种祭祀)吟诗饮酒,流觞曲水,对后世影响颇大。

宋代时还有求子习俗。《太平寰宇记》卷七十六称:"四川横县玉化池,每三月上巳有乞子者,漉得石即是男,瓦即是女,自古有验。"元代有水上迎祥的娱乐。明清以后祓禊之意日益减淡,逐渐演变为春游节。民间有流杯、流卵、流枣、乞子和戴柳圈、探春、踏青、吃青粳饭以及举行歌会等节日活动。我国朝鲜族也过此节,活动内容大致相同。

曲水流觞

又叫"九曲流觞",古代称杯为觞。曲水流觞就是把杯子投放到水的上游,任其流下,止于何处,则其人取而饮酒,同时赋诗一首。觞可以悬浮于水,另有一种陶制的杯,两边有耳,称为"羽觞",羽觞比木杯重,玩时放在荷叶或木托盘上。

兰亭遗迹(选自《名胜山水画谱》)

历史上最著名的一次曲水流觞记载,是王羲之、谢安等人的兰亭修禊活动。东晋永和九年(公元354年)三月初三上巳节,时任会稽内史、右军将军的王羲之,召集筑室东土的一批名士和家族子弟共42人,到会稽山的兰亭举办了首次兰亭雅集,饮酒吟诗,共得37首。《兰亭集序》是王羲之为这些诗所写的序。这次上巳修禊,诞生了天下第一行书,还为后世形成了一道独特的文化景观。

晋代以后这个活动逐渐传到民间。南朝梁宗懔《荆楚岁时记》载:"三月三日,士民并出江渚池沼间,为流杯曲水之饮。"宋代黄朝英《靖康湘素杂记》中也有记载。清代,宫廷中限制在亭子里举行,亭内地面上人工筑造一条弯曲折绕的流水槽,众人环坐槽边,浮杯于上,做曲水流觞的游戏,称为"流杯亭"。今北京潭柘寺、故宫、中南海等处都保留了这种建筑。清代后这个习俗逐渐消亡。

▶ 戴荠菜花

上巳节在清明和雨水前后,此时野菜已经生发,荠菜更是遍地开花。荠菜,别名地菜、护生草、鸡心菜,它的根、花、籽都能入药。戴荠菜花是上巳节非常重要的习俗活动,流播全国。有谚语说:"三春戴荠菜花,桃李羞繁华","戴了荠菜花,一年不头痛","三月三,荠菜花儿赛牡丹"。妇女戴荠菜花,在江苏武进叫做"驱睡";在湖南龙山,叫做"辟疫气"。在山西虞乡,女子们都要到郊外采摘野菜,叫做"斩病根"。在浙江平湖,当地人认为戴荠菜花,夏天不头晕;在江西上饶,认为这样可以在夏秋时节避免蚊虫叮

兰亭集序(东晋 王羲之)

咬。在江苏苏州，将荠菜花称做"眼亮花"，女子们将花戴于发际，祈求眼睛明亮，不生目疾。在安徽宁国，每逢这天，除了戴荠菜花，女士们还出门郊游，踏青拾翠。

会男女

三月三上巳节中有一种奇特的风俗，即"会男女"。这个习俗最初来自氏族时期的季节性婚配——野合群婚，后来某些地区还有残存，如广西左江崖画、成都汉墓画像砖上都有男女野合图。踏青也是此类遗风。江苏武进地区在当天畅游南山，民谣说："三月三，穿件单布衣衫；大蒜炒马兰，吃了游南山。"

我国许多少数民族，如壮族、侗族、布依族、水族、仫佬族、畲族等民族中，三月三是一个传统节日。这一天，壮族同胞都赶歌圩，搭歌棚，举办歌会，让青年男女们对歌、碰鸡蛋、抛绣球、谈情说爱。侗族同胞抢花炮、斗牛、斗鸟、对歌、踩堂。布依族杀猪祭社神、山神，吃黄色糯米饭，各寨3—4日内不相往来。瑶族也以三月三为歌节，除唱序歌、散歌外，还唱诉苦歌和谢仙歌，但很少唱情歌。畲族以三月三为谷米的生日，家家吃乌米饭。今天壮族、畲族还将三月三定为传统节日。黎族"三月三"称"孚念孚"，是预祝"山兰"（山地旱谷）和打猎丰收的节日，同时也是青年男女自由交往的日子。

谷雨诗词歌赋

题 壁 诗

北宋·史微

谷雨初晴绿涨沟，落花流水共浮浮。

东风莫扫榆钱去，为买残春更少留。

这首诗说的是谷雨一过夏天就来了，希望生机盎然的春天多留一会儿。

渔歌子

唐·张志和

西塞山前白鹭飞，桃花流水鳜鱼肥。
青箬笠，绿蓑衣，斜风细雨不须归。

西塞山：位于浙江省吴兴县西南，是一座突起在苕溪边的大岩山。这首词描绘了一幅江南水乡春汛时期的钓鱼山水画。全诗色彩鲜明柔和，动静结合，江水、青山、绿水、白鹭、桃花，一切都处于春天的迷蒙烟雨中，意境优美，用词活泼，生动地表现了渔父悠闲自在的生活情趣，是一幅用诗写的山水画。

滁州西涧

唐·韦应物

独怜幽草涧边生，上有黄鹂深树鸣。
春潮带雨晚来急，野渡无人舟自横。

诗配画·滁州西涧（选自《自习画谱大全》）

这是一首山水诗的名篇，也是韦应物的代表作之一。诗写于唐德宗建中二年（公元781年）诗人出任滁州刺史期间，滁州就是今天的安徽滁州市，西涧在滁州城西郊野。这首诗写的是诗人春游西涧赏景和晚雨野渡所见，表露出恬淡的胸襟。

台城

唐·韦庄

江雨霏霏江草齐，六朝如梦鸟空啼。
无情最是台城柳，依旧烟笼十里堤。

台城，旧址在今江苏南京市鸡鸣山南，本是三国时代吴国的后苑城，东晋成帝时改建。这首诗从头到尾采取侧面烘托的手法，着意造成一种梦幻式的情调气氛，让读者透过这层隐约的感情帷幕去体味作者的感慨。"无情"、"依旧"，通贯全篇写景，兼包江雨、江草、啼鸟与堤柳；"最是"二字，突出强调了堤柳的"无情"和诗人的感伤怅惘。

吴 歌
清·蔡云

神祠别馆聚游人，谷雨看花局一新。
不信相逢无国色，锦棚只护玉楼春。

吴歌，就是吴地的民谣，内容涉及苏州地区各个方面的风土人情。这里选录的这一首是说苏州地区有谷雨看花的习俗。看什么花？谷雨时节开的是牡丹花。到什么地方去看？神祠别馆。苏州以园林闻名全球，因此谷雨季节大家都到园林里去看牡丹，同时品尝新鲜的碧螺春茶，"明前"太贵，"雨前"也很好。到苏杭一带游览，这个季节正是"天堂"时日。

谷雨时令谚语

有关谷雨的谚语，内容主要有两大类：一是谷雨前后的气象预测，二是谷雨前后的田间管理。相比之下，有关气象预测的谚语要少一些。

谷雨补老母。

谷雨鸟儿做母。

谷雨下秧，立夏栽。

过了谷雨，不怕风雨。

谷雨阴沉沉，立夏雨淋淋。

谷雨下雨，四十五日无干土。

谷雨前，清明后，种花正是好时候。

谷雨前后一场雨，胜似秀才中了举。

谷雨有雨兆雨多，谷雨无雨水来迟。

谷雨到，布谷叫；前三天叫干，后三天叫淹。
清明谷雨两相连，浸种耕田莫迟延。
谷雨三日满海红，百日活海一时兴。
春田播到谷雨兜，晚田播到大暑后。
棉花种在谷雨前，开得利索苗儿全。
谷雨前后栽地瓜，最好不要过立夏。
谷雨前应种棉，谷雨后应种豆。
谷雨花大把抓，小满花不回家。
早稻播谷雨，收成没够饲老鼠。
谷雨种棉花，不用问人家。
谷雨在月头，秧多不要愁。
谷雨在月中，寻秧乱筑冲。
谷雨在月尾，寻秧不知归。
谷雨麦挑旗，立夏麦头齐。
谷雨麦怀胎，立夏长胡须。
谷雨种棉花，能长好疙瘩。
谷雨雨，蓑衣笠麻高挂起。
谷雨下谷种，不敢往后等。
谷雨不种花，心头像蟹爬。
谷雨无雨，后来哭雨。
谷雨无雨，交回田主。
谷雨前后，安瓜点豆。
谷雨有雨棉苗肥。
谷雨前，好种棉。
谷雨三朝看牡丹。
谷雨三朝蚕白头。
谷雨种棉家家忙。
谷雨南风好收成。
过了谷雨种花生。

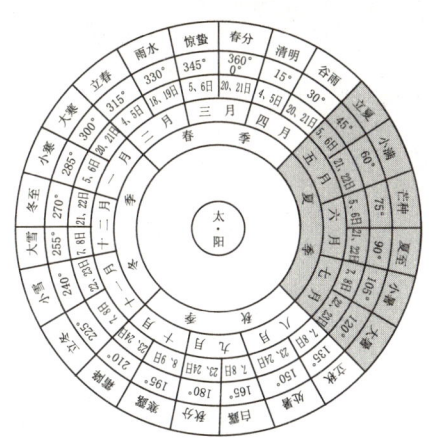

夏季六节气

立夏◎小满◎芒种◎夏至◎小暑◎大暑

每年阳历5月5日、6日，太阳到达黄经45°交"立夏"节气。立夏在二十四节气中排序第七，表示一年一度的夏季开始。万物生长，炎热的天气将要来临，农业生产进入繁忙季节。

立夏农事气象

立夏前后，我国只有福州到南岭一线以南地区日平均气温在20°以上，进入真正的夏季。而东北、西北部分地区，这时刚刚踏入春季。全国绝大部分地区，如华北平原、黄淮平原、长江中下游地区日平均气温多在18—20℃之间波动。

此时正是大江南北早稻插秧的大忙季节，同时其他春播作物管理也十分棘手。夏收作物进入生长尾期，冬小麦扬花灌浆，油菜接近成熟，夏收年景基本确定。江南在立夏以后将进入梅（霉）雨季节，雨量和雨次数明显增多，农田管理在防止渍涝灾的同时，还要谨防因雨湿较重诱发小麦赤霉病等病害。在"四月清和雨乍晴"的乍暖乍寒天气条件下，还要注意棉花炭疽病、立枯病的暴发流行。管理上要早追肥、早耕田、早治病虫，以促早发。华北、西北等地，虽气温回升快，但降水仍然不多，对春小麦的灌浆以及棉花、玉米、高粱、花生等春作物苗期生长十分不利，应采取化控、中耕、补水等措施抗旱防灾，以争取小麦的高产和确保春作物幼苗的健康生长。

就茶树而言，此时节春梢发育最快，稍一疏忽茶叶就会老化。因此要集中精力分批突击采制。

立夏生活提示

传统医学认为夏季着眼于一个"长"字。5月是自然界生物生长发育、繁殖的高峰期,人类尤其儿童十分明显。这时儿童体内各种器官和细胞的功能非常活跃,体内生长激素分泌增多,生长发育加快。立夏之时,太阳光照还不是很强烈,家长应带孩子到户外晒太阳,以促进儿童的体格生长。要注意小孩的饮食,注重早餐,保证小孩有充足的睡眠和愉快的心情。以下是关注孩子身高应认真对待的两种情况:

第一,孩子正常生长要注意多晒太阳。晒太阳可杀细菌病毒,促进儿童生长发育,并能预防贫血和佝偻病。晒太阳时间一般在上午9时和下午4时左右较好,每天2小时。还要注意营养。充足、均衡的营养供给是生长发育的物质基础。要多做运动。鼓励孩子积极参加体育活动,如踢毽子、跳绳、拔河、跳橡皮筋、练艺术体操、练单杠及各种球类运动。每天至少要做半小时左右,促进全身血液循环,保障骨、脑细胞得到充分营养,并促进生长激素分泌,使骨骼、肌肉、大脑发育更好。要保证充足的睡眠。因为生长激素的分泌高峰,是在熟睡后出现的;生长激素分泌多了,孩子身高自然也会"高人一等"。儿童每天要保证9小时的睡眠时间。要心情愉快。如果心理压力过大或长期抑郁,生长发育也会受影响。父母应创造良好的环境,使孩子心情舒畅,健康成长。莫滥用增高产品。乱服增高产品,乱吃补药,结果导致孩子发育提前,骨骼提前闭合,生长时间缩短,孩子反而长不高。

第二,出现这样几种异常情况要认真对待:孩子身体肥胖。男孩子乳房异常发育。女孩子10岁之前月经初潮,身高不足1.5米。男孩14岁之前变声、长胡须、伴有遗精、身高不足1.60米。比绝大多数同龄同性别的孩子矮半头或低10厘米以上。4—11岁的孩子平均每年增长小于或等于5厘米。有的女孩子8岁前,男孩子10岁前,每年长高10厘米左右,现在每月增长少于0.3厘米,速度突然减慢,尽管比同龄、同性别的小朋友高6—7厘米,但他们的骨骼将早早闭合,后期很难继续长高。专家提醒,出现这些情况应及时请医生治疗,有的还可以得到纠正,继续增高。

立夏民间禁忌

立夏日忌无雨。河南、贵州、云南等地认为立夏日无雨，天将大旱。谚语说："立夏不下，犁耙高挂"、"立夏不下，高田不耙"、"立夏无雨，碓头无米"（碓 duì，舂米工具）。江苏东台一带，立夏日忌讳小孩坐门槛，说是："立夏日坐门槛，容易打瞌睡。"在浙江杭州，养蚕户这天不能开门，亲戚邻居不能随意登门拜访，也不能高声说话。在安徽宁国，人们也不能坐门槛，否则会一年精神不振。湖北一带，巫师占卜说："立夏日青气见东南，吉。否则，岁多凶。"实属虚妄之言。

立夏养生保健

夏天人体陈代谢旺盛，阳气最易发泄。所以，夏季养生要顺应自然，注意养护阳气。

科学研究认为，"耐热锻炼在初夏"，也就是抓住初夏这段时间，进行耐热锻炼。方法是：每天抽出 1 小时左右到室外进行散步、跑步、体操、打太极拳等活动，每次锻炼都要达到发汗的目的，以提高机体散热功能。经过初夏一个多月的耐热锻炼，盛夏来临之时，再高的气温（36—39℃）也不会感觉热。锻炼能提高机体的免疫力，对预防夏季的各种传染病有一定的作用。

立夏营养药膳

▶ 醪糟豆腐烧鱼

药膳配方

鲜鱼 1 条，豆腐 1 块，姜末、蒜末、醪糟各 1 大匙，辣豆瓣酱 2 大匙，葱花半大匙，料酒 1 大匙，酱油 2 大匙，盐半小匙，白糖 2 小匙，醋半大匙，香油 1 小匙，水淀粉少许。

制作程序

1. 锅中烧热油,将鱼的两面稍微煎一下,盛出。放入姜、蒜末爆香,再放入辣豆瓣酱和醪糟同炒,淋下料酒、酱油、盐、白糖一起煮滚,放回鱼和豆腐,一起烧煮约10分钟。

2. 见汁已剩一半时,将鱼和豆腐盛出装盘。水淀粉勾芡,并加醋、香油、水淀粉炒匀,把汁淋在鱼身上,撒上葱花即可。

药膳功效

具有益气、生津、活血、散结、消肿的功效,不仅有助于孕妇利水消肿,也适合哺乳期妇女通利乳汁。

▶ 佛手瓜核桃猪瘦肉汤

药膳配方

佛手瓜150克,核桃肉30克,猪瘦肉100克,莲子30克,红枣3颗,姜1片,盐适量,冷水适量

制作程序

1. 洗干净佛手瓜,去皮,切厚块;洗干净核桃肉和莲子;红枣去核洗干净。

2. 把猪瘦肉洗干净,氽烫后再冲洗干净。

3. 烧滚适量水,下佛手瓜、核桃肉、莲子、猪瘦肉、红枣和姜片,水滚后改文火煲约2小时,下盐调味即成。

药膳功效

可促进机体细胞的再生和机体受损后的修复,还可以提高人体免疫功能,延年益寿,消除疲劳。

立夏习俗大观

中国自古重视立夏节气。周朝时,每逢立夏日,帝王亲率文武百官到郊外举行盛大的"迎夏"仪式,并指令司徒等官分赴各地,勉励农民抓紧夏季耕作。

在民间立夏的习俗更多的是和饮食有关。有的地方时兴吃霉豆腐,相传立夏吃了霉豆腐,霉运就会远离自己。也有的地方立夏当天家家户户吃用白米加赤豆、黄豆、黑豆、青豆、绿豆做成的"五色饭",称之为"立夏饭"。立夏之日还有称人习俗,吃完立夏饭,大人小孩都要双手拉住秤钩称一称体重。重了为"发福",轻了为"消肉"。

浙江新昌在立夏日吃用糯米乌鱼混合煮成黑白相间的"花饭",吃红烧黄鱼、卤蛋、蚕豆、酒酿、樱桃和青梅。安徽南陵的农民会带上面饼,到田间地头焚香祷告,这叫"祈秧"。祈祷完毕,路人争食其饼,这叫"抢秧饼"。江苏南京要坐在门槛上吃豌豆糕,认为可以使自己在工作时精神百倍。浙江定海这天吃带壳煮熟的鸡蛋、鸭蛋,认为可以使人像蛋一样肥白健康;又吃蘸着麻油酱油的新笋,认为可以健脚。

民间也有"立夏见三鲜"的尝新习俗。时至立夏,不少当年生产的农作物,都可以采摘上市了。三鲜有"地三鲜"、"树三鲜"和"水三鲜"之分。地三鲜流

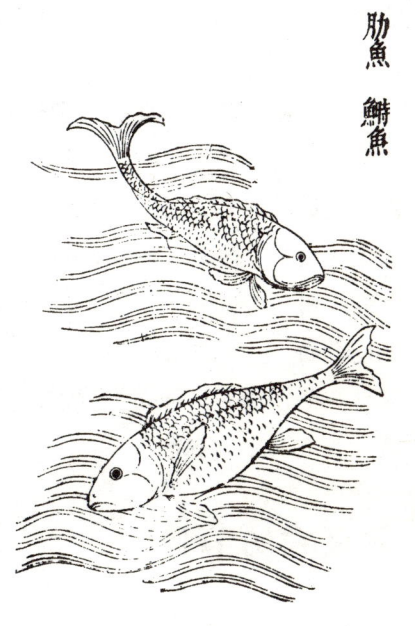

肋鱼　鲥鱼(选自《三才图会》)

传较广,只是不同地区有不同的三鲜品种,相对常见的为苋菜、蚕豆、蒜苗。树三鲜为樱桃、枇杷、杏子,但也有的地方把梅子和香椿头列入其中。水三鲜在不同地区也有不同的说法,主要有鲥鱼、海蛳、河豚、鲳鱼、黄鱼、银鱼、子鲚鱼等。但无论如何变,鲥鱼始终是水三鲜的主打品种。鲥鱼每年立夏前后集群由大海口溯江而上产卵,如李时珍《本草纲目》说的,"初夏时有,余月则无,故名鲥鱼"。鲥鱼脂肪丰厚,细腻嫩滑,现在不多见了。

《月令粹编》中说,妇女在立夏这天把李子榨汁混入酒中喝下肚,称为"驻色酒",认为能青春永驻。谚语也有"立夏得食李,能令颜色美"的话。

进入夏天,由于天热,不但食欲大减,吃不下饭,晚上也睡不好觉,古

代中国称这种情形为"疰夏"（疰 zhù，夏季长期发烧的病）。为了避免疰夏，在立夏这天有许多礼俗来预防。除了坐在门槛上吃豌豆糕、吃健脚笋外，苏州人还喝"七家茶"，茶叶不能用自己家的，要向邻舍乞讨，还不可少于七家，把讨来的茶叶混在一起，用去年堆在门墙边的"撑门炭"来烧水泡茶喝。喝了七家茶，夏天就可以身体强健，百病不生。小孩子则喂他们吃猫狗吃剩的食物（苏州人称之为"猫狗食"），如此一来，小孩也会像猫狗畜生一样好带好养。

人们在立夏吃的食物，寄托着祈福保平安的愿望。浙江嵊州在立夏日吃鸡蛋拄（支撑的意思）心，吃笋拄腿，吃豌豆拄眼；湖南长沙吃糯米粉拌鼠曲草做成的汤丸，名"立夏羹"，民谚说"吃了立夏羹，麻石踩成坑"，象征力大无比；上海郊区用麦粉和糖制成约一寸长的条状食物，称为"麦蚕"，说是吃了可免"疰夏"；湖北通山把立夏作为一个重要节日，要吃泡（方言，就是吃草莓）、虾、竹笋，谓之"吃泡亮眼、吃虾大力气、吃笋壮脚骨"；闽南地区购买海虾掺入面条中煮食，海虾熟后变红，为吉祥色，而虾与夏谐音，表示为对夏季的祝愿。

立夏农历节日

浴 佛 节

佛教在中国的推广过程中，有的宗教仪式与中国传统民俗相结合，形成

湖庄消夏图（宋 赵令穰）

了一些宗教节日，如浴佛节、佛成道节、盂兰盆节。每到这些节日，民间或寺院都会举办活动。

浴佛节又叫佛诞节、龙华会，具体日期在农历四月初八日，是纪念佛祖释迦牟尼诞辰的节日，也是佛教最为盛大的节日之一。在这一天，佛教寺院按惯例举行"浴佛法会"，拜佛祭祖。虽然浴佛节是传入中国后兴起的宗教节日，但是它具有中国传统文化的特点，其中的浴佛、放生、斋会、行像等习俗融入民间。

▶ 浴佛

四月初八这天，各寺庙的僧尼（和尚、尼姑）举行上香点烛仪式后，将铜制佛像放入水中，让佛沐浴。浴佛时，普通信众则争舍钱财、念佛诵经，祈求佛祖保佑。

▶ 放生

佛教主张不杀生。南宋时，临安（今杭州市）民间在西湖做放生会。《武林旧事》中说："四月八日为佛诞日，诸寺院各有浴佛会，僧尼辈竞以小盆贮铜像，浸以糖水，覆以花棚，饶钹交迎，编往邸第富室，以小杓浇灌，在求施利。是日西湖作放生会，舟楫甚盛，略如春时小舟，竞买龟鱼螺蚌放生。"今天，放生习俗依然流行。

释迦牟尼（佛画）

▶ 斋会

斋会，又名善会、吃斋会。由寺庙僧人召集，请善男信女在农历四月八日赴会，念佛经、吃斋。由于与会者要吃饭，必须交"会印钱"。饭菜有面条、蔬菜等素食。还有一种乌米饭，方法是以乌菜水泡米，蒸出后为乌米饭。这种食品本为敬佛供品，后来演变为浴佛节的饮食。

▶ 结缘

在浴佛节中有一种结缘活动，它是以施舍的形式，祈求缔结来世之缘。民间舍豆结缘，寺院、宫廷也不例外。宫中要煮青豆，分赐宫女内监及内廷大臣，称作"吃缘豆"。

▶ 行像

在佛寺，浴佛节最热闹的活动要属"行像"。所谓"行像"，就是用装饰华美的车载着佛像在城市的街衢大道上巡行，这是一种类似游行的盛大庆祝活动。有的大寺院以歌舞伎乐为行像的前导，只限于巡行城中主要商业大街。辽代则有用仪仗队、百戏玩耍导从行像的风习。其热烈欢乐的场面气氛同"与民同乐"的根本精神是一致的。每逢佛诞日，寺中僧众可以在漫长而枯

插扇面图（选自《北京民间风俗百图》）

燥、单调的修行生活中，借机放松一下，充分领略人世生活的另一面。

▶ 求子

各地有借浴佛节拜观音求子的活动。山东聊城地区有观音庙，神案前摆着许多小泥娃，都是清一色的男孩，或坐、或爬、或舞。四月八日这天，不育妇女多去拜观音和送生娘娘，讨一个泥娃娃，以红线绳套住脖子，号称拴娃娃，认为这样能怀孕生子。泰山除供碧霞元君外，还盛行押子，即在树上押一石，拴红线，以求吉利得子。《吉林奇俗谈》中说："吉地白山四月二十四日开庙会，求嗣者诣观音阁，于莲花座下窃取纸糊童子一，归家后置褥底，俗谓梦能可受孕。"陕西延安有一个清凉山庙会，祈求龙王降雨。同时设铡关，十二岁以下孩童腰扎草绳，手抱公鸡，先从铡刀下扔过公鸡，接着自己爬过去，俗称过关，从此年年平安。

▶ 占卜、赛神

农村在浴佛节这天有凭风向占卜谷价的贵贱习俗。民谣说："南风吹佛面，有收也不贱。北风吹佛面，无收也不贵。"也有乡民利用这个机会赛社神、剪纸为龙舟，巡行阡陌，在农田里插上小旗，说是能治虫害。陆游在《赛神曲》一文中说："击鼓坎坎，吹笙呜呜。绿袍槐简立老巫，红衫绣裙舞小姑。乌臼烛明蜡不如，鲤鱼糁美出神厨。老巫前致词，小姑抱酒壶：愿神来享常欢娱，使我嘉谷收连车；牛羊暮归塞门间，鸡鹜一母生百雏；岁岁赐粟，年年蠲租（蠲 juān，免除）；蒲鞭不施，囹土空虚；束草作官但形模，刻木为吏无文书；淳风复还羲皇初，绳亦不结况其余！神归人散醉相扶，夜深歌舞官道隅。"

立夏诗词歌赋

山亭夏日

唐·高骈

绿树阴浓夏日长，楼台倒影入池塘。

水精帘动微风起,满架蔷薇一院香。

这首诗意境清新,构思精巧。读完全诗,犹如在眼前展出一幅夏日山居图。

小 池
北宋·杨万里

泉眼无声惜细流,树阴照水爱晴柔。
小荷才露尖尖角,早有蜻蜓立上头。

这首诗描写了立夏时节小池塘优美的风光。一个泉眼、一道流、一池树阴、几枝小小的荷叶、一只小小的蜻蜓,构成一幅生动的小池风物图。本诗用笔清新活泼,语言平易,通俗易懂,充满了浓郁的生活气息。

饮湖上初晴后雨
北宋·苏轼

水光潋滟晴方好,山色空蒙雨亦奇。
欲把西湖比西子,淡妆浓抹总相宜。

这是一首赞美西湖美景的诗,写于诗人任杭州通判期间。诗人在诗中对西湖美景作了由衷的赞美和全面评价,为西湖的景色增添了光彩。

立夏时令谚语

有关立夏的谚语,多以立夏气象与农业生产为主要内容。如:
立夏雷,六月旱。
立夏雨,涨大水。
立夏晴,雨淋淋。
立夏日晴,必有旱情。

立夏下雨，九场大水。

立夏下雨，夏至少雨。

立夏小满，江河水满。

立夏小满，河满缸满。

立夏见夏，立秋见秋。

立夏到夏至，热必有暴雨。

立夏汗湿身，当日大雨淋。

立夏日鸣雷，早稻害虫多。

立夏蛇出洞，准备快防洪。

上午立了夏，下午把扇拿。

立夏起北风，十口鱼塘九口空。

立夏小满青蛙叫，雨水也将到。

一年四季东风雨，立夏东风昼夜晴。

立夏无雨三伏热，重阳无雨一冬晴。

立夏小满，雨水相赶。

立夏不热，五谷不结。

立夏东风麦面多。

立夏北风当日雨。

每年阳历5月21日、22日前后,太阳到达黄经60°交"小满"节气。小满不表示季节也不表示气候冷热。从字面上解释,"小"是说作物刚开始灌浆,乳熟,需要继续成熟;"满"指麦类夏熟作物子粒饱满,但与真正的丰满、圆满相比,又差些时日。

小满农事气象

《1960—1991年中华人民共和国气候图集》记载,小满期间我国除西藏、青海、黑龙江、吉林外,大多数地区连续五天的日平均气温都达到了22℃以上。不仅如此,大多数省份在小满前后还出现过极端高温。《1971—2000年中国地面气候资料》记载,长江以北的江苏徐州达到38.2℃,山东潍坊也出现了40℃的高温。出现40℃高温的还有山西运城40.2℃、辽宁朝阳40℃,接近这个高温的有内蒙古通辽38.9℃、河北石家庄39.5℃、黑龙江嫩江37℃等。一年一度的夏季自此全面拉开。

此时,南方大多地区满山的映山红红遍山野,洁白的栀子花、黄色的棣棠花、紫色的丁香花都在争红斗绿。由于雨水相对较多,空气中的湿度也不低,使人感到闷热、潮湿。

农村在"小满"节后变得繁忙起来。长江及以南地区庄稼需要充足的水分,农民们忙着用抽水机抽水;收割下来的油菜籽也等待着去舂打。蚕开始结茧,养蚕人家忙着摇动丝车缫丝。长江以南的早稻已进入分蘖后期或拔节始期,应及时烤田控制无效分蘖,保穗增粒促高产。中稻争取早栽,以利增加养分的积累继而提高有效穗数。

棉花正值快速生长期，要及时定苗、移苗、补苗，以利早发健长。沿江棉区此时雨水较多，加之土壤黏重、通透性差，应勤中耕松土，促根壮苗。淮河以北的黄淮、华北冬麦区，小麦已接近成熟的麦秋季节，最忌高温干旱天气。若在此时出现30℃以上的日平均气温和低于30%的空气相对湿度，并伴有每秒3米以上风速的"干热风"就会给小麦造成严重影响。所以，对麦田管理应采取有针对性的措施，加强"干热风"灾害的预防，减轻"干热风"对小麦的危害。

北方的果树进入第一次果实膨大期，这期间如果气温高、蒸发蒸腾量大，容易出现初夏旱导致落果或致使花芽分化受阻。因此，要适时补水防旱。西北高原正是收获羊绒的时期。在抓紧采绒的同时，要注意天气变化，谨防早采使山羊受到强低温天气的影响。

你知道吗：什么是干热风？

干热风是一种自然风，是由高气温、低湿度形成的。它主要危害小麦的生长发育，使小麦蒸腾急速增大，体内水分失调而枯死。

干热风发生的时间与地理位置、海拔高度、小麦品种及其生育期有关。一般从5月上旬开始由南向北，由东向西北逐渐推移，到7月中下旬结束。黄淮冬麦区5月上旬到6月中旬发生干热风，华北地区5月下旬到6月上旬出现干热风。春麦区的黄河河套及河西走廊地区的干热风发生在6月中旬到7月中旬。

对北方冬麦区来说，小麦乳熟期容易发生干热风。遇到气温在30℃以上，相对湿度小于30%，风速达2米/秒时，农作物就会受害；当气温在35℃以上，湿度在25%以下，风速大于3米/秒时，称为严重干热风。

小满生活提示

多数老年人有节省的习惯，尤其是夏天，通常会把吃不完的剩菜剩饭热几遍再吃。据医生介绍，夏季因吃剩菜剩饭而导致胃肠道疾病发作的老年人很多，轻则头晕、心慌，重则呕吐、腹泻，有的还会因此引发别的疾病。

为什么吃剩菜会造成中毒呢？医生介绍说，各种绿叶蔬菜中都含有不同量的硝酸盐，硝酸盐是无毒的，但蔬菜在采撷、运输、存放、烹饪过程中，

如果周期过长，蔬菜就变得不新鲜了，硝酸盐被细菌还原成有毒的亚硝酸盐。亚硝酸盐能使人血液中的血红蛋白转化为高铁血红蛋白，失去运送氧气的能力，出现程度不同的缺氧症状，如嘴唇及指甲甚至全身皮肤青紫、恶心、呕吐、腹痛、腹泻，重者可出现昏迷抽搐，甚至死亡，这在医学上叫"肠源性紫绀"。

大多数人认为食物只要经过蒸煮加热，就可以消毒防病、万无一失。其实，有些食物的毒素仅凭加热是不能消除的，有时加热反而会使毒物浓度增大。比如青菜变质后，经煮沸虽可杀死腐败菌，但在高温的刺激下，会使更多的硝酸盐分解成亚硝酸盐，毒性增加。另外，还有发芽的土豆和未成熟的西红柿中含有的龙葵素、鲜黄花菜中的二氧秋水仙碱、霉变的花生玉米中的黄曲霉素等都是加热无法消除的。所以，夏天剩菜最好不要热热就吃，别为省点菜钱使健康受损。

小满民间禁忌

小满忌讳天不下雨，正如谚语说的"小满不满，麦有一险"，"小满不满，芒种不管"。这里的不满，是指河沟塘堰水量不够。

对农民来说，小满这天最好不要是甲子日或庚辰日，如果小满遇到甲子或庚辰，到秋收时会有蝗灾，把自己一年辛劳的稼禾全吃掉，所以黄历上也煞有介事地记载说："小满甲子庚辰日，定有蝗虫损稻禾。"

小满养生保健

小满是夏季的第二个节气，属初夏，气温升高，食物容易腐败变质，苍蝇等昆虫逐渐增多，导致痢疾杆菌等病菌的生长繁殖。在人体抵抗力降低的因素下，如受冷、过度疲劳、营养不良、暴饮暴食或其他慢性疾病等，更容易引起急性细菌性痢疾等肠道传染病。病毒性甲型肝炎、戊型肝炎，也是夏季经肠道传播的急性传染病。专家提醒人们要加强自身的防范，及早做好预防工作，慎防"病从口入"。

夏季预防传染病工作要做好几点：把好食物采购关，选购食物时注意看、嗅、摸、听，凡不新鲜，有异味异色、不清洁的就不买。加工食品时，生熟食品分开，注意清洗、煮熟；餐具、厨具经常消毒，建议采取分餐制。蔬菜要冲洗干净，水果要洗干净削皮，水产品要煮熟煮透。养成良好的卫生习惯，饭前便后洗手。注意休息，保持充足睡眠，避免机体免疫力下降。做好家庭卫生消毒工作，保持室内外环境清洁，积极消灭苍蝇，注意饮水卫生。

小满营养药膳

节瓜鱼尾汤

药膳配方
节瓜1个，大鱼尾1条（重约350克），姜1片，盐适量

制作程序
1. 节瓜去皮切块；大鱼尾用少许盐腌片刻，放油锅中煎至两面皆黄色铲起。
2. 锅底留余油爆姜，加入适量水煲滚，下节瓜、鱼尾，待节瓜熟后，加盐调味即可。

药膳功效
健脾开胃，消暑解渴。可用于小儿夏天口干，食欲不振，作开胃佐膳。

西红柿荸荠汁

药膳配方
荸荠、西红柿各200克，白糖30克

制作程序
1. 荸荠洗干净，去皮，切碎，放入榨汁机中榨取汁液。
2. 西红柿洗干净，切碎，也用榨汁机榨成汁。
3. 将西红柿、荸荠的汁液倒在一个杯中混合，加入白糖搅匀即成。

药膳功效
补血养颜,丰肌泽肤,消斑祛色素,补益脾胃,调中固肠。

▶ **赤小豆绿头鸭汤**

药膳配方
赤小豆30克,绿头鸭1只(1000克),料酒10克,姜3克,葱10克,盐3克,鸡精3克,鸡油30克,胡椒粉3克,冷水2800毫升

制作程序
1. 将赤小豆去泥沙,洗干净;绿头鸭宰杀后,去毛、内脏及爪;姜切片,葱切段。
2. 将赤小豆、鸭肉、料酒、姜、葱同时放炖锅内,加水2800毫升,置武火上烧沸,再用文火炖煮43分钟,加入盐、鸡精、鸡油、胡椒粉即成。

药膳功效
补脾开胃,利水祛湿,可用于治疗腰膝酸软、气血不足、骨质疏松等症。

小满习俗大观

小满相传为蚕神诞辰,因此江浙一带在小满节气期间有一个祈蚕节。我国农耕文化以"男耕女织"为典型,女织的原料北方以棉花为主,南方以蚕丝为主。蚕丝需靠养蚕结茧抽丝而得,所以我国南方农村养蚕极为兴盛,尤其是江浙一带。

蚕是娇养的"宠物",很难养活。气温、湿度、桑叶的冷、熟、干、湿等均影响蚕的生存。由于蚕难养,古代把蚕视作"天物"。为了祈求"天物"的宽恕和养蚕有个好的收成,因此人们在四月放蚕时节举行祈蚕节。

祈蚕节没有固定的日期,各家在哪一天"放蚕"便在哪一天举行,但前后差不了两三天。南方许多地方建有"蚕娘庙"、"蚕神庙",养蚕人家在祈蚕节均到"蚕娘"、"蚕神"前跪拜,供上酒、水果、丰盛的菜肴。特别要用面粉制成茧状,用稻草扎一把稻草山,将面粉制成的"面茧"放在其上,象征蚕茧丰收。

浴蚕 老足 山箔 取茧（选自《天工开物》）

除了祈蚕，浙江海宁一带在小满还要举行"抢水"仪式。这种仪式多由

族长约集各户，确定日期，安排准备，到小满黎明燃起火把吃麦糕、麦饼、麦团，等族长以鼓锣为号，众人以击器相和，踏上事先装好的水车，数十辆一齐踏动，把河水引灌入田，至河浜水干为止。

祭车神也是农村古俗。传说"车神"为白龙，农家在水车基上放置鱼肉、香烛等祭拜，特殊之处是祭品中有一杯白水，祭拜时将白水泼入田中，有祝福水源涌旺的意思。

小满诗词歌赋

故 里 行
佚名

小满晨风故里行，时有布谷两三声。
满坡麦苗盖地长，又是一年丰收景。

这首诗摘自互联网，诗人主要写自己小满时在家乡所见所闻，体现了对家乡的赞美和祝福。布谷叫、麦苗长，正是"小满"节气的特征。

乡 村 四 月
南宋·翁卷

绿遍山原白满川，子规声里雨如烟。
乡村四月闲人少，才了蚕桑又插田。

这首诗以白描手法写江南农村初夏时节的景象。前两句写景，后两句写人。整首诗就像一幅色彩明亮的图画，不仅表现了诗人对乡村风光的热爱与欣赏，也表现出对劳动生活、劳动人民的赞美。

四时田园杂兴（其一）
南宋·范成大

梅子金黄杏子肥，麦花雪白菜花稀。

日长篱落无人过,唯有蜻蜓蛱蝶飞。

这首诗选自《四时田园杂兴》中的"夏日",景物描写清新优美。诗的前两句选用了几种农作物,充分运用色彩描写与情态刻画,准确地写出了乡间在春末夏初时草木茂盛、农作物欣欣向荣的美丽景致。三、四句则写由于农民忙于耕种,连篱笆前都少有人经过,只有蜻蜓、蛱蝶等飞来飞去,完全是一派优美平和的田园风光,宁静安详。整首诗给人一种生机勃勃、阳光明媚的感觉。

缫丝行

南宋·范成大

小麦青青大麦黄,原头日出天色凉。
姑嫂相呼有忙事,舍后煮茧门前香。
缫车嘈嘈如风雨,茧厚丝长无断缕。
今年那暇织绢著,明日西门卖丝去。

这首劳动诗篇写得很动人。苏州地区有"小满动三车"的民谣,所谓"三车"就是丝车、油车、田车。丝车如诗所描写,油车指压榨菜籽油的油榨,田车就是引水灌溉的脚踏车,这说明小满时是吴地农村最忙碌的季节。

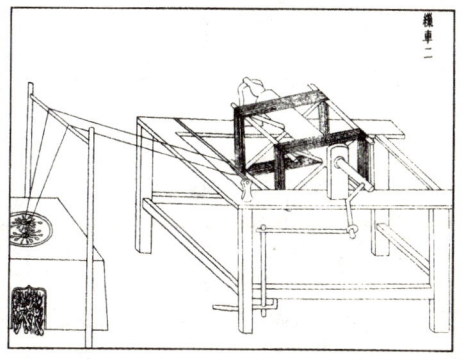

缫车图(选自《天工开物》)

小满时令谚语

民间谚语中,小满与雨水相连,多形容雨水的盈缺。如:

小满见三新。

小满三天遍地锄。

小满谷,打满屋。

立夏小满正栽秧。

秧奔小满谷奔秋。

小满十日见白面。

小满不满,干断田坎。

小满不满,芒种不管。

小满小满,麦粒渐满。

小满未满,还有危险。

小满不满,芒种开镰。

麦到小满,稻到立秋。

小满不满,无水洗碗。

小满前后,种瓜种豆。

小满十八天,不熟自干。

小满天天赶,芒种不容缓。

小满十八天,青麦也成面。

小满割不得,芒种割不及。

小满桑葚黑,芒种小麦割。

小满小满,还得半月二十天。

大麦不过小满,小麦不过芒种。

小满有雨豌豆收,小满无雨豌豆丢。

过了小满十日种,十日不种一场空。

小满防虫患,农药备齐全。

小麦到小满,不割自会断。

小满暖洋洋，锄麦种杂粮。

小满不种花，种花不回家。

小满青粒硬，收成方可定。

小满满齐沿，芒种管半年。

小满不满，高田不管。

小满不下，黄梅雨少。

小满吃水，大满吃米。

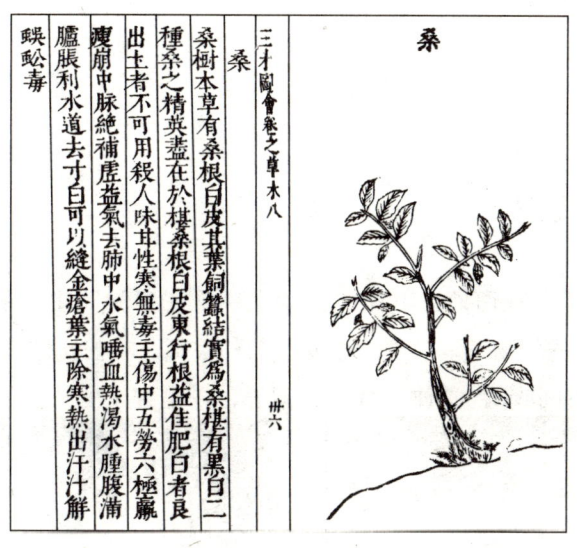

桑（选自《三才图会》）

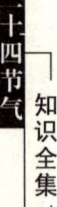

作为反映农业物候现象的节气,芒种在二十四节气中排序第九,此时太阳到达黄经75°,时间是每年阳历的6月5日、6日前后。

芒种农事气象

芒种争时。争在何处?争在"芒"上,争在"种"上。从字面上理解,"芒"是指有芒的作物,如大麦、小麦。芒种节气,有芒农作物先后进入成熟期,需要抓紧时间收割。"种"有两个意思,一是种子的"种",一是播种的

耙图　耔图(选自《天工开物》)

"种"。在北方大部分地区,芒种也是晚谷、黍、稷等农作物播种的繁忙季节。在古代,"芒种"与"忙种"互通。《月令七十二候集解》解释:"五月节,谓有芒之种谷可稼种矣。"

进入"芒种",我国绝大部分地区的农业生产处于"夏收、夏种、夏管"的"三夏"大忙季节。忙夏收,是因为麦已成熟,若遇连雨天气,甚至冰雹灾害,会使小麦无法及时收割、脱粒而导致倒伏、落粒、穗上发芽、烂麦场。必须抓紧一切有利时机,抢割、抢运、抢脱粒。

忙夏种,是因为夏大豆、夏玉米等夏种作物可生长期有限,为保证到秋霜前收获,须尽量提早播种栽插,才能取得较高产量。

忙夏管,是因为"芒种"节气后雨水渐多,气温渐高,棉花、春玉米等春种的庄稼已进入需水需肥与生长高峰,不仅要追肥补水,还需除草和防病治虫。否则,病虫草害、干旱、渍涝、冰雹等灾害同时发生或交替出现,春种庄稼轻则减产,重则绝收。

南方的双季晚稻要注意稻蓟马等病虫的防治。东北、西北地区的雨水少,冬、春小麦要适时浇水追肥,做好生长后期的管理工作。

你知道吗:什么叫梅雨?

江淮流域在初夏会出现一种连阴雨天气,这时正是江南梅子成熟季节,所以将这时下的雨称为"梅雨"。又因为阴雨天湿度大、温度高、器物容易发霉,这种雨也有人称之为"霉雨"。

梅雨的开始叫入梅,梅雨的结束叫出梅。按阳历日期计算:入梅日期大致在6月6日至16日之间,出梅日期大致在7月8日至19日之间。例如:2006年入梅为阳历的6月6日,出梅日期是阳历的7月17日;2007年入梅日期是阳历的6月11日,出梅日期是7月12日。整个黄梅天长达30—40天。

有的年份5月就入梅,这叫早梅雨,出梅最晚的在8月初。有的年份没有明显的梅雨,这叫做空梅。梅雨期长,雨量大,容易造成洪涝灾害;出现短梅雨期或空梅时,这个地区会发生干旱。所以,梅雨期到来的早晚,持续时间的长短,以及这一时期的雨量,都直接关系到旱涝情况,直接影响着这一地区的农业生产。

芒种生活提示

芒种多阴雨天气，雨后难见阳光，闷热得让人喘不过气来。这种天气可以使人心率加快、血压升高，心肌耗氧量增加，易导致心肌梗死、心衰、心绞痛、高血压危象等心血管急症的发生。因此，有冠心病、糖尿病和心功能不好的人，潮湿闷热的天气尽量不要出门晨练，发现不舒服要休息，症状不能缓解者应及时请医生诊治。

芒种民间禁忌

芒种民间禁忌多与气候有关。有的地方忌刮北风，认为芒种刮北风，夏天会发生旱情。有谚语说："芒种刮北风，旱断青苗根。"有的地方忌不打雷，认为芒种不打雷，这一年庄稼没有好收成。

芒种养生保健

俗话说："芒种夏至天，走路要人牵；牵的要人拉，拉的要人推。"说的是夏天人们的通病——懒散。人们懒散的原因是夏季气温升高，空气中的湿度增大，体内的汗液无法通畅散发，热蒸湿动，湿热弥漫，人身所及，呼吸所受，都不离湿热之气。所以，暑令湿胜使人感到四肢困倦，萎靡不振。为此，"芒种"节气要注意增强体质，避免中暑、腮腺炎、水痘等季节性疾病和传染病的发生。

在精神方面要使自己保持轻松、愉快的状态，切不可恼怒忧郁。在起居方面要晚睡早起，适当接受阳光照射，中午小睡不仅能缓减疲劳，更有利于健康。

芒种营养药膳

陈皮绿豆煲老鸭

药膳配方

老鸭半只，冬瓜500克，绿豆100克，陈皮1块，姜1片、盐、胡椒粉适量

制作程序

1. 鸭可先切去一部分肥膏和皮，切成大块氽汤后，洗干净，沥干，备用。
2. 绿豆略浸软，冲洗，沥干，陈皮浸软，刮瓤，洗干净，冬瓜连皮和籽，洗干净，切成大块，待用。
3. 烧滚适量清水，放入以上所有材料，待水再次滚起，改用中小火煲至绿豆糜烂和材料熟软及汤浓，加入调味料即可盛出，趁热食用。

药膳功效

具有滋五脏之阳、清虚劳之热、补血行水、养胃生津的功效，是夏日滋补佳品。

冰糖绿豆苋菜粥

药膳配方

粳米100克，绿豆、苋菜各50克，冰糖10克，冷水1500毫升

制作程序

1. 绿豆、粳米淘洗干净，绿豆在冷水中浸泡3小时，粳米浸泡半小时，捞起，沥干水分。
2. 苋菜洗干净，切成5厘米长的段子。
3. 锅中加入1500毫升冷水，将绿豆、粳米依次放入，置旺火上烧沸，改用小火熬煮40分钟，加入苋菜段、冰糖，再继续煮10分钟，即可盛起食用。

药膳功效

清暑解热，除烦止渴，缓解紧张情绪。

菊槐绿茶饮

药膳配方
菊花5克，槐花5克，绿茶5克，沸水250毫升，冷水适量

制作程序
1. 菊花、槐花用冷水漂洗干净。
2. 将菊花、槐花、绿茶放入杯内，加入沸水，焖泡5分钟，即可饮用。

药膳功效
清肝明目，利咽消肿，安神醒脑。

白菊花乌鸡汤

药膳配方
白菊花（鲜品）50克，乌鸡1只（1000克），料酒10克，姜5克，葱10克，盐3克，味精2克，胡椒粉2克，香油20克，冷水2800毫升

制作程序
1. 将白菊花洗干净，撕成瓣状；乌鸡宰杀后去毛、内脏及爪；姜拍松，葱切段。
2. 将乌鸡、姜、葱、料酒同放炖锅内，加水2800毫升，置武火上烧沸，再用文火炖煮35分钟，加入白菊花、盐、味精、胡椒粉、香油即成。

药膳功效
滋补肝肾，添精止血，清热补钙，可治疗贫血、肾虚遗精、崩漏带下等症。

芒种习俗大观

后魏高阳太守贾思勰《齐民要术》卷三说："五月芒种节后，阳气始亏，阴慝将萌，暖气始盛，虫蠹并兴，乃弛角弓弩，解其徽弦，张竹木弓弩，弛其弦，以灰藏旃裘毛毳之物及箭羽，以竿挂油衣，勿辟藏。"这是说芒种之后

夏天炎热闷湿的天气即将来临，因此应把绷紧的弓解开，让弦松弛，免得弓弩被霉湿之气蚀坏。怕潮的皮货毛衣也该埋入干燥的灰堆里防潮，油纸雨衣也要用竹竿晾开，免得因霉生虫，把它蛀坏了。正因为芒种之后，梅雨天就要来临，所以贾思勰提醒人们在芒种时早做准备。

芒种是麦类有芒作物开始成熟收割的季节，同时也是农忙的季节。山西荣河开始收获大、小麦，称之为"农忙"，连妇女也要下地，所以有谚语说："麦黄农忙，绣女出房。"河北盐山这天要用刀在枣树上划几下，叫做"嫁树"，认为这样可以多结果实。

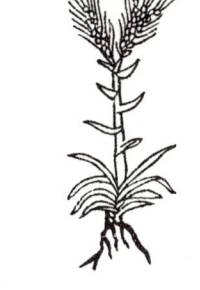
大麦（选自《本草纲目》）

江南地区芒种日举行饯花会。人们认为芒种一过，便是夏日，众花凋谢，花神退位，便要摆设多种礼物为花神饯行。也有的人用丝绸悬挂花枝，以示送别。曹雪芹在《红楼梦》第二十七回写芒种节道："这日，那些女孩子们，或用花瓣柳枝编成轿马的，或用绫锦纱罗叠成干旄旌幢的，都用彩线系了。每一棵树上，每一枝花上，都系了这些物事。满园里绣带飘飘，花枝招展。"

芒种农历节日

端 午 节

端午节，又称端午、端五、端阳、重午节、沐兰节、天长节、天中节、解粽节、女儿节、五月节、龙船节、粽包节、诗人节。端为开端、初始的意思，初五可称为端五。干支每逢五曰午，五月为午，因此称五月为午月，五月初五就叫做端午。

一、端午节的由来

端午节是古老的传统节日，发展至今已有两千多年的历史，关于它的由来有许多美丽的传说。

一种传说来自于新石器时代的百越人。闻一多《端午考》中说，端午系古代持龙图腾崇拜民族的祭祖活动日。近代，大量出土文物和考古研究也证实：长江中下游广大地区，在新石器时代有一种几何印纹陶为特征的文化遗存。该遗存的族属，据专家推断就是崇拜龙图腾的部族——史称百越族。出土陶器上的纹饰和历史传说表明，他们有断发纹身的习俗，生活于水乡，自称龙的子孙。他们的生产工具，大型的还是石器，也有铲、凿等小件的青铜器。作为生活用品的坛坛罐罐，烧煮食物的印纹陶鼎是他们所特有的，是他们族群的标志之一。直到秦汉时代尚有百越人，端午节就是他们创立用于祭祖的节日。在数千年的历史发展中，大部分百越人已经融合到汉族中，其余部分则演变为南方许多少数民族，因此，端午节成了全中华民族的节日。

一种传说是为了纪念屈原。《史记·屈原贾生列传》记载，屈原是春秋时期楚怀王的大臣。他倡导举贤任能、富国强兵，力主联齐抗秦，遭到贵族的强烈反对；屈原遭谗免职，被赶出都城，流放到沅、湘流域。在流放中，他写下了忧国忧民的《离骚》、《天问》、《九歌》等精美诗篇，独具风情，影响深远（因而端午节也称诗人节）。公元前278年秦军攻破楚国京都。屈原眼看着自己的祖国被侵略，心如刀割，但是始终不忍舍弃自己的祖国，于五月初五日，在写下绝笔之作《怀沙》后，抱巨石投汨罗江而亡。

屈原死后，楚国百姓哀痛异常，纷纷拥到汨罗江边去凭吊。渔夫们划起船只，在江上来回打捞他的遗体。有位渔夫拿出为屈原准备的饭团、鸡蛋等食物，丢进江里，认为让鱼龙虾蟹吃饱了，就不会去咬屈大夫的身体了。人们见后纷纷仿效，一位老医师拿来一坛雄黄酒倒进江里，说是要醉倒蛟龙水兽，以免伤害屈大夫。后来怕饭团被蛟龙吃掉，人们想出用楝树叶包饭，外缠彩丝，演变与发展成粽子。从此以后，每年五月初五，就有了龙舟竞渡、吃粽子、喝雄黄酒的风俗，以此来纪念伟大的爱国诗人屈原。

一种传说是为了纪念伍子胥。伍子胥姓伍名员，楚国人，父兄均被楚平王杀害，后

屈原（选自《芥子园画传》）

来他投奔吴国，助吴伐楚，五战而入楚都郢城。当时楚平王已死，子胥掘墓鞭尸三百，以报杀父兄之仇。吴王死后，其子夫差继位，率兵侵略越国。越国大败，越王勾践请和，得到夫差的同意。伍子胥建议彻底消灭越国，夫差不听。吴国太宰伯嚭受越国贿赂，谗言陷害伍子胥，夫差听信谗言，赐伍子胥宝剑自尽。子胥本为忠良，视死如归，在死前对子弟说："我死后，将我的眼睛挖出悬挂在都城东门上，让我亲眼看着越国军队入城灭吴。"说完自刎而死。夫差闻言大怒，命人将伍子胥的尸体装进皮革，在五月五日这天投入大江。因此，相传端午节便成纪念伍子胥殉难之日。

一种传说是为了纪念孝女曹娥救父投江。曹娥是东汉上虞人，父亲受溺江中，数日不见尸体，当时孝女曹娥年仅14岁，昼夜沿江号哭。过了17天，在五月五日投江，五日后抱出父尸。就此传为神话，继而相传至县府知事，县令为之立碑树传加以颂扬。

后人为纪念曹娥的孝节，在曹娥投江处兴建曹娥庙，她所居住的村镇改名为曹娥镇，曹娥殉父之江改名为曹娥江。

除了上述四种传说，还有传端午远起于夏商周时期的兰浴。兰浴就是用佩兰煎水洗浴以祛灾除病。《九歌·云中君》有"浴兰汤兮沐芳华"的句子，所以自周代以来，民间有朱索桃印饰门、艾人悬户、系五彩缕、挂赤灵符等禳灾避邪风俗，历代相传，至今尚有流行。也有说端午源自春秋战国时期越王勾践在五月初五日开始操练水军。勾践卧薪尝胆十年后，终于打败了吴国，成为春秋五霸之一。

除了这些传说，因地域不同，各地又有其他的节名，习俗也不同。不过由于屈原爱国主义精神及其诗词的影响，秦汉以后，端午纪念屈原一说由楚地逐渐传播到全国，为大部分地区所公认，并相沿至今。

二、端午节习俗

担端午

流行于浙江、安徽等地。每逢农历端午节，女儿、女婿挑着粽子拜见岳父母。若是新女婿，岳母需以新衣一套回赠女婿。时间一般始于农历五月初一，止于初五中午，而各地均以初四日为重。因方言"四"与"喜"谐音，有彩头；而"五"与"无"谐音，犯忌讳。民间认为初五日吃过午饭后，便不再是端午节。

赛龙舟

"赛龙舟"即龙舟竞渡,是端午节的重要活动,在我国普遍流行,尤其是南方各省,广东、台湾等地称之为"扒龙船",四川合川一带叫"抢江"。《事物原始》载:"竞渡之事起于越王勾践,今龙船是也。"汉代赵晔《吴越春秋》也认为,龙舟"起于勾践,盖悯子胥之忠作"。清代诗人邵长蘅有"五月胥江怒,水嬉欢竞渡"的咏叹。

南北朝以后,赛龙舟的习俗广泛传播,唐敬宗曾下诏命地方官修造龙舟二十艘,宋太宗于淳化三年(公元993年)亲自到开封金明池观看龙舟赛。明清两代,宫廷中端午有龙舟表演。清代自顺治、康熙起,每年端午,都要在西苑举行龙舟大赛。参赛的龙舟起码是两艘以上,一般有五艘,分为青、红、黄、白、黑五色,代表东西南北中五方,也有六艘或七艘的,至多十几艘。

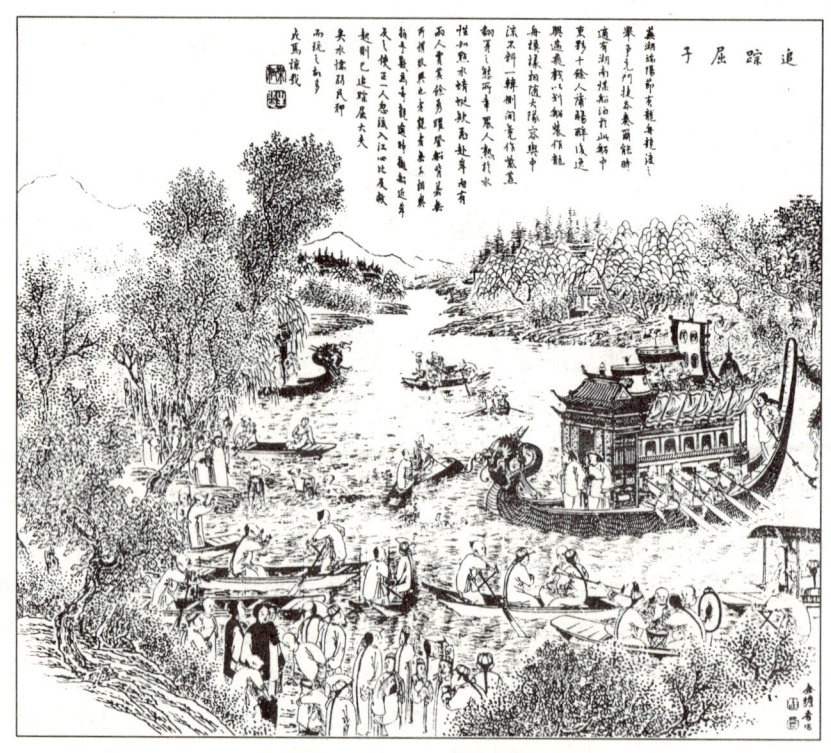

追踪屈子(选自《点石斋画报》)

比赛时，船上结彩张旗，桨手奋力划船，锣鼓喧天。过去的苏州龙舟赛更分"武赛"、"文赛"两种。武赛时龙舟上划手，以整齐划一的动作拼命划桨，两岸鞭炮齐鸣，河边观者如云。优胜者到达终点时获锦标，风光无限。较特别的是之后的文赛，比赛的是龙舟造型、台阁创意。

比赛前通常有请龙祭龙的仪式。比如在湖南汨罗的屈子祠村，赛龙船之前，桡手要扛着龙头祭祀屈原，叫做"祭龙头"。在江西萍乡，午饭后，参赛者云集龙王庙，焚香燃烛，祭祷龙王后，在龙王首上披条红巾，然后将龙舟龙尾迎下小舟。

清乾隆二十九年（公元1736年），台湾开始举行龙舟竞渡。当时台湾知府蒋元君曾在台南市法华寺主持友谊赛。现在台湾每年农历五月五日都要举行龙舟竞赛。在香港，也举行竞渡。

划龙舟也先后传入日本、越南及英国。1980年，赛龙舟被列入中国国家体育比赛项目，并每年举行"屈原杯"龙舟赛。1987年，在屈原的第二故乡中国湖南岳阳首次举行了第一届国际龙舟节，至今已成功举办十多届。如今，龙舟节被国家旅游局列为全国重大旅游节庆活动之一，岳阳被国内外朋友誉为"龙舟之乡"。

挂艾蒲

端午节上山采药是我国的民族习俗。在汉代，人们有用朱索缠绕"荤菜"以驱邪的记载。所谓荤菜就是有芳香气味或辛辣味道的植物，如艾草、草蒲、蒜之类。《清嘉录》说："截蒲为剑，割蓬作鞭，副以桃梗、蒜头，悬于床户，皆以却鬼。"

在民间，菖蒲被看成具有防疫驱邪作用的灵草，端午节时悬艾叶、草蒲叶于门窗，饮草蒲酒，可以驱避邪疫。有些地方把农历的五月称为"蒲月"。据明代李时珍《本草

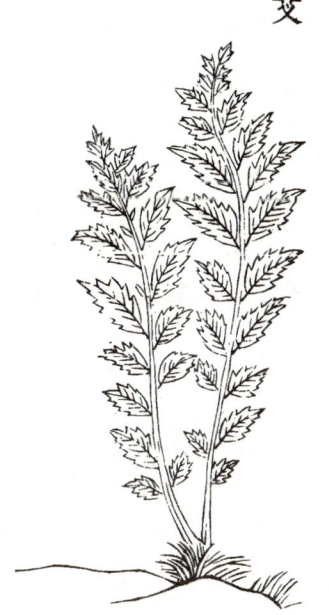

艾（选自《三才图会》）

纲目》记载，菖蒲在蒲类植物中长势最旺盛。又因为它的叶子像剑刃，亦称"剑水草"。菖蒲的根茎可作香料，具有提神、通窍、杀菌功能。

每逢端午节，广东、安徽等地家家将蒲艾悬挂在门头。山西沁源清晨采艾插到门框上。辽宁辽中将艾蒲高插到房檐上。吉林桦甸大门小门都插上艾蒿。陕西宜川习惯端午当日清早采艾叶，遍插门窗、墙壁及儿童耳夹，说能驱邪避毒。浙江临安在瓦盆中栽植葵艾放到厅堂下。山东冠县门首、神像前都插艾枝。曲阜、邹县一带有谚语说："门口不插艾，死了变个大鳖盖。"

缝香包

陕西南部等地，少女们在端午节前夕用色布彩线，精心缝制成各种香包，形状有粽子、老虎、金鹿、蝴蝶、燕子、孔雀、金瓜、寿桃、梅花等，下坠五光十色的丝线缨穗，内装用中药配制成的香料。到端午节这天，她们就将自己缝制的香包佩戴在胸前。如男青年乘其不备将香包抢去，被抢的少女会因自己的手艺受到异性的喜欢而高兴；反之，如所佩香包始终无人来抢，就会感到不光彩。

采百药

采百药又叫"采百草"。农历五月正是天气炎热、疾病多发的季节，很多毒蛇害虫繁殖活跃起来，容易给人造成危害。为了防御疾病，保持健康，到了端午之时，人们便要遍寻百草，采集药材。《清嘉录》介绍了苏州"采百草"的习俗：士人采百草之可疗疾者，留以供药饵，俗称"草头方"。药市收癞蛤蟆，刺取其沫，谓之"蟾酥"，为修合丹丸之用，率以万计。人家小儿女之未痘者，以水畜养癞蛤蟆五个或七个，俟其吐沫。过午，取水煎汤浴之，令痘疮稀。

《吴郡岁华纪丽》说："今吴俗，亦于午日，采百草之可疗疾者……又收蜈蚣蛇虺，皆以备攻毒之用。"南宋吴自牧《梦粱录·五月》："此日采百草或修制药品，以为辟瘟疾等用，藏之果有灵验。"采来的草药除在端午节用于饮食、沐浴、薰烟和门饰外，还有的在晒干后收藏备用。

▶ 戴香囊

每到端午,各地的大人会在小孩胸前佩戴用五色线系住的香囊。这些香囊绘制了十二生肖、狮子、双鱼、花草、珍禽、瑞兽、蔬菜、瓜果等吉祥图案。香囊形状分长方形、正方形,也有三角形、鸡心形、菱形、斗形、月牙形、扇面形,上绣花、草、虫、鸟及罗汉钱,款式极为精美;或者用五色丝线做成各种形状,形形色色,玲珑可爱。香囊工艺讲究,需裁剪、刺绣、挖补、粘贴、缠绕。香囊有的内装香料,有的裹着独瓣大蒜,让孩子佩戴可以避邪镇恶,祛痘除病。

三、端午节饮食

吃粽子

端午节的代表性食品是粽子。粽子,又叫角黍、筒粽。据记载,早在春秋时期,用菰叶(茭白叶)包黍米做成牛角的形状,叫"角黍";用竹筒装米密封烤熟,叫"筒粽"。

晋代时,粽子正式成为端午节食品。这时,包粽子的原料除糯米外,还添加中药益智仁,煮熟的粽子称"益智粽"。周处《岳阳风土记》记载:"俗以菰叶裹黍米,……煮之,合烂熟,于五月五日夏至啖之,一名粽,一名黍。"南北朝时期,出现了杂粽。米中掺杂肉、板栗、红枣、赤豆,品种增多。粽子还用作交往的礼品。

到了唐代,粽子的用米,已"白莹如玉",其形状出现锥形、菱形。宋朝时,已有"蜜饯粽",即粽子加入了果品。诗人苏东坡有"时于粽里见杨梅"的诗句。这时还出现用粽子堆成楼台阁、木车牛马作的广告,说明宋代吃粽子已很时尚。元、明时期,粽子的包裹料已从菰叶变革为箬叶,后来又出现用芦苇叶包的粽子,附加料已出现豆沙、猪肉、松子仁,其花色品种更为繁多。

从馅料看,北方以多包小枣的北京枣粽为代表。吃粽子的风俗,在中国千百年来盛行不衰,而且流传到朝鲜、日本及东南亚诸国。

吃茶蛋、腌蛋

鸡蛋、鸭蛋是许多地方端午节的重要食品,安徽太湖、江西南昌地区,

端午节就要煮茶蛋和盐水蛋吃。蛋壳涂上红色，用五颜六色的网袋装着，挂在小孩子的脖子上，祝福孩子逢凶化吉，平安无事。

浙江、山东等地，每逢端午节家里的主妇清晨就将事先准备好的大蒜和鸡蛋放在一起煮，供一家人早餐食用。有的地方，还在煮大蒜和鸡蛋时放几片艾叶，认为吃了可以明目。在曲阜、邹县一带，称鸡蛋为"龙蛋"。在河南，主妇们早上将鸡蛋煮熟后，放在孩子的肚皮上滚几下，然后去壳让孩子吃掉。据说这样可以免除孩子的灾祸，日后孩子也不会犯肚疼病。

吃煎堆、打糕、薄饼

福建晋江地区，端午节家家户户要吃"煎堆"。这是一种用面粉、米粉和其他配料调成浓糊状，下油锅煎炸的食品。相传古时闽南一带在端午节之前是雨季，阴雨连绵不止，民间说天公穿了洞，要"补天"。端午节吃了"煎堆"后雨便停止了，人们说把天补好了。这种食俗由此而来。

端午节也是朝鲜族隆重的节日。这一天最有代表性的食品是清香的打糕。打糕，就是将艾蒿与糯米饭放入独木凿成的大木槽里，用长柄木槌打制而成的米糕。这种食品很有民族特色，可增添节日的气氛。

在浙江温州地区，端午节家家吃薄饼。薄饼采用精白面粉调成糊状，在又大又平的铁煎锅中，烤成一张张类似圆月，薄如绢帛的半透明饼，然后用绿豆芽、韭菜、肉丝、蛋丝、香菇等作馅，卷成圆筒，一口咬下去，可品尝到多种味道。

吃五黄

浙江杭州称五月为"五黄"月，杭州人端午节必吃雄黄酒（用雄黄和烧酒调和，加入菖蒲根）、黄酒、黄瓜、咸鸭蛋黄、用黄豆包裹的粽子五样食品。由于这五样食品里都带"黄"字，因此称"吃五黄"。

四、端午佳咏

端午竞渡棹歌

北宋·黄公绍

看龙舟，看龙舟，两堤未斗水悠悠。
一片笙歌催闹晚，忽然鼓棹起中流。

棹：本指桨，这里借指船。这是一首写端午赛船场面的诗。

竹 枝 歌
南宋·范成大

五月五日岚气开，南门竞船争看来。
云安酒浓曲米贱，家家扶得醉人回。

竹枝：一种有着浓重民歌色彩的旧诗体，形式是七言绝句。据说为唐代诗人刘禹锡创制，以描写男女恋情、风土人情为主要内容。这首诗是后一种，写端午节的热闹场面及欢乐的气氛。

芒种诗词歌赋

芒种后积雨骤冷
南宋·范成大

梅霖倾泻九河翻，百渎交流海面宽。
良苦吴农田下湿，年年披絮插秧寒。

梅霖：即梅雨。久下不停的雨为"霖"。百渎：很多条河流大川。这首诗写的是芒种后，农民在梅雨中插秧的情景。

村 晚
南宋·雷震

草满池塘水满陂，山衔落日浸寒漪。
牧童归去横牛背，短笛无腔信口吹。

这首诗的前两句描绘出江南农村夏日的典型风光，后两句写牧童的天真，寄托了诗人对农村生活的热爱之情。

芒种时令谚语

民间流传的有关芒种的谚语,多是夏收、夏种以及春播作物的夏管内容。由于流传地区有异,同是芒种谚语,表述方式和表述内容也有一定区别。

芒种夏至,水浸禾田。(粤)

芒种火烧天,夏至雨淋头。(粤)

芒种夏至是水节,如若无雨是旱天。(粤)

四月芒种雨,五月无干土,六月火烧埔。(桂)

芒种怕雷公,夏至怕北风。(桂)

芒种夏至,芒果落蒂。(桂)

五月龙船北。(桂)

芒种疯鲨。(桂)

芒种落雨,端午涨水。(湘)

芒种热得很,八月冷得早。(湘)

芒种火烧鸡,夏至烂草鞋。(闽)

芒种夏至常雨,台风迟来;芒种夏至少雨,台风早来。(闽)

芒种夏至天,走路要人牵。(苏、皖、川、鄂、黔)

芒种栽薯重十斤,夏至栽薯光根根。(豫)

芒种晴天,夏至有雨。(豫)

芒种闻雷美自然。(陕)

芒种日晴热,夏天多大水。(浙)

芒种忙忙栽,夏至谷怀胎。(南方)

芒种不下雨,夏至十八河。(黔)

芒种西南风,夏至雨连天。(皖)

牧童骑牛图(选自《芥子园画传》)

芒种雨涟涟,夏至旱燥田。(赣)

芒种火烧天,夏至水满田。(辽、闽、赣)

芒种火烧天,夏至雨涟涟。(鄂、湘、桂)

四月芒种如赶仗,误了芒种要上当。(鄂)

芒种节到,夏种忙闹。(鄂)

每年阳历的6月21日、22日前后,太阳到达黄经90°交"夏至"节气。夏至在二十四节气中排序第十。至,字面的意思是"极",这里指日形长到终极,一年之中夏至日太阳直射地面的位置到达一年的最北端,几乎直射北回归线,北半球的白天达到最长,且越往北越长。夏至以后,阳光直射地面的位置逐渐南移,北半球的白天日渐缩短。

夏至农事气象

夏至以后,我国除青藏高原、东北和内蒙古大部、云南部分地区常年无夏外,我国各地日平均气温一般都升至22℃以上。此时,长江中下游地区在正常年份正处于"梅天下梅雨"的梅雨期,黄淮平原处于"云来常带雨"的雨季,这就为农作物创造了一个水热同季的有利环境。

就农事而言,淮河以南早稻抽穗扬花,田间水分管理要足水抽穗,湿润灌浆,干干湿湿,既满足水稻结实对水分的需要,又能透气养根,保证活熟到老,提高子粒重。夏播工作要抓紧扫尾,已插的要加强管理,力争全苗。出苗后应及时间苗定苗,移栽补缺。各种农田杂草和庄稼一样生长也很快,不仅与作物争水争肥争阳光,而且携带多种病菌和害虫。因此,抓紧时间中耕锄地是极重要的增产措施之一。棉花已经现蕾,营养生长和生殖生长两旺,要注意及时整枝打杈,中耕培土,雨水多的地区要做好田间清沟排水工作,防止水涝和暴风雨的危害。各种秋果树此时也需要认真地护果防虫,提高果品质量。

你知道吗：什么是夏九九？

过去，全国各地流行"夏九九"之说。"夏九九"与"冬九九"相对，一个是暑，一个是寒。夏至日是"夏九九"的起点，从这一天起，民间"扇子不离手"，天气真正热起来了。有两首《夏至九九歌》：

夏至入头九，羽扇握在手；二九一十八，脱冠着罗纱；三九二十七，出门汗欲滴；四九三十六，浑身汗湿透；五九四十五，炎秋似老虎；六九五十四，乘凉进庙祠；七九六十三，床头摸被单；八九七十二，半夜寻被遮；九九八十一，开柜拿棉衣。

一九二九，扇子不离手；三九二十七，雪水甜如蜜；四九三十六，出汗如沨浴；五九四十五，头戴秋叶舞；六九五十四，乘凉入佛寺；七九六十三，上床寻被单；八九七十二，思量盖夹被；九九八十一，家家打炭基。

这两首歌谣反映了从夏至起，经小暑、大暑、立秋、处暑到白露这一过程的气候对人们生活的影响。不过在人们的习惯中，所谓"九九"，一般还是指"数九寒天"。

夏至生活提示

夏至天气炎热，人体脾胃功能差，食欲不振。科学研究发现，吃苦味食品能恢复脾胃功能，增进食欲。苦味食品多含氨基酸、维生素、生物碱、苦味质，具有抗菌消炎、帮助消化、增进食欲、提神醒脑、消除疲劳的作用。平时我们可以吃这样一些苦味的食品：

苦瓜：苦瓜营养丰富，既可凉拌，又可炒肉、烧鱼，清脆爽口，别具风味。具有增食欲、助消化、除热邪、解疲乏、清心明目、益气壮阳作用。

苦菜：苦菜安心益气，强力明目，加工制成的腌苦菜是夏日佐饭的美味佳肴，具有爽口、开胃、消暑、清心除烦的作用。

蒲公英：蒲公英既可作蔬菜，又可入药治病，具有清热、解毒、止泻、保肝、健胃、降血压、抑菌、抗癌等作用。

苦笋：苦笋味苦且甘，性凉而不寒，具有消毒解毒、减肥健身、健胃消积等功效。人们通常用苦笋、排骨、咸菜配制成苦笋煲，味道鲜美，吃后令人回味无穷。

苦丁茶：苦丁茶具有清热解毒、杀菌消炎、止咳化痰、健胃消积、提神醒脑、明目益思、减肥防癌和抗辐射、活血脉、降血脂、降低胆固醇等功效，对治疗咽喉炎、口腔炎、高血压、肥胖症、急性肠胃炎等疗效显著。

苦杏仁：苦杏仁营养丰富，含脂肪酸、蛋白质和各种氨基酸，矿物质含量也很高。不过苦杏仁含有约3%的有毒成分，须采用水煮等方法加以去毒后才能食用，且一次食用不宜过多。苦杏仁是一味重要的药材，具有润肺、消食和散滞气三大功用。

苦荞麦：苦荞麦含有大量蛋白质、脂肪、维生素 B_2、芦丁、维生素 P、叶绿素等营养物质，可降低毛细血管的通透性，维持微血管循环，降低人体胆固醇，有平血健脑之功效。

夏至民间禁忌

古时农民把夏至半个月分为头时（前三天）、二时（中间五天）和末时（后七天），农民最怕的就是"时中下雨"和"时末打雷下雨"。这些带有迷信色彩的习俗，反映了古代"靠天吃饭"的无奈处境，因为夏至半个月打雷下雨，多半具有梅雨特征，对农作物生长弊多利少。

在江苏吴县，夏至日要慎起居，禁骂人，戒剃头。湖南有的地方，忌夏至日打雷下雨，谚语说："夏至有雷，六月旱；夏至逢雨，三伏热。"河南一带，忌讳这一天为农历五月末。人们相信，"夏至五月头，不种芝麻也吃油；夏至五月终，十个油房九个空"。不种芝麻也吃油，说明其他庄稼长得好，丰收了。十个油房九个空，表示整个年景的歉收、萧条。

夏至养生保健

夏至阳气最旺，生要注意保护阳气。《内经》上说："使志无怒，使华英成秀，使气得泄，若所爱在外，此夏气之应，养生之道也。"意思是说，夏季要注意调整情绪，使神清气和，快乐欢畅，心胸开阔，精神饱满；莫因事繁而生急躁、恼怒之情，免助阳生热而伤正气；要培养乐观外向的性格，以利于气机的通泄。中医说："心静自然凉。"这是夏季养生法中精神调养的关键所在。在暑蒸气耗的夏季，若能自我调整出这样的心境，自然可以凉从心生，健康长寿了。

夏至营养药膳

百合绿豆粥

药膳配方

粳米60克，绿豆50克，百合20克，冰糖10克，冷水1200毫升

制作程序

1. 将绿豆、粳米淘洗干净，绿豆用冷水浸泡3小时，粳米浸泡半小时。
2. 百合去皮、洗干净切瓣。
3. 把粳米、百合、绿豆放入锅内，加入约1200毫升冷水，先用旺火烧沸，然后转小火熬煮至米烂豆熟，加入冰糖调好味，即可盛起食用。

药膳功效

清热、解毒、养颜、祛痘。

太极金笋羹

药膳配方

胡萝卜400克，鸡胸肉100克，熟火腿末15克，鸡蛋清50克，盐4克，味精2克，香油3克，湿淀粉25克，色拉油6克，鸡汤800克，鸡油30克，冷水适量

制作程序

1. 先将胡萝卜洗干净，用刀切成薄片，下沸水锅中煮约1分钟捞起，放

进搅拌器内,加入少许鸡汤,搅成泥状备用。

2. 将鸡胸肉去筋皮,切成薄片,盛在冷水碗内,浸泡20分钟后捞出晾干,剁成泥,盛在碗里,加入鸡蛋清,用手勺慢慢搅匀,调成稀浆鸡肉末。

3. 炒锅加入鸡汤100克,烧至五六成热时,加入湿淀粉和鸡肉末煮到微沸,调入盐、味精、香油,拌匀备用。

4. 炒锅下入色拉油,放入胡萝卜泥略炒,加入剩余鸡汤和火腿末煮沸,调入盐、味精、鸡油推匀,即可装入汤碗中,把煮好的鸡肉末点缀在胡萝卜羹上面即成。

药膳功效

润肤、乌发、美容,清热泻火。

夏至习俗大观

夏至是重要的节气之一。宋代《文昌杂录》里记载,夏至到,百官放假三天。这一天,各地的农民忙着祭天,北方祈雨,南方求晴。《荆楚岁时记》记述,长江中下游正值梅雨季节,人们在夏至这天把菊叶灰撒在农作物上,预防病虫害。

饮食方面,北京、山东是"冬至饺子夏至面"。陕西吃粽子。在南方,农家擀面做薄饼,烤熟,夹杂青菜、豆荚、豆腐及腊肉,祭祖后食用或赠送给亲友。江苏无锡早晨吃麦粥,中午吃馄饨,取混沌和合之意。吃过馄饨,为孩童称体重,希望儿童体重增加,身体健康。湖南浏阳大多吃醮坨。醮坨由米粉做成,加韭菜等作料煮食,又叫圆糊醮。民国以前,很多农户将醮坨用竹签穿好,插到水田的缺口,燃香祭祀祈祷丰收。小孩子

苋(选自《三才图会》)

和叫化子早待此日，以便到时摘取醮坨，乘机饱食一顿。

有些地区，未成年的外甥和外甥女到娘舅家吃饭，娘舅一定用苋菜和葫芦做菜，俗话说："吃了苋菜，不会发痧；吃了葫芦，腿里就有力气。"也有的到外婆家吃腌腊肉，说是吃了就不会疰夏。

浙江绍兴有"嬉，要嬉夏至日"的俚语。过去，无论贫富之家夏至日都祭祖，俗称"做夏至"。除常规供品外，特加一盘蒲丝饼。有的吃生黄瓜和煮鸡蛋来治"苦夏"。

夏至农历节日

观 莲 节

每年农历六月二十四是观莲节，民间认为这天是荷花的生日。水乡泽国的江南一带，举家泛舟赏荷观莲。

▶ 赏荷观莲

早在宋代，每逢六月二十四，民间便到荷塘泛舟赏荷观莲、消暑纳凉。荡舟轻波，采莲弄藕，享受浩月遮云的夏夜风情，十分惬意。

▶ 放荷灯

这天晚上，有人在采来的荷叶里面点上一支蜡烛，让小儿提着玩耍。或者将莲蓬挖空，点上蜡烛照明。或者将百千盏荷灯沿河施放，随波逐流，闪闪烁烁，非常好看。

茂叔观莲（选自《马骀画宝》）

▶ 品莲馔

莲的花、叶、藕、籽都是制作美味佳肴的上品。唐代时就有观莲节吃"绿荷包饭"的习俗。柳宗元《柳州峒民》中说:"郡城南下接通津,异服殊音不可亲。青箬裹盐归峒客,绿荷包饭趁墟人。"宋代喜欢用莲花花瓣捣烂掺入米粉和白糖蒸成莲糕食用;明代时则将其制成荷花酒。宋朝的玉井饭和元朝的莲粥,都是以莲子为主要原料制作的美食。明末屈大均记载荷包饭的制作方法时说:"以香梗杂鱼肉诸味,包荷叶蒸之,表里透香,名曰荷包饭。"荷叶有一种特殊的清香味,因而被广泛用于制作食品,莲花、莲籽自古就是制作食品的原料。

▶ 约会

观莲节时,青年男女有了亲密接触的机会,他们纷纷借此美好时光表白心中的爱情,有诗说:"荷花风前暑气收,荷花荡口碧波流。荷花今日是生日,郎与妾船开并头。"

夏至诗词歌赋

夏至日作

唐·权德舆

璇枢无停运,四序相错行。

寄言赫曦景,今日一阴生。

这是一首写夏至的诗。诗人用颇具哲理的话语提示人们,炎夏虽到,因为"璇枢无停运",秋天亦将转瞬到来。璇:璇玑。北斗星中四颗成斗的星叫作璇玑。枢:北斗第一颗星。璇枢在这里泛指北斗星。古人观天象以北斗星转动的方位定时间的运行。四序:指春、夏、秋、冬四季。一阴生:古人认为大自然中阴阳相互倚伏。阳盛之时,阴气萌生。夏至日后,白天渐短,以为是阴气初动。所以也称夏至为"一阴生"。

竹 枝 词
唐·刘禹锡
杨柳青青江水平，闻郎江上唱歌声。
东边日出西边雨，道是无晴却有晴。

夏至以后地面受热强烈，空气对流旺盛，午后到傍晚常易形成骤来疾去的雷阵雨，由于阵雨范围小，人们称之为"夏雨隔田坎"，刘禹锡巧借这种天气，写出了这首流传千古的诗作。

夏至时令谚语

在古代，完全靠天吃饭的劳动人民对"夏至"这个节气十分重视，尤其关心夏至期间的天气，他们从千百年的生产实践中，总结出许多多具有实用价值的谚语。

吃了夏至面，一天短一线。
过了夏至节，夫妻各自歇。
爱玩夏至日，爱眠冬至夜。
夏至食个荔，一年都无弊。
夏至东南风，平地把船撑。
不到夏至不热，不到冬至不寒。
夏至无雨三伏热，处暑难得十日阴。
夏至杨梅满山红，小暑杨梅要生虫。
夏至落雨十八落，一天要落七八砣。
夏至东南风，十八天后大雨淋。
日长长到夏至，日短短到冬至。
夏至一场雨，一滴值千金。

夏至刮东风,半月水来冲。

夏至见春天,有雨到秋天。

夏至东风摇,麦子水里捞。

夏至大烂,梅雨当饭。

夏至闷热汛来早。

夏至有雨应秋早。

长到夏至短到冬。

夏至狗,无处走。

夏至三庚便入伏。

每年阳历的7月7日、8日前后，太阳到达黄经105°交"小暑"节气。小暑是一个反映气温变化的节气，暑是炎热，小是炎热的程度，小暑是说炎热的夏天到了，但还没有到最热的时候。

小暑农事气象

《1971—2000年中国地面气候资料》记载，我国绝大多数地区7月的平均气温远比8月要高，尤其是极端最高气温，除青海、甘肃、山西、内蒙古、安徽外，基本都出现在小暑前后。而此时，南方大部分地区，也开始进入雷暴频发的季节。雷暴是一种剧烈反常的天气现象，出现时狂风大作，乌云翻卷，电闪雷鸣，暴雨如注。山地起伏较大的地方，常伴有山洪暴发，并引起山体滑坡和泥石流出现。

小暑前后，除东北与西北地区正收割冬、春小麦等作物外，全国大部分地区的夏收作物，得益于此时节较高的气温、丰沛的雨水、充足的光照，都进入生长最为旺盛的时期。

农田管理工作也进入了较为繁忙的时期。早稻处于灌浆后期，早熟品种大暑前就要收获，要保持田间干干湿湿。中稻已拔节，进入孕穗期，应根据长势追施穗肥，促进穗大粒多。单季晚稻正在分蘖，应及时施好分蘖肥。双季晚稻秧苗要防治病虫，于栽秧前5—7天施足"送嫁肥"。棉花开始开花结铃，生长最为旺盛，在重施花铃肥的同时，要及时整枝、打杈、去老叶，协调植株体内养分分配，增强通风透光，改善群体小气候，减少蕾铃脱落。盛夏高温也是蚜虫、红蜘蛛等多种害虫盛发的季节，适时防治病虫很关键。

江淮流域梅雨先后结束，我国东部淮河、秦岭一线以北的广大地区受东南季风影响进入雨季，降水增多，雨水集中；华南、西南、青藏高原处于西南季风影响中，雨量丰沛。长江中下游地区高温少雨，常常出现的干旱对农业生产影响很大，及早蓄水防旱显得非常重要。

小暑生活提示

小暑阳光毒辣，肌肤暴露在强烈的日光下，容易被烈日"烫"伤，因此，小暑日出门有讲究。

外出时，穿衣宜选用棉、麻、丝类的织物，少穿化纤品类服装，以免大量出汗时不能及时散热，引起中暑。老年人、孕妇、有慢性疾病的人，特别是有心血管疾病的人，尽可能地减少外出次数。

为了避免被烈日"烫"伤身体，应注意几点：经常坐车的女士，须做好面部、背部和手部的防晒保护。水上运动时配备具有防水功效的防晒产品。不能过高估计遮阳伞和树荫的防晒功用。即使在一般的多云天气里，也可能被晒黑。

小暑民间禁忌

华东许多地方小暑日忌刮西南风，谚语说，"小暑若刮西南风，农家忙碌一场空"。意思是小暑这天如果刮西南风，这一年将年景不好，庄稼歉收。

小暑养生保健

小暑天气炎热，在养生方面最要注意饮食清淡，多吃蔬菜瓜果，少吃荤，少吃油炸爆炒食品。饭菜品种要多样化，饮食调补以清补为主。清补能增强免疫力，提高抗病能力。常食莲子粥、绿豆汤、薏仁粥，可补防热、防湿、防痰、健身防病。

炎热天气，人体为了散热，出汗多，造成缺水，加重血液黏稠度，造成

摆西瓜摊图（选自《北京民间风俗百图》）

高黏血症，引发血栓、心脑血管疾病，所以夏天应多喝水。喝水可调节血液黏稠度，又可降温。水是人体内十分重要的、不可缺少的成分。民间实验证明，每日清晨饮用一杯新鲜温开水，几年之后，就会出现神奇的益寿之功，而且多数人从未得过大病。炎热的夏天，冰开水中加少量的食盐能补充人体盐分，也能很好地降温。

小暑营养药膳

▶ 八宝莲子粥

药膳配方

糯米150克，莲子100克，青梅、桃仁各30克，小枣40克，瓜子仁20克，海棠脯50克，瓜条30克，金糕50克，白葡萄干20克，白糖150克，糖

桂花30克，冷水2000毫升

制作程序

1. 糯米洗干净，用冷水浸泡发涨，放入锅中，加入约2000毫升冷水，用旺火烧沸后，改用小火慢煮成稀粥。

2. 小枣用温水浸泡1小时，洗干净；莲子去皮，挑去莲心，放入凉水盆中，与小枣一同入笼蒸半小时。

3. 桃仁用开水发开，剥去黄皮，切成小块；青梅切成丝；瓜条切成小片；瓜子仁用冷水洗干净沥干；海棠脯切成圆形薄片；白葡萄干用水浸泡后洗干净沥干；金糕切成丁。

4. 白糖加冷水和糖桂花调成汁。

5. 将制成的所有辅料摆在粥面上，入冰箱冷却，盛起食用时将糖桂花汁淋在上面即成。

药膳功效

补充营养，清暑解热，缓解紧张情绪。

▶ **薏仁绿豆猪瘦肉汤**

药膳配方

薏仁38克，绿豆150克，猪瘦肉150克，红枣4颗，盐适量，冷水适量

制作程序

1. 薏仁和绿豆洗干净；红枣去核，洗干净。

2. 猪瘦肉洗干净后氽烫，再冲洗干净。

3. 煲滚适量水，下薏仁、绿豆、猪瘦肉、红枣，滚后改文火煲2小时，下盐调味即成。

药膳功效

健脾止泻，轻身益气，清热安神。

小暑习俗大观

小暑节气，有些农作物已经收获，所以有的地方流行"尝新"，如安徽西

南部，每到这个时候，人们在院中、屋内摆上供桌，放上小麦，贴上"福"字，焚香放炮，祈求秋后五谷丰登。仪式结束，大人小孩围坐一起，高高兴兴地吃上一顿。

对于喜欢旅游观光的人，趁着天还不太热，成群结队出门游玩赏景，呼吸新鲜空气，欣赏大自然的山花野草。应该说，小暑带给人们的是无限乐趣。

小暑农历节日

六月六天贶节

农历六月初六是天贶节。天贶节又称回娘家节、姑姑节、虫王节。天贶节是一个小节，节日活动主要有藏水、晒衣和晒经书、妇女回娘家等。

▶ **晒书**

在民间，传说九天玄女赐给宋江一部天书，使他替天行道，扶危济贫。正因为有农历六月六降天书的故事，又传说当天是龙晒鳞的日子，天晴日朗，当时又处于盛夏，多雨易霉，这种多雨天对书籍的保存十分不利，因此只要遇到晴天就要进行曝晒。

▶ **晒衣**

河南有首民谚："六月六晒龙衣，龙衣晒不干，连阴带晴四十五天。"此时从佛寺、道观乃至各家各户，都有晒衣物、器具、书籍的风俗。广西清晨各家宰鸡鸭宴饮后，全家动员将衣服、棉被、鞋子、首饰、箱笼拿到晒坪上曝晒，用夏日的阳光晒死隐藏的虫蚁。晒一两小时后，要翻转再晒，然后搬回厅堂内凉一下，再叠好放入箱笼。

湖北西部传说六月六是茅冈土司覃后王反抗皇帝统治遇难、血染龙袍的日子。这天家家翻箱倒柜，将所有的衣物拿出来晾晒。有钱人家蒸饭、杀牛，取牛的肉、舌、肠、心等10处各一份（称"十全"）敬祀土王菩萨，然后邀全村乡亲一起开怀畅饮。

▶ 回娘家

民谚说"六月六,请姑姑",因此,妇女回娘家是天贶节的重要内容。此时,小孩也要跟随母亲去姥姥家,傍晚回家前,姥姥要在前额印上红记,说是能避邪求福。河南妇女回娘家包饺子上坟祭祖。祭祖时,要在坟前挖四个坑,每个坑中都放上饺子,作为扫墓供品。甘肃榆中在农历六月六庙会上,新娘要跪在太白泉边,从水中捞出石子,用红布包好带回家,祈求得子。

▶ 躲山

农历六月初六是布依族的传统佳节。流行于贵州贞丰等地。节日的早晨,

佛寺晒经(选自《点石斋画报》)

由本村寨几位德高望重的老人，率领青壮年举行传统的祭盘古、扫寨赶鬼的活动。其余男女老少都穿上民族服装，带着糯米饭、鸡鸭鱼肉和水酒，到寨外山坡上"躲山"。躲山的群众在寨外说古唱今，并进行各种娱乐活动。夕阳西斜时，"躲山"的人一家一户席地而坐，取出美酒和饭菜，互相邀请做客。等到响起"分肉啰！分肉啰"的喊声，人们选出身强力壮的小伙子，分成四组，到祭山处抬回4只牛腿，其余的人相携回家，随后各家派人到寨里取祭山神的牛肉。

▶ 驱虫

因天气的原因，六月间百虫滋生，尤其是蝗虫对农业有很大的威胁。古代人们一方面积极捕蝗，如利用火烧、以网捕捉、用土掩埋、众人围扑等方法，尽力消灭蝗虫；另一方面则祭祀青苗神、刘猛将军、蝗蝻太尉等虫王神。同时也利用各种巫术手段驱虫。在西南少数民族地区人们还举着火把到田间地头来回奔跑，目的是驱虫。

小暑诗词歌赋

答李滁州匙庭前石竹花见寄
唐·独孤及

殷疑曙霞染，巧类匣刀裁。不怕南风热，能迎小暑开。
游蜂怜色好，思妇感年催。览赠添离恨，愁肠日几回。

这首诗写闺中女子的相思。前四句写她在小暑节气的所见所感，后四句则宕开笔墨，写女子的孤独寂寞。情与景的结合，突出主人公自怜自惜、哀怨忧愁的情绪。

小暑时令谚语

小暑时令谚语大多反映农事活动，比如：
小暑节，筑塘缺。

小暑黄鳝赛人参。

小暑小割,大暑大割。

小暑过,一日热三分。

小暑无雨,饿死老鼠。

小暑不热,五谷不结。

小暑打雷,大暑打堤。

小暑东北风,大水淹地头。

小暑东风早,大雨落到饱。

小暑怕东风,大暑怕红霞。

小暑一声雷,倒转作黄梅。

小暑无青稻,大暑连头无。

小暑见个儿,大暑见垛儿。

小暑收大麦,大暑收小麦。

雨搭小暑头,二十四天不断头。

小暑一只鼎,陈年宿债还干净。

大暑前小暑后,庄稼老头种绿豆。

羊盼清明牛盼夏,人过小暑说大话。

小暑无雨十八风,大暑无雨一场空。

小暑过后十八天,庄稼不收土里钻。

小暑北风水流柴,大暑北风天红霞。

小暑头上一点漏,拔掉黄秧种绿豆。

小暑西南淹小桥,大暑西南踏入腰。

小暑后,大暑前,二暑之间种绿豆。

每年的大暑节气在阳历 7 月 22 日、23 日之间，以太阳到达黄经 120° 为准。大暑时至三伏天气的中伏，是一年之中天气最热的阶段。

大暑农事气象

大暑处在三伏的中伏阶段。我国大部分地区进入一年中最热的时期，南方有些地区的平均气温达 35℃ 以上，个别地区的绝对气温历史曾高达 47℃。

稻在田里热了笑，人在屋里热了跳。炎热对人的身体会造成不适，但却有利于农作物的生长。如夏玉米、夏大豆、棉花、甘薯、水稻等，在雨热同期的气候条件下，生长发育最为旺盛。此时节，气候变化最为剧烈，程度不同的水旱、雷电、冰雹相继发生，会造成或大或小的危害。因此，农田管理不能放松。

安徽、湖南、湖北等我国双季稻种植区，这时正是一年中最紧张、最艰苦、顶烈日战高温的"双抢"期。适时收割早稻，不仅减少后期风雨造成的危害，确保丰产丰收，而且使双季晚稻适时栽插争取到足够的生长期。

黄淮平原的夏玉米已拔节孕穗，是产量形成最关键的时期，要严防"卡脖旱"的危害。棉花进入花铃期，大豆开花结荚，都是需水高峰期，遇旱易导致落花落铃落荚，所以要积极灌溉补水。

你知道吗：什么是伏天？

"伏天"是指我国广大地区每年夏季的一段酷热难耐、晴朗少雨的天气。它的开始结束时间每年都不尽相同，大致在 7 月中旬到 8 月中旬。关于伏天的历史,《史记·秦本记》记述:在秦德公二年(公元前676年),夏季很热,用杀狗来禳解热毒,便把要解毒热的酷热日子称为伏日。之所以杀狗,是因为按当时迷信的说法,认为取狗血涂在四门可阻止鬼物进入城内,"伏"字是人旁有犬,表示犬能保护主人。这就是伏的原意。在节气里,伏的意思是隐伏起来躲避盛暑。

"三伏"是把一年内最热的时期分为三个阶段,即头伏、二伏、三伏,又叫初伏、中伏、末伏。从夏至后的第三个庚日算起,第一个10天是头伏,第二个10天是二伏,第三个10天是三伏。由于每年夏至后第三个庚日不同,所以每年入伏日期不同,一般头伏在7月12—22日之间,二伏在7月22日至8月1日之间,三伏是在8月8—18日之间。以2008年为例,头伏在7月19日,二伏在7月29日,三伏在8月8日。现在通用的日历上,直接注明了三伏的起始日期,十分方便。

舍冰水图(选自《北京民间风俗百图》)

伏天是我国一年中农业生产重要的时节，喜温的作物这时完成了生长发育和产量形成，如早稻灌浆成熟；晚稻插秧；棉花开花、结铃；玉米抽雄吐丝，等等。这是因为伏天的高温为它们的生育和高产提供了有利的条件。

大暑生活提示

大暑天气十分炎热，从事户外劳动的人一定要谨防中暑。医生提醒，预防中暑应科学选择有效的防暑降温方法，例如：

主动饮水：不要等口渴了才喝水，因为当人自觉口渴时，身体已经处于缺水状态了。一定要定时补充水分，当出汗较多时可补充一些盐水，以弥补人体因出汗而失去的盐分。

睡眠充足：因为夏天日长夜短，气温高，人体新陈代谢旺盛，消耗也大，容易感到疲劳；保持充足睡眠，可使大脑和身体各系统都得到放松，既利于工作和学习，也是预防中暑的有效措施。

另外，不要在空调的出风口和电风扇下睡眠，以免患上空调病和热伤风。饮食以清淡、易于消化的食物为主，少吃冷饮，多吃新鲜的水果和蔬菜，不能用啤酒和饮料解暑。

以下是中暑时的紧急救护措施：

脱离高温环境：迅速将中暑者转移至阴凉通风处休息。使其平卧，头部抬高，松解衣扣。

人工散热：可采用电风扇吹风等散热方法，但不能直接对着病人劲吹，防止造成感冒。

冰敷：在头部、腋下、腹股沟等大血管处放置冰袋（用冰块、冰棍、冰激凌等放入塑料袋内，封严密即可），并可用冷水或30％酒精擦浴直到皮肤发红为止。

大暑民间禁忌

大暑日忌讳天不热，否则庄稼会歉收，如谚语说的"大暑无汗，收成减

半"。农民们希望大暑下雨,"大暑没雨,谷里没米"。大暑不下雨,稻子在生长期将会得不到充分的生长,秋后稻谷就是干瘪的。

大暑养生保健

传统养生有"冬练三九,夏练三伏"、"三伏进补好时机"的说法,说明夏季经常参加体育锻炼,能增强体质,提升机体的抗病能力。研究发现,夏季经常参加锻炼的人,其心功能、肺活量和消化功能比一般人好,而且发病率也较低。

按传统"春夏养阳"的养生原则,一些冬季常发而以阳虚阴寒为主的慢性病,可通过伏夏的调养和打理,使病情逐步得到好转,甚至完全痊愈。在中医上,这种疗法叫"冬病夏治"。

人体在夏季会消耗很多的热量和营养成分,如不及时补充,可能造成代谢紊乱而发生各种疾病。及时补充水分,是夏季进补的重要内容;同时要适当补充盐分,饮淡盐水。多吃冬瓜、黄瓜、茄子、西红柿、木耳、胡萝卜、紫菜、西瓜、梨、莲子、藕和瓜果,还可进食一些肉类食品。阴气虚的人吃一些鸭、鹅、甲鱼等甘寒益阴的食物;阳气虚的人吃一些鸡、羊、牛肉、鳝鱼等温性食物。用药物来进补,最好请医生指导,以免补不对症,反生内热。

现在人们的生活水平提高了,许多城乡居民家里安装了空调,在使用时一定注意不要让室内室外温差过大,因为人们在炎热的室外环境中身体出汗毛孔张开,突然进入温度较低的室内身体会迅速降温,毛孔收缩,造成伤风感冒,引起身体不适。

夏季是植物生长的季节,同时也是各种微生物及细菌的繁殖期,饮食方面要讲究卫生,尤其是食用新鲜瓜果时一定要洗干净。对于存放时间较长的饭菜,要蒸煮后再食用,防止腹泻、痢疾等夏季常见病的发生。保护好自己的身体,再有一个良好的心态,科学合理地安排饮食起居及工作,暑热的天气就能很快地度过了。

大暑营养药膳

▶ 当归天麻羊脑汤

药膳配方
当归 20 克，天麻 30 克，桂圆肉 20 克，羊脑 2 副，生姜 3 片，盐 5 克，热水 500 毫升

制作程序
1. 将当归、天麻、桂圆洗干净，浸泡。
2. 将羊脑轻轻放入清水中漂洗，去除表面黏液，撕去表面黏膜，用牙签或镊子挑去血丝筋膜，洗干净，用漏勺装着放入沸水中稍烫即捞起。
3. 将以上原料置于炖锅内，注入沸水 500 毫升，加盖，文火炖 3 小时，加盐调味。虚寒者可加少量白酒调服。

药膳功效
清热解毒，生津止渴，降低血压。

注意事项
阴虚阳亢、头痛者慎用。

▶ 荷叶糯米粥

药膳配方
糯米 200 克，鲜荷叶 2 张，白糖 30 克，白矾 5 克，冷水适量

制作程序
1. 糯米洗干净，用冷水浸泡 2 小时，然后入锅加适量冷水，先用旺火烧沸，再改用小火熬至八成熟。
2. 白矾加少量水溶化。
3. 在另外一口锅的锅底垫 1 张荷叶，上面洒上少许白矾水，将糯米粥倒入锅内，上面再盖 1 张荷叶，用旺火煮沸，加入白糖调味，盛起即可食用。

药膳功效

减肥降脂,解暑清热,健脾止泻。

▶ **苦瓜萝卜汁**

药膳配方

苦瓜1个,白萝卜100克,蜂蜜20克

制作程序

1. 苦瓜洗干净、去瓤,切成小块;白萝卜洗干净,去皮、切成小块。
2. 将苦瓜块和白萝卜放入榨汁机中,搅打成汁。
3. 将苦瓜汁倒入杯中,加入蜂蜜拌匀,即可饮用。

药膳功效

清热解暑,补脾养胃,养颜祛痘。

大暑习俗大观

民间大暑习俗较多。鲁南地区这一天特别讲究喝羊肉汤,且称之为"喝暑羊"。直到现在,山东枣庄的一些羊肉汤馆逢大暑日还会出现人满为患的局面。

浙江椒江口附近专门有大暑庙会,其中主要的祈福仪式,就是"送大暑船"。相传晚清时,这一带病疫流行,大暑前后到达顶峰。民间认为这是张元伯、刘元达、赵公明、史文业、钟仕贵五圣(均系凶神)所致,于是建五圣庙,祈求圣保佑一方平安。后选大暑为供奉日,并用渔船将供品沿江送到江口

荷香消暑(选自《芥子园画传》)

外，以示虔诚之心。久而流传，便形成了"送大暑船"的习俗。晚清俞曲园《右台仙馆笔记》卷十二有一则《大暑船》说："同治中，临海县民比年疠（疠lì）疫过大暑不瘳（瘳chōu①病愈　②损害）乃于次年相约为送船之会，亦其旧俗然也。其船如商船之式，船具如桅樯舵橹，用具如桌椅床榻、枕簟被褥，食物如鸡鳖鱼虾、米谷豆麦，备御之具如刀矛枪炮无一不备；惟盛米之袋甚小，仅受一升，而数则以万计，皆村民所施也。前大暑数日，大建道场，至大暑日，送之出海，听其所之，俗呼为'大暑船'。"

　　大暑节福建莆田有吃荔枝的习俗，叫做"过大暑"。《荔枝食谱》记载：荔枝要含露采摘，并浸在冷泉中，食时最好盛在白色的瓷盆上，红白相映，更能衬出荔枝色彩的娇艳；晚间浴罢，新月照人，是啖荔枝的最好时间。有人说大暑吃荔枝，其营养价值和吃人参一样丰富。

大暑诗词歌赋

大　暑
闻一多

　　今天是大暑节，我要回家了！
　　今天的日历他劝我回家了。
　　他说家乡的大暑节
　　是斑鸠唤雨的时候
　　大暑到了，湖上飘满紫鸡头。
　　大暑正是我回家的时候。

　　我要回家了，今天是大暑；
　　我们园里的丝瓜爬上了树，
　　几多银丝的小葫芦，
　　吊在藤须上巍巍颤，
　　初结实的黄瓜儿小得像橄榄，……
　　呵！今年不回家，更待哪一年？

今天是大暑,我要回家了!
燕儿坐在桁梁上头讲话了;
斜头赤脚的村家女,
门前叫道卖莲蓬:
青蛙闹在画堂西,闹在画堂东,……
今天不回家辜负了稻香风。

今天是大暑,我要回家去!
家乡的黄昏里尽是盐老鼠,
月下乘凉听打稻,
卧看星斗坐吹箫;
鹭鹚偷着踏上海船来睡觉,
我也要回家了,我要回家了!

原载一九二五年四月一日
《京报副刊》一〇六期

这首诗语言清新自然,呈现了口语化风格,感情表达明白质朴。"今天是大暑节,我要回家了!"思乡之情毫无讳饰遮拦。每节中插入两句较为整齐的韵语,增添民谣风味,使全诗的韵律、节奏显得丰富活泼、多彩多姿。

大暑时令谚语

大暑时令谚语以表示天气和农业生产的关系居多。如:
大暑前后,晒死泥鳅。
大暑连阴,遍地黄金。
大暑前后,衣裳湿透。
大暑小暑,遍地开锄。
大暑大雨,百日见霜。

大暑不暑，五谷不起。
大暑种蔬菜，生活巧安排。
大暑到立秋，割草沤肥正时候。
大暑热，田头歇；大暑凉，水满塘。
大暑小暑不是暑，立秋处暑正当暑。
小暑大暑七月间，追肥授粉种菜园。
大暑前，小暑后，两暑之间种绿豆。
大暑早，处暑迟，三秋荞麦正当时。
大暑不割禾，一天少一箩。
大暑无酷热，五谷多不结。
大暑后插秧，立冬谷满仓。
大暑不浇苗，到老无好稻。
小暑凉飕飕，大暑热熬熬。
大暑到立秋，积粪到田头。
大暑大落大死，无落无死。
大暑天，三天不下干一砖。
大暑热得慌，四个月无霜。
大暑展秋风，秋后热到狂。
大暑热不透，大热在秋后。
大暑不雨秋边旱。
禾到大暑日夜黄。
大暑老鸭胜补药。
早稻不见大暑脸。
大暑到，暑气冒。
大暑热，秋后凉。
大暑深锄草。

「夏季·六节气」 大暑

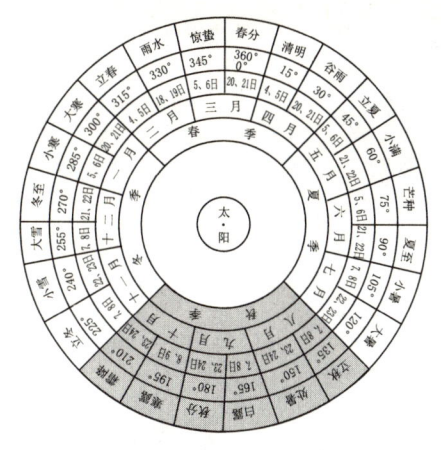

秋季六节气

立秋◎处暑◎白露◎秋分◎寒露◎霜降

立秋是二十四节气中的第十三个节气，通常在每年阳历的 8 月 7 日、8 日前后，此时太阳到达黄经 135°。谚语说："一场秋雨一场凉。"简简单单的一个"秋"字，带出了"雨"，带出了"凉"，更带出了一个季节的转换。

立秋农事气象

通常意义上，立秋预示着炎热的夏天即将过去，这之后，每下一场雨，天气就会变凉快一些。但事实上，按持续五天平均气温在 10—22℃ 之间为"秋"的标准，我国除常年皆冬和春秋相连无夏区外，很少有在"立秋"节气就进入秋季的地区。秋天来得最早的黑龙江和新疆北部地区，也要等到 8 月中旬。一般年份里，北京 9 月中旬入秋，10 月上旬秋风吹至浙江丽水、江西南昌、湖南衡阳，当秋的脚步踏上海南省时，已快到春节了。

"立秋"前后，各种农作物生长旺盛，中稻开花结实，大豆结荚，玉米抽雄吐丝，棉花结铃，甘薯薯块迅速膨大，对水分要求迫切，此时受旱会给农作物收成造成难以补救的损失。双季晚稻生长在气温由高到低的环境里，必须抓紧当前温度较高的有利时机，追肥耘田，加强管理。此时也是棉花保伏桃、抓秋桃的关键期，除了对长势较差的田块补施速效肥，打顶、整枝、去老叶、抹赘芽工作也要及时跟上。

"立秋"是水稻三化螟、稻纵卷叶螟、稻飞虱、棉铃虫和玉米螟等多种作物病虫害的高发期，要加强预测预报和防治。北方的冬小麦播种也即将开始，应及早做好整地、施肥等前期准备。

茶园秋耕工作不能耽搁，可以消灭杂草，疏松土壤，提高保水能力，若

再结合施肥，可使秋梢长得更好。华北地区的大白菜要抓紧播种，以保证在低温来临前有足够的生长量，争取高产优质。

你知道吗：什么是秋老虎？

立秋后，平均气温普遍下降了1.5℃，截断了暑期气温继续攀升居高不下的趋势。虽然气温下降得还不算多，但人们已经感到凉爽不少。然而，气候的变化也有异常的时候。有些年份虽然立了秋，人们仍感觉天气闷热，汗流不止，这种天气就是俗称的"秋老虎"。

"秋老虎"大多集中在阳历的8月中旬到9月中旬这段时间。有时由于从北方来的冷气流势力很弱，或者姗姗来迟，于是高温炎热的天气将会一直维持到处暑节气，即阳历的8月底。

立秋生活提示

夏秋之交，天气变化复杂，忽热忽凉现象明显，要提防发生以下疾病：

皮肤感染：夏秋蚊虫较多，皮肤易被叮咬，出现红肿且奇痒，搔抓后可继发细菌感染，发生多种皮肤病，所以要防蚊虫叮咬。

流行性乙型脑炎：我国夏秋季流行的主要传染病之一。简称乙脑。我国绝大多数病例集中在7、8、9月份，占全年发病数的80%—90%，年发病人数约2—5万人，病死率达5%—15%，老年患者病死率甚至可达50%—70%。蚊虫是乙脑主要传播媒介，因此，防蚊、灭蚊很重要，要消除蚊子孳生地。儿童要注射乙脑疫苗，秋初可服一些预防乙脑的中草药。

支气管炎：秋季是慢性支气管炎的高发期。因支气管炎患者对气候变化敏感，且适应性差，加上秋季草枯叶落，空气中过敏物质多，造成了支气管炎发作。慢性支气管炎患者应注意增强机体抵抗力，按中医的说法是"耐寒的锻炼从初秋就开始"。尽量避免与过敏因素接触，居室空气要流通，没有烟尘污染。

感冒：由于气候忽热忽凉，常常是炎炎烈日，忽来一场大雨，天气又出现"臭冷天"。体质较弱的人此时容易寒冷，易发感冒，所以，应注意随天气变化及时增减衣服。

立秋民间禁忌

云南等地过去禁忌立秋日在田间行走。否则，对秋收不利。书生秀才多用红纸书写"今日立秋，百病俱休"八个字贴在墙壁上。妇女们也用红布剪成葫芦形，缝到儿童的衣服后面，说是能祛病除疾。山东莱西禁忌立秋日洗澡，否则，身上会长秋狗子（方言，即痱子）。黄县一带认为立秋日洗澡，秋后要拉肚子。

全国各地在立秋普遍禁忌打雷、下雨、出虹。陕西孝义有谚语说："雷鼓立秋，五谷天收。"湖北孝感的谚语是："立秋雷电，天收一半。"所谓天收，是农作物被老天爷收去的意思，意味着粮食要减产。在江苏武进、阳湖、太仓等地有"秋勃鹿，损万斛"和"秋礴碌，损万斛"的说法，认为立秋打雷晚稻遭殃。浙江石门有农谚说："秋霹雳、损晚稻。秋后雷多，晚稻少收。"在河南淮阳，立秋日如闻雷声，认为会发生水灾。

在浙江安吉，立秋下雨会发生旱情，当地有"雨打秋头，晒杀鳝头"的谚语。对农民来说，秋旱是最糟糕的事情。在遂昌，人们相信立秋下雨，此后非旱即涝，农谚说："立秋雨打头，无草可饲牛。"在福建浦城，人们认为立秋下雨会妨碍豆类作物生长。在河北新河，认为秋下雨此后会阴雨连绵，有碍收割。

立秋日忌虹也是较为普遍的禁忌。在山东牟平、江西南昌、江苏常熟等地，如果立秋后见到彩虹，预示粮食要减产。四川西昌以彩虹现于西方尤为不宜，有"为西十万"的说法，即减收至十万。

立秋养生保健

中医将立秋至秋分这段日子称为"长夏"。长夏是一年中阳气最盛的季节，人们在这时容易耗气伤阴，而且病程长，这就是天热患感冒或拉肚子、痢疾的时候总是时好时坏、难以痊愈的根本原因。

这时，我们一定要坚持每天按揉阴陵泉、百会和印堂三个穴位。阴陵泉穴位于膝关节内侧，它可以健脾利湿，坚持每天按揉此穴3分钟，可以保持

整个夏天脾胃消化功能正常，还可以把多余的"湿"祛掉，为秋天的健康做更好的准备。

百会穴位于头顶最上方，也就是两耳往头顶连线的中点处。按揉百会穴可以大大提升人体的阳气，让人神清目爽，每天用两手的中指叠压起来按在穴位上3分钟就可以了。

印堂穴在两眉的中间，每天用拇指和食指捏起眉间的皮肤稍向上拉100次，就能感觉到一种胀胀的感觉向两侧发散，那是阳气在冲击，之后能感觉到脑子特别清醒，眼睛也特别明亮。

长夏日饮食也要注意，很多人都知道绿豆粥可以祛暑益气，绿豆皮可以利尿，但很少人知道西瓜皮也能清暑热。中药里面有个古方叫"白虎汤"，是清热的最好方子，而西瓜皮就有"天然白虎汤"的美誉。用它加冰糖熬水喝可以彻底清热益气，就算是严重中暑后喝了也能马上见效。

从五行生克关系上看，心属火，咸味属水，水克火，心气不足的人要少吃咸味；而酸味属木，木生火，所以多吃酸性的东西可以收敛心气，其中赤色的最佳，因为赤色入心。不要以为只有酸味的梅子、醋之类的才是酸性的，小豆、肉类、韭菜等都是宜心之品。

夏季是"长"的力量突飞猛进的时候，但是夏季太热，耗伤心气，所以按照上述方法保养，不仅为以后积蓄"长"的能量，还可以保护心气。倘若心气受损，邪热内陷，除了会出现中暑休克、气短乏力，还能引发各种皮肤病。《内经》有"诸痛痒疮，皆属于心"一说。动不动就复发、让很多人深受其害的疮疡毒痢，就是夏季不养生的后果。心气受损不能及时治疗，发展下去会损伤心血，到了秋季，外有寒气，内有暑热，双重煎熬，更容易得寒热错杂的难治心病。

立秋营养药膳

▶ 甜八宝粥

药膳配方
糯米150克，红豆100克，葡萄干、花生仁、莲子、松仁、红枣、桂圆

各 50 克，白糖 200 克，冷水适量

制作程序

1. 糯米洗干净，用冷水浸泡 3 小时，捞出沥干水分，放入锅中，加适量冷水煮熟取出备用。

2. 红豆、花生仁、莲子洗干净，分别用冷水浸泡回软，放入锅中，加适量冷水煮至熟软。

3. 加入糯米粥及桂圆、红枣、松仁煮至浓稠状，再加入葡萄干及白糖，搅拌均匀，续煮 15 分钟，盛起即可食用。

药膳功效

健脾开胃，滋阴降火，养颜润肺，尤适用于面色无华、肌肤干燥老化严重的人。

鲫鱼砂仁羹

药膳配方

大鲫鱼 500 克，荜拨、缩砂仁、陈皮各 10 克，大蒜 2 瓣，胡椒 20 克，葱末 3 克，盐 2 克，酱油 6 克，泡辣椒 8 克，植物油 15 克，冷水适量

制作程序

1. 将大鲫鱼去鳞、鳃和内脏，清洗干净。

2. 将陈皮、缩砂仁、荜拨、大蒜、胡椒、泡辣椒、葱末、盐、酱油等调料装入鲫鱼腹内备用。

3. 坐锅点火，放入植物油烧沸，将鲫鱼放入锅内煎熟，再加入冷水适量，炖煮成羹即可。

药膳功效

补脾养胃，补肾涩精。治体虚疲劳、脾虚久泻、肾虚遗精、带下。

木耳辣椒煲猪腱汤

药膳配方

木耳 20 克，辣椒 1 个，猪腱 300 克，红枣 4 颗，盐少许，冷水适量

制作程序

1. 将木耳浸透发开，洗干净切成块；红枣洗干净，去核；辣椒去蒂，开边去籽，切成丝状，洗干净；猪腱肉洗干净。

2. 将上述材料放入滚水中，用中火煲1小时，用少量盐调味即可饮用。

药膳功效

清热生津，解暑消烦，利咽润肠，祛斑美白，适用于便秘、干咳、心烦口渴、面色无华等病症。

▶ 醪糟老姜蟹

药膳配方

螃蟹2只，老姜50克，葱4根，盐、白糖各1小匙，醪糟2大匙

制作程序

1. 老姜洗干净，切成片；葱洗干净，切成段备用。

2. 螃蟹洗干净，去除鳃及肺叶，每只切成6块。

3. 锅中倒入4大匙油烧热，放入姜片爆香，加入螃蟹拌炒至蟹肉变白，加入调料，转小火加盖焖煮15分钟。

4. 打开锅盖，加入葱段，转大火翻炒至汤汁收干，盛入盘中即可。

药膳功效

具有清热解毒、补骨添髓、养筋活血、通经活络功效。

立秋习俗大观

"立秋"是夏秋之分的重要时刻，是收获季节。主要有以下习俗活动：

▶ 戴楸叶

立秋日戴楸叶的习俗由来已久。北宋孟元老《东京梦华录》卷八形容立秋这天汴京人戴楸叶的情形说："立秋日，满街卖楸叶，妇女儿童辈，皆剪成花样戴之。"南宋周密《武林旧事》卷三也说：

"立秋日,都人戴楸叶、饮秋水、赤小豆。"吴自牧《梦粱录》卷四说:"立秋日,太史局委官吏于禁廷内,以梧桐树植于殿下,俟交立秋时,太史官穿秉奏曰:'秋来。'其时梧叶应声飞落一二片,以寓报秋意。都城内外,侵晨满街叫卖楸叶,妇人女子及儿童辈争买之,剪如花样、插于鬓边,以应时序。"可见南宋在立秋这天戴楸叶的情景,与北宋相同。

楸是大戟科落叶乔木,最高可达三丈,干茎直耸可爱,叶大,呈圆形或广卵形,叶嫩时为红色,叶老后只有叶柄是红的。据唐代陈藏器《本草拾遗》说,唐朝时立秋这天,长安城里开始售卖楸叶,供妇女儿童剪花插戴,可见这个风俗的古老。

楸(选自《本草纲目》)

近代,各地也有立秋日戴楸叶的习俗。河南郑县男女立秋日都戴楸叶。山东地区这天必有一两片楸叶凋落,表示秋天到了。胶东和鲁西南地区的妇女儿童采集来楸叶或桐叶,剪成各种花样,或插于鬓角,或佩于胸前。

贴秋膘

流行于北京、河北等华北地区。这一天,普通百姓家家吃炖肉,讲究一点的人家吃白切肉、红焖肉,以及肉馅饺子、炖鸡、炖鸭、红烧鱼。这种习俗的来历普遍说法是,由于以前我国北方农村地区的生活水平比较低,经过夏季辛苦劳作,为了弥补劳动者身体的亏损,到了立秋节气就要杀猪宰羊,做些营养丰富的菜肴,给那些壮劳力补补身子,也就是所谓的"贴秋膘"。后来,随着部分乡下人进城,这个习俗被他们带到了城里,渐渐地,城里也流行起"贴秋膘"。

摸秋

安徽太湖、潜山、宿松西南部和江苏北部地区,在"立秋"之夜,人们

结伴去私人或集体的瓜园中摸回各种瓜果,俗称"摸秋"。丢了"秋"的人家,无论丢多少,也不计较。这个风俗源于元代故事。在元末,淮河流域出现了一支农民起义军,参加起义队伍的将士都是农民出身,他们饱受元军的兵燹之苦,对兵扰深恶痛绝。这支队伍纪律严明,所到之处,秋毫不犯。一天,这支起义军转移到淮河岸边,深夜不便打扰百姓,便旷野露天宿营。少数士兵饥饿难忍,在田间摘了一些瓜果充饥。此事被主帅发觉,天明准备将他们按军法治罪。村民得知后,纷纷向主帅求情,设法开脱士兵的过错,有一位老人随口说道:"八月摸秋不为偷。"那几个士兵因此获免无罪。那天正好是立秋节,从此便留下了"摸秋"的习俗。

咬秋

"咬秋"寓意炎炎盛夏难耐,忽逢立秋,将其咬住不放。北京的习俗是立秋那天早上吃甜瓜,晚上吃西瓜;江苏各地立秋时刻吃西瓜"咬秋",认为可不生秋痱子。在江苏无锡、浙江湖州,立秋日吃西瓜、喝烧酒,认为可免疟疾。天津讲究在立秋的那一时刻吃西瓜或香瓜,据说可免腹泻。清代张焘的《津门杂记》中记载:"立秋之时食瓜,曰咬秋,可免腹泻。"清代在立秋前一天把瓜、蒸茄、香糯汤等放在院子里晾一晚,到立秋当

竹梧秋影图(清 恽冰)

天吃下,为的是清除暑气、避免痢疾。

咬秋这个习俗到上海变成了向亲友邻舍相互馈赠西瓜。平日吃的都是自

种的瓜，这天须吃亲友送来的瓜，除调换口味外，主要是通过互相品尝，发现良种，交流改进栽种技术。

其他

浙江杭州一带大人小孩在立秋时都要吃秋桃，每人一个，吃完把桃核留起来，等到除夕这天，把桃核丢进火炉烧成灰烬，认为这样可以免除一年的瘟疫。

辽宁地区立秋日"吃秋饱"，海城、锦县等地吃肉面，义县的城乡居民吃饼、饺子等面食，朝阳吃黄米面饽饽。

四川东西部在"立秋"正刻全家老小各饮一杯"立秋水"，据说可消除积暑，秋来不闹肚子。

山东莱西地区立秋吃"渣"，这是一种用豆沫和青菜做成的小豆腐，当地还有"吃了立秋的渣，大人孩子不呕也不拉"的俗语。

从唐宋时起，全国各地普遍有"立秋"日用秋水服食赤小豆的风俗。取7—14粒赤小豆，用井水吞服，服时要面朝西方，据说可以一秋防痢疾。

立秋农历节日

七 夕 节

每年农历七月初七是七夕节。七夕节又称乞巧节、女儿节，别称双七、香日、星期、巧夕、女节、兰夜、香桥会、巧节会。

七夕是中国传统节日中最具浪漫色彩的一个节日，也是过去姑娘们最为重视的日子。

一、七夕起源

七夕由星名衍变而来。最早记载见于《夏小正》："七月，初昏，织女正东向。"汉代出现描写牛郎织女故事的雏形。《古诗十九首》有"迢迢牵牛星，皎皎河汉女……盈盈一水间，脉脉不得语"的句子，《淮南子》上还出现了"乌鸦填河成桥而渡织女"的传说。民间已有七夕看织女星和穿针、晒衣服的习俗。晋代葛洪《西京杂记》说:"汉彩女常以七月七日穿七孔针于开襟楼,俱以习之。"当时太液池西边建有"曝衣楼",专供宫女七月七日晾晒衣服之用。到晋代时,民间出现了向牛女二神祈求赐福的活动,是后来"乞巧"活动的萌芽。

宋代陈元靓《岁时广记》转引周处《风土记》说:"七月七日,其夜洒扫庭除,露施几筵,设酒脯时果,散香粉于筵上,祈请河鼓(即牵牛)、织女。"并说,如见天空有奕奕白气或光耀五色,就是二星相会的征兆,人们可拜求乞富乞寿、乞子。南朝梁任昉《述异记》中记载了比较完整的牛郎织女故事。

后来的唐宋诗词中,妇女乞巧也被常常提及,唐朝王建有诗说:"阑珊星斗缀珠光,七夕宫娥乞巧忙。"据《开元天宝遗事》载:唐太宗与妃子每逢七夕在清宫夜宴,宫女们各自乞巧,这一习俗在民间也经久不衰,代代延续。

宋元之际,七夕乞巧相当隆重,京城中还设有专卖乞巧物品的市场,世人称为"乞巧市"。宋代罗烨、金盈之编辑的《醉翁谈录》中说:"七夕,潘楼前买卖乞巧物。自七月一日,车马嗔咽,至七夕前三日,车马不通行,相次壅遏,不复得出,至夜方散。"从这个乞巧市购买乞巧物的盛况可以推知当时七夕乞巧节的热闹景象。

二、牛郎织女的故事

七夕节源于牛郎织女的爱情故事。在很早以前,河南南阳城西牛家庄(有人说是陕西西安长安区)有个聪明、忠厚的小伙子,由于父母早亡,只好跟着哥哥嫂子生活。嫂子马氏为人刻薄狠毒,除了让他放牛外,还经常逼他干很多的活。由于经常放牛,乡亲们便叫他牛郎。

牛郎织女图(选自《美人百态画谱》)

一年秋天，嫂子安排牛郎去放牛，给他九头牛，却让他等有了十头牛时才能回家，牛郎没说话，只是默默地赶着牛进了山。在草深林密的山上，牛郎坐在树下暗自流泪，他不知道何时才能赶着十头牛回家。这时，有位须发皆白的老人出现在他的面前，问他为何伤心，牛郎以实情相告。当得知他的遭遇后，老人笑着说："别难过，在伏牛山里有一头病倒的老牛，你去好好喂养它，等老牛病好以后，你就可以赶着它回家了。"老人说完话后就不见了。

牛郎感到很奇怪，决定前去伏牛山看看。他翻山越岭，走了很远的路，终于在伏牛山脚下找到了那头有病的老牛。他看到老牛病得不轻，就去给老牛打来一捆捆草，一连喂了三天，老牛吃饱了，开口说出了自己的身世。原来老牛是天上的灰牛大仙，因触犯天条被贬下天庭，摔坏了腿，无法动弹。老牛还告诉牛郎，自己的伤需要用百花的露水洗一个月才能好。

牛郎不怕辛苦，细心地照料了老牛一个月，他白天为老牛采花接露水治伤，晚上依偎在老牛身边睡觉，到老牛病好后，牛郎高兴地赶着十头牛回了家。回家后，嫂子对他仍旧不好，曾几次要加害他，都被老牛设法相救，嫂子最后把牛郎赶出家门，牛郎只要了那头老牛作伴。

一天，天上的织女和几个仙女一起下凡游玩，牛郎在老牛的帮助下认识了织女，二人互生爱意。后来织女从天上偷偷来到人间，做了牛郎的妻子。织女还把从天上带来的天蚕分给乡邻，并教大家养蚕、抽丝、织出又光又亮的绸缎。牛郎和织女的善良得到了乡亲们的广泛尊敬。

牛郎和织女生了一男一女两个孩子，一家人生活得很幸福。但是好景不长，这事很快让玉帝知道了，王母娘娘亲自下凡把织女带回天上，恩爱夫妻被强行拆散。牛郎要上天去追赶织女，可苦于上天无路，还是老牛告诉牛郎，在它死后，可以将它的皮做成鞋穿着上天。

老牛死后，牛郎按照它的话做了，穿上皮鞋，担着儿女一起腾云驾雾上天去追爱妻，眼见就要追到了，谁知王母娘娘拔下头上的金簪一挥，一道波涛汹涌的天河出现在面前，牛郎和织女被隔在两岸，只能相对哭泣流泪。

牛郎和织女的忠贞爱情感动了天上的喜鹊，千万只喜鹊飞来，搭成鹊桥，让牛郎织女走上鹊桥相会，王母娘娘只好允许两人在每年七月七日在鹊桥上相会。后来，每到农历七月初七，相传牛郎织女鹊桥相会的日子，姑娘们就

会来到花前月下，抬头仰望星空，寻找银河两边的牛郎星和织女星，希望能看到他们一年一度的相会，乞求上天能让自己像织女那样心灵手巧，祈祷自己能有如意称心的美满婚姻，由此形成了七夕节。而牛郎和织女的故事千古流传，也与《孟姜女》、《梁山伯与祝英台》和《白蛇传》一起成为我国四大民间爱情传说。

三、七夕习俗

乞巧

乞巧活动是七夕节最普遍的习俗。在浙江杭州、宁波、温州等地，这一天用面粉制成各种小型物状，用油煎炸后称"巧果"，晚上在庭院内陈列巧果、莲蓬、白藕、红菱等。女孩对月穿针，以祈求织女能赐以巧技，或者捕蜘蛛一只，放在盒中，第二天开盒如已结网称为得巧。在山东济南、惠民、高青等地的乞巧活动比较简单，只是陈列瓜果乞巧，如有喜蛛结网于瓜果之上，就意味着乞得巧了。而鄄城、曹县、平原等地吃乞巧饭乞巧的风俗十分有趣：七个要好的姑娘集粮集菜包饺子，把一枚铜钱、一根针和一个红枣分别包到三个水饺里，乞巧活动以后，她们聚在一起吃水饺，传说吃到钱的有福，吃到针的手巧，吃到枣的早婚。

陕西的女孩子们要用稻草扎成一米多高的"巧姑"（又叫巧娘，即织女）形象，并让它穿上女孩子的绿袄红裙，坐在庭院里；女孩子们供上瓜果，并端出事先种好的豆芽、葱芽，剪下一截，放入一碗清水中，浮在水面上，看月光下的芽影，以占卜巧拙；并穿针引线，竞争快慢；举行剪窗花比赛，以争智巧。

福建的姑娘不仅乞巧，还有乞子、乞寿、乞美和乞求爱情。玩的乞巧游戏有两种：一种是"卜巧"，即用卜具问自己是巧是笨；另一种是赛巧，即谁穿针引线快，谁就得巧，慢的称"输巧"，"输巧"者要将事先准备好的礼物送给得巧者。

取水沐浴

广西有的地方，传说七月七日这天，仙女要下凡洗澡，喝其洗澡水可避邪治病延寿。此水名"双七水"。人们在这天鸡鸣时，争先恐后地到河边取水，取回后用新瓮盛起来，待日后饮用。

清代道光年间（公元1821—1851年），《西宁县志》记述七夕之水："五更汲井华水或河水贮之，以备用。"《苍梧县志》云："取河水、井水贮瓮，经久不变味，谓之'银河水'。"《贵县志》记："汲河水贮藏瓮中，名曰'七月七水'，中热毒者每以之调药。"《阳江县志》记："正午时，取新汲井水贮之，以备和药，经岁不腐，谓之'神仙水'。"《罗定志》记七夕水说："是日汲水，谓之'天孙圣水'，以备醯酱（醯 xī，醋）、药饵之用。"

许多地方的年轻姑娘，喜欢在七夕节时用树的液浆兑水洗头发，用花染指甲。据说这不仅可以让女孩年轻美丽，还可以让未婚姑娘尽快找到如意郎君。

拜仙

广州的姑娘在节日到来之前，预先用彩纸、通草、线绳，编制成各种奇巧的小玩艺，还将谷种和绿豆放入小盒里用水浸泡，使之发芽，待芽长到二寸多长时，用来拜神，称为"拜仙禾"、"拜神菜"。从初六晚开始到初七晚，一连两晚，姑娘们穿上新衣服、戴上新首饰，焚香点烛，对星空跪拜，称为"迎仙"，自三更到五更，要连拜七次。

拜仙之后，姑娘们手执彩线对着灯影将线穿过针孔，如一口气能穿七枚针孔者叫得巧，被称为巧手，否则是输巧。七夕之后，姑娘们将所制作的小工艺品、玩具互相赠送，以示友情。

吃巧果

各地在七夕当天要做巧果。巧果的做法是先将白糖放在锅中溶为糖浆，然后和入面粉、芝麻，拌匀后摊在案上擀薄，凉后用刀切为长方块，最后折为梭形巧果胚，入油炸至金黄即成。巧食做成后，陈列到庭院中的几案上。到晚上大家一面观赏浩瀚的夜空，一面吃各种巧食，祈盼会变得灵巧。

巧果款式极多。《东京梦华录》称之为"笑厌儿"、"果食花样"。宋朝时，市街上已有七夕巧果出售。搭配巧果的，还会有一对身披战甲的人偶，号称"果食将军"。

七姑会

流行于广东广州，又称"拜七姐会"。《广东新语·事语》中说："七月初七夕为七娘会。乞巧，沐浴天孙圣水。以素馨、茉莉结高尾艇，翠羽为篷，

游泛沉香之浦,以象星槎。"七娘会由姑娘们相约组合而成,众人利用闲散时间把通草、色纸、芝麻、米粒制成各种花果、仕女、器物、宫室,在初六日搭配针线、脂粉、古董、珍玩、花生、时果摆放在庭内八仙桌上,供人评赏。初七日才开始迎仙、拜仙、拜牛郎。胡朴安《中华全国风俗志》广东卷记载:"广州风俗,綦重七夕,实则初六夜也。诸女士每逢是夕,于广庭设鹊桥,陈瓜果,焚檀楠,爇巨烛,绵屏绣椅,靓妆列坐,任人入观不禁,至三更而罢,极一时之盛。"

青苗会

有的地方七夕作"青苗会"。传说七夕的天河,还可预告当年的收成:天河明显,收成就好,粮价就高;天河灰暗,收成就不好,粮价就低。这在观念上是一种许愿的活动。

听悄悄话

在一些农村,七夕夜会有许多少女偷偷躲在长得茂盛的南瓜棚下,待夜深人静之时如果能听到牛郎织女相会时的悄悄话,待嫁的少女日后便能得到千年不渝的爱情。

送巧人

浙江台州地区流行送巧人。清代光绪《玉环厅志·风俗篇》中说:七夕,亲友买巧酥相馈赠。七夕前,各糕饼店及作坊,用面粉加糖酥,然后在木模中压成二寸来长织女身形,头足染上红颜色,俗称"巧人"。这天,做舅舅、姑母、义父的,都必须购买,赠送给外甥、内侄或义子。

四、七夕佳咏

七 夕
唐·李贺

别浦今朝暗,罗帷午夜愁。鹊辞穿线月,花入曝衣楼。
天上分宝镜,人间望玉钩。钱塘苏小小,更值一年秋。

本诗名为"七夕",实际是一首写闺中离怨的诗。诗中的主人和自己的心上人初次会面恰巧是在七夕这一天,所以每逢这日,便不胜思念。天上的牛郎织女，地上的旷夫怨妇，相互映照，使人读后不免惆怅。李贺是中唐的杰出诗人。他的诗想像大胆，别开生面，有着独特的艺术风格。

秋　夕
唐·杜牧

红烛秋光冷画屏，轻罗小扇扑流萤。
瑶阶夜色凉如水，卧看牵牛织女星。

诗配画·秋夕（选自《唐诗画谱》）

秋夕即七夕。这是杜牧的一首写七夕的诗，主人公为幽闭内庭的宫女。诗人描绘一个不失浪漫天真的少女，却有了心事，望着牛郎织女星出神、遐想。

迢迢牵牛星
佚名

迢迢牵牛星，皎皎河汉女。
纤纤擢素手，札札弄机杼。
终日不成章，泣涕零如雨。
河汉清且浅，相去复几许？
盈盈一水间，脉脉不得语。

这是我国现今保存时间最古老、内容最完整的吟咏夫妇爱情的诗篇。它以牛郎织女的凄艳爱情故事为依托，抒写了一位远隔银河、备受相思之苦煎熬的闺中女子相思爱人的动人形象。

鹊桥仙
北宋·秦观

纤云弄巧，飞星传恨，银汉迢迢暗渡。金风玉露一相逢，便胜却人间无

数。柔情似水，佳期如梦，忍顾鹊桥归路。两情若是久长时，又岂在朝朝暮暮。

这首词是秦观写情篇的绝唱，词中借牛郎、织女的神话，歌颂了美好的爱情。鹊桥暗渡，那短短一瞬的相逢，传出的却是柔情万缕。结尾两句"两情若是久长时，又岂在朝朝暮暮"道出了爱情的真谛，也使本词得以传诵至今，成为千古名篇。

立秋诗词歌赋

立秋日曲江忆元九
唐·白居易

下马柳阴下，独上堤上行。故人千万里，新蝉三两声。
城中曲江水，江上江陵城。两地新秋思，应同此日情。

元九：元稹。白居易的好友，著名诗人。这是诗人立秋日游曲江，忆念好友元稹的一首诗。立秋之日，诗人骑马出郊，在江堤上踽踽独行。这时候诗人想到了千里之外的朋友，思念之情油然而起。一个在曲江池畔，一个在江陵（湖北江陵）城中。于是诗人想像着，此刻元稹也一定在思念着自己，两地秋思同样深切。这首诗明白如话，语言上很有特点。诗人用了众多的重复字，"下马柳阴下，独上堤上行"，"江上江陵城"，似乎是在刻意打破陈规，自创新格。

秋　词
唐·刘禹锡

自古逢秋悲寂寥，我言秋日胜春朝。
晴空一鹤排云上，便引诗情到碧霄。

古往今来历代诗人每当秋天来临，便因寂寞空虚而感伤，刘禹锡却说秋天更胜过春天。晴空万里，一只仙鹤推开白云展翅飞翔，把他的诗兴情感也带到了碧蓝色的天空。本诗热情地赞颂了美好的秋天。

立　秋

南宋·刘翰

乳鸦啼散玉屏立，一枕新凉一扇风。

睡起秋声无觅处，满阶梧叶月明中。

这首诗里有几个秋天特有的景物：乳鸦（小乌鸦）、新凉、梧桐落叶。乳鸦就是夏天刚孵化出的已能飞翔的小鸦，新凉就是气候在夏天闷热后最初

鹊华秋色图·局部（元　赵孟頫）

的转变，梧桐落叶只有秋天才会落满一地。在诗人笔下，这时的天气是最让人舒服的初秋，这时的秋意是淡淡的，痕迹也是轻轻的，让人有时觉察不到，但是秋天又确实来了。

立秋时令谚语

立秋的大部分时令谚语和天气气候、农业生产有关联。比如：

立秋之日凉风至。

立秋十天遍地黄。

立秋响雷，百日见霜。

立了秋，便把扇子丢。

早上立了秋，晚上凉飕飕。

早立秋冷飕飕，晚立秋热死牛。

立秋后三场雨，夏布衣裳高搁起。

秋前秋后一场雨，白露前后一场风。

立秋下雨人欢乐，处暑下雨万人愁。

秋前北风马上雨，秋后北风无滴水。

立秋无雨秋干热，立秋有雨秋落落。

秋前北风秋后雨，秋后北风干河底。

立秋有雨一秋吊，吊不起来就要涝。

立秋处暑有阵头，三秋天气多雨水。

一场秋雨一场寒，十场秋雨要穿棉。

六月立秋紧丢丢，七月立秋秋里游。

立秋晴，一秋晴；立秋雨，一秋雨。

立秋洗肚子，不长痱子拉肚子。

中午立秋，早晨夜晚凉幽幽。

立秋不立秋，六月二十六。

交秋末伏，鸡蛋晒熟。
立秋顺秋，绵绵不休。
秋前南风雨潭潭。
有钱难买秋后热。
立秋早晚凉。
蚊从立秋死。

每年阳历的8月23日、24日前后，太阳到达黄经150°交"处暑"节气。处是"终止"的意思，处暑表示炎热的夏天即将过去，凉爽的秋天即将到来。

处暑农事气象

处暑开始由热转凉，三伏天已过，"秋老虎"也不再威风。中午热，早晚凉。这时的气温下降了2℃—3℃，一般情况下，降雨减少，气候干燥，所以降雨对气温的影响很大。昼暖夜凉对农作物体内干物质的形成和积累提供了条件。尤其对黄河中下游地区的冬麦区来说，秋雨就显得尤为重要。雨水也有利于晚秋作物的生长。民间还有此时种萝卜、白菜的习惯，俗话说"处暑萝卜白露菜"。

此时晚稻正值圆秆，甘薯薯块正膨大，夏玉米、高粱陆续可收，棉花吐絮日渐丰盛，"处暑满地黄，家家修粮仓。"苹果、梨子等也正值最后的膨大定型期。因而，此时是决定秋庄稼收成的关键期，自然对水分需求量也相对偏多。

在充足水分供应的基础上，为庄稼提供大量的肥料，也是增产增收的关键。因此，适时施肥以及田间管理不可放松乃至错过。

处暑生活提示

为了适应秋季气候变化特点，防病延年，老年人应注意：

节饮食养肺生津：老年人由于五脏衰弱，肠胃薄弱，如果饮食生冷无节，饥饱无常，势必伤胃犯病。因此，老年人在秋季应少吃多餐，多食熟软开胃易消化之物。

愉悦身心，陶冶情操：秋风萧瑟，自然界凄凉的景色容易导致老年人产生悲观伤感的消极情绪。因此，老年人应特别注意精神保健，可适当选择琴棋书画、养花种草、玩物赏鸟等文化娱乐活动，以愉悦身心、陶冶情操、安度晚年。

提高耐寒防感冒能力：秋季温差变化较大，风寒邪气极易伤人，加上老年人抵抗力和适应能力降低，较易患感冒、肺炎、肺心病，甚至发生心衰而危及生命。因此应注意防寒保暖，有条件的可坚持用冷水洗脸、擦鼻，甚至冷水浴，以提高耐寒防感冒能力。

警惕秋季易发病：秋季的特殊气候特点，极易发生"秋燥咳嗽"、感冒、慢性支气管炎发作、胃病、风湿病、哮喘及心脑血管疾病。因此，老年人应结合自己体质情况重点防范。

处暑民间禁忌

河南鹿邑一带处暑日忌下雨。有谚语说："处暑若逢天下雨，纵然结实也难留。"江苏一带忌处暑日不下雨。有谚语说："处暑若还天不雨，纵然结实也无收。"与河南鹿邑正好相反。

处暑养生保健

季节变换之机，天气也变化无常，刚从难耐的盛夏走进"多事"的秋天，要在以下方面多加防范，维护好自己的养生防线。

防肺疾：初秋燥气滋蔓，湿气未退，湿邪燥邪合并，易伤人肺气，引起上呼吸道感染、急性支气管炎。中医有清热润肺之法，可用麦冬30克、菊花15克，煎水代茶喝，有养阴润肺，清心除烦，益胃生津的功效，是秋季防治秋燥的良好保健饮品。

防中风：晚秋寒气渐长，与燥邪结合，寒主收引、使血管收缩，脑血管病变也因之增多，轻者口眼歪斜，重者倒地不起，此时注意多摄入含蛋白质、镁、钙丰富的食物，既可有效地预防心脑血管疾病，也可减少脑血管意外的发生。防止进食过饱，晚餐以八分为宜；白天多喝淡茶，对心脏有保护作用。

防胸痹：胸痹类似现代医学的心肌梗死。由于寒气收缩，随着血管外周阻力增加，秋季的血压也会逐渐走高，是胸痹患者最大的潜在"杀手"，除了适度锻炼外，晨起喝杯白开水，稀释血液，接受耐寒训练，均能起到较好的预防作用。

防肤损：秋季皮肤水分蒸发加快，外露部分的皮肤会因缺水变得粗糙，弹性变小，严重者会产生皲裂。因此，洗浴不宜用碱性大的香皂。要注意皮肤的日常护理，多吃泥鳅、鲫鱼、白鸭肉、花生、梨、红枣、莲子、葡萄、甘蔗、芝麻、核桃、蜂蜜、银耳、梨等食物，能较好地滋润肌肤，美化容貌。

防感冒：秋天是感冒最容易流行的季节。因为初秋乍寒还暖，机体调节机能很难适应这种暴热骤凉的变化。因此，当天气较冷时要注意保温，及时添衣；平时要多开窗透气，保持室内空气清新；在感冒流行时可用陈醋熏蒸居室；经常使用冷水洗脸洗鼻，也有助于预防感冒。

防肥胖：在秋季多吃赤小豆、萝卜、竹笋、薏米、海带、蘑菇之类低热量食品；有计划地增加活动量；抓住外出旅游的大好时节，舒畅心情，增加消耗量，达到减肥的目的。

防水雾：雾滴在飘移的过程中会吸附酸、碱、盐、胺、酚、尘埃、病原微生物之类的有害物质。这给人们的健康、生活、出行都带来很大影响。所以雾天应减少户外活动，晨练可以暂停；外出时戴上口罩，并将头发保护起来；注意交通安全。

防抑郁：秋季草枯叶落，花木凋零，到处是一派肃杀景象，人会触景生情，出现凄凉、忧郁、悲愁等伤感情绪。如再遇上不称心的事，极易导致心情抑郁。在日常生活中，要处处注意培养自己的乐观情绪，以理智的眼光看待自然界的变化，或走亲访友，登高赏景，令人心旷神怡；或静练气功，收敛心神，保持内心宁静。

防伤胃：秋季昼夜温差悬殊，受到冷空气刺激后，胃酸分泌增加，胃肠发生痉挛性收缩；天气转凉，人们的食欲旺盛，胃肠负担加重，容易引发胃病。有胃病的人，在秋季尤其要注意胃部的保暖；饮食以温、软、淡、素、鲜为宜，做到定时定量，少食多餐；不吃过冷、过硬、过烫、过辣、过粘食物、戒烟禁酒；避免紧张、焦虑、恼怒等不良情绪的刺激。

防中毒：秋季病菌繁殖快，是细菌性食物中毒、细菌性痢疾、大肠杆菌肠炎等胃肠道疾病的多发季节。在防范时应严格做到防止食品污染，不吃生的、腐败的和未煮熟的食物；吃水果等生冷食物时要清洗消毒；养成饭前便后洗手的好习惯。

防寒腿：膝关节骨性关节炎俗称"老寒腿"，其发病与气候关系密切。因此到了秋季应特注意对膝关节的保养。首先是保暖防寒；其次要进行合理的体育锻炼，如打太极拳、慢跑、做各种体操等，活动量以身体舒服、微有汗出为度；适当饮用一些中医师调配的活血散寒药酒，对防治"老寒腿"有较好的作用。

处暑营养药膳

▶ 首乌百合粥

药膳配方
糙米100克，百合25克，何首乌、黄精各20克，白果10克，红枣10颗，蜂蜜30克，冷水1000毫升

制作程序
1. 何首乌、黄精洗干净，放入纱布袋中包好；糙米洗干净，用冷水浸泡4小时，捞出沥干水分。
2. 百合去皮，洗干净切瓣，焯水烫透，捞出沥干水分；白果去壳，切开，去掉果中白心；红枣洗干净备用。
3. 锅中加入约1000毫升冷水，先将糙米放入，用旺火烧沸后放入其他食材，然后改用小火慢煮成粥。
4. 待粥凉以后加入蜂蜜调匀，即可盛起食用。

药膳功效

清热生津、解暑消烦、利咽润肠、祛斑美白,适用于便秘、干咳、心烦口渴、面色无华等病症。

嫩姜爆鸭片

药膳配方

鸭胸肉1块,嫩姜1块,葱2根,料酒1大匙,盐、胡椒粉各少许,酱油2大匙,糖、淀粉各1小匙

制作程序

1. 鸭肉切薄片,拌入料酒、盐、胡椒粉腌20分钟,然后过油捞出沥干;嫩姜切薄片;葱切小段。

2. 热油2大匙爆香姜片,放入鸭肉同炒,加入葱白、酱油、糖、淀粉拌炒均匀,起锅前再加入葱段,翻炒几下即可。

药膳功效

可防治阴虚水肿、虚劳食少、虚羸乏力、脾胃不适、大便秘结、贫血、浮肿、肺结核、营养性不良水肿、慢性肾炎等疾病。

苦瓜菊花汤

药膳配方

苦瓜250克,白菊花10克,冷水适量

制作程序

1. 苦瓜洗干净,去瓤、籽、切薄片。

2. 白菊花洗干净,放入锅内,加水后倒入苦瓜片,煮片刻即可。

药膳功效

清热解暑,平肝降压。尤能治肝火上炎或肝阳上亢引起的高血压以及血压升高所致的头晕心慌。

处暑习俗大观

处暑过后,秋天的脚步近了,天地间出现了肃杀之气,就古代中国人来说,这时是出征的好时刻,既不会妨碍农事,也配合了秋天的气氛;官吏也多半在这时处决死囚,称之为"秋决"。

处暑是农作物收成的时刻,经过了春耕夏种,到了秋天处暑,田里尽是一片金黄;笑容满面的农夫在收成后,还要举行谢田祖、谢土地公和祭祖等仪式。如在浙江于潜、杭州,农民带着酒肉到田边祭祀田祖。在安吉,农民宰杀牲口祭祀土地公。上海的农民在竹竿上悬挂纸幡,插到田中,各家还在此日祭祀灶神。在贵州仁怀,各家择期尝新,以新米煮饭,敬献给家中长辈。江苏常州的乡村拜祭猛将刘承忠,祈求驱蝗虫保丰收;在田间插三角形小旗,叫做"猛将令箭",说能驱虫。

湿田击稻图(选自《天工开物》)

处暑农历节日

中 元 节

农历七月十五是中国传统的中元节,又叫祭孤、瓜节、七月半、送鬼节、寄生节、盂兰盆节。

中国岁时节令有所谓"三元"之称。三元即正月十五上元、七月十五中元、十月十五下元。除了称中元节为盂兰节外,民间还称七月十五为鬼节,并与清明、十月一合称三鬼节。民间的鬼节与佛教的盂兰盆节有着密切的关系，又有独特的色彩。佛、道、俗三流合一，构成了农历七月十五丰富的民俗活动。

目连救母的故事

盂兰盆一词来自佛经目连救母的故事。这个故事载于《盂兰盆经》、《目连救母变文》（《大目乾连冥间救母变文》）、《目连救母宝卷》、《目连三世宝卷》。

佛教传说，古印度摩竭国中有个富翁名叫富相。富相家里骡马成群，财宝无数。他有个绝大的癖好，就是敬重出家人，见了僧尼如对父母一般侍奉。富相的夫人叫青提，年轻漂亮，是国内第一美人。她与行善乐施的丈夫正好相反，是个小气鬼，爱财如命。青提夫人也有个绝大的怪癖，就是最恨世上出家人，视僧尼为仇敌。

富相老年得子，起名目连。目连心慈面善，向往佛教三宝（佛、法、僧）。富相死后，目连长大成人，便要外出经商，临行时他辞别母亲道："孩儿出外求财，母亲在家积德积善，对那些出家人要如同对待孩儿一样。"青提夫人勉强应允。谁想她说归说，做归做，对那些登门化缘的不管是和尚还是尼姑，她全都赶走，一个也不管饭！

半年后，目连经商返家，听邻居讲母亲根本不曾修善，对出家人极不友好，就问母亲原由。青提大怒，呵斥道："你竟敢不相信你母亲？我要是对出家人不好，七天之内不得好死，死了堕入阿鼻地狱！"（阿鼻地狱：佛教指最深层的地狱，是犯了重罪的人死后灵魂永远受苦的地方。）

不料到了七天头上，目连母果然暴亡。目连大哭一场，安葬了母亲。他不愿过财主的日子，抛弃了荣华富贵，投奔了释迦牟尼，修成罗汉，神通广大，

目连救母（佛画）

成为佛祖十大弟子之一。目连得道后,在天堂见了父亲在尽情享乐,但没有见到母亲,他向佛祖打听,才知母亲因生前不敬佛门,死后果真堕入阿鼻地狱。

目连在阴间的阿鼻地狱,终于找到已变得形容憔悴的饿鬼母亲,日日遭受锉腰锥背、刀刺火烧诸种苦刑。目连见了切骨痛心,忙乞饭食喂哺母亲,谁知美餐还未到口,立刻变成火炭,无法下口,目连无计可施,急得捶胸顿足,只好去如来佛那里求救。

如来佛对目连说:"你虽然得道成了罗汉,但靠你个人的力量还救不了你母,须得僧众在七月十五广造盂兰盆会,使天下饿鬼全能吃饱,你母才能得救。""盂兰盆"是梵文的译音,意思是"救倒悬"。于是目连请僧众广设盂兰盆会,超度众饿鬼。目连母总算脱离了地狱,但仍然转生为王舍城的一条黑狗。最后靠了儿子法力才又转生人身,升入天堂。这是一个典型的佛教劝善行孝故事。

盂兰盆会

目连母亲在地狱受苦,如处倒悬,所以目连求佛救度。在七月十五中元节这一天,僧尼举行盂兰盆会,诵经施食,宣称可以使施主今生父母和七世父母得以度脱节厄。中国自梁武帝时始设盂兰盆斋。节日期间,除施斋供养僧众外,寺庙还要举行诵经法会、水陆道场、放焰口和放灯等宗教活动。

清代时,北京盂兰盆节十分兴盛。《帝京岁时纪胜·中元》称:"庵观寺院,设盂兰会,传为目连僧救母日也。街巷搭高台、鬼王棚座,看演经文,施放焰口,以济孤魂。锦纸札糊法船,长至七八十尺者,临池焚化。点燃河灯,谓以慈船普渡,如清明仪,舁(yú,共同抬东西)请都城隍像出巡,祭厉鬼。都中小儿亦于是夕执长柄荷叶,燃烛于内,青光荧荧,如磷火然。又以青蒿缚香烬数百,燃为星星灯。镂瓜皮,掏莲蓬,俱可为灯,各具一质。结伴呼群,遨游于天街经坛灯月之下,名斗灯会,更尽乃归。"虽是宗教活动,但已充满民间娱乐气氛。

我国盂兰盆节的习俗,唐代时由来唐的日本僧人传入日本,直至今日,日本寺院和一些家庭还在举行施食饿鬼和放河灯仪式,只是把阴历日改为阳历日。

祭祖先

安徽西南部,如太湖、潜山、怀宁等县称中元节为"七月半",并把它看成是清明节之后又一重要的祭祀日。其差异在于,清明节一般聚族而祭,"七月半"大多是一家之祭。自七月之初,在墟市街道、田间地头可看到堆积成山的祭品,包括冥纸、冥衣、灵屋、线香和鞭炮。自初十开始,便要将厅堂打扫干净,神龛前设置香案、先祖牌位,备酒肴馔品连日供奉,以迎先人故祖。家人不许吵闹、不许赤身露体,在家中看到蛇蛙蝶鸟不能打死,并且要焚香烧纸,因为这些东西有可能是祖先变化的。到了十三日,焚烧冥衣、冥钱、灵屋,祭奠新逝的长者。十四日是送祖日,用冥纸写上祖先的名讳在户外焚烧以祭奠故祖。纸钱不能只烧给自己的亡亲,也要给无后人的亡灵烧一些,以免他们在阴间为难自己的先人故祖,于是便又有了在十五日夜为孤鬼"烧孤衣"的说法。民间至今还保留着这种习俗。

放焰口

焰口原是佛教用语,形容饿鬼渴望饮食,口吐火焰。和尚向饿鬼施食叫

点蒿子灯(选自《北京民间风俗百图》)

放焰口。我国民间从梁代开始，中元节举办设斋、供僧、布田、放焰口等活动。这一天，人们事先在街口村前搭起法师座和施孤台，法师座前供着超度地狱鬼魂的地藏王菩萨，下面供着一盘盘面制桃子、大米，施孤台上立着三块灵牌和招魂幡。过了中午，人们纷纷把全猪、全羊、鸡、鸭、鹅及各式发糕、果品等摆到施孤台上。主持人分别在每件祭品上插一把蓝、红、绿的三角纸旗，上书"盂兰盛会"、"甘露门开"等字样。仪式在庄严肃穆的庙堂音乐中开始。紧接着法师敲响引钟，带领座下众僧诵念各种谒语和真言，然后施食，将一盘盘面桃子和大米撒向四方，反复三次。人们把这种仪式叫"放焰口"。

到了晚上，人们还要在自家门口焚香，把香插在地上，越多越好，象征着五谷丰登。

放河灯

放河灯亦称"放水灯"、"照冥"。每年农历七月十五日晚上，人们做灯

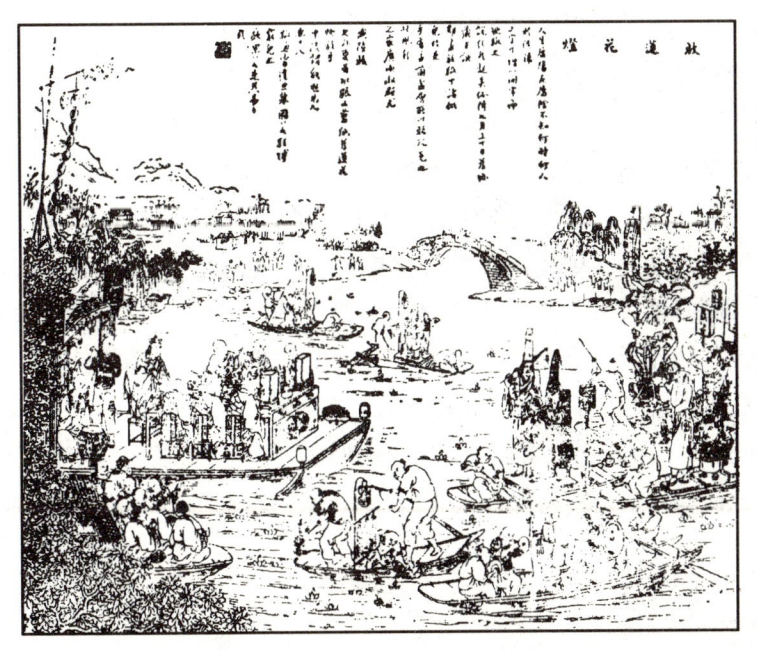

放莲花灯（选自《点石斋画报》）

放入水中，相传可为屈死冤魂引路。明代田汝成《西湖游览志余》记载，七月十五日中元节"放灯西湖及塔上、河中，谓之'照冥'"。清代富察敦崇《燕京岁时记·放河灯》中说："中元日例有盂兰会，扮演秧歌、狮子诸杂技。晚间沿河燃灯，谓之放河灯。"放灯时用一块木板钻孔，上面用竹篾编织各式各样的灯笼，多数为莲花灯，含超度鬼魂的意思。天黑后，人们到水边或者放船到河中放灯，灯少则一两盏，多则千百盏。灯中燃烛，摆在水面上任其漂流。在东南沿海一带，有的在灯中放置银元，渔船争相攫取，获得者可以"一年大顺"。

▶ 超度亡魂

中元节要普度孤魂野鬼。普度的形式有公普和私普两种。公普又称为"庙普"，一般在七月十五举行，俗语又叫"拜七月半"，以各村庄的寺庙为中心，由庙寺方丈主持。私普就是以街、庄等居住单位为主的普度，从农历七月初一到三十，大家商议好时间轮流普度。举行普度的当天下午，家家户户在门口摆上丰盛的菜饭以及其他的食物，俗称"拜门口"。

▶ 抢孤

在普度的广场上搭起高丈余的台子，上面放满各式各样的供品。普度完毕，主持人一声令下，大家就蜂涌而上抢夺供品。因为没有秩序易造成伤亡，所以清朝下令停办。近年来台湾宜兰县城再度举办此活动，仍延袭旧制，在近四层楼高的棚子上放置十三盏食物和纯金牌。参加的队伍以每五人一组，每队各据一根柱子，待主办者一声令下，选手便向柱子上攀爬。由于有游戏规则，所以没有混乱的场面，是一项值得提倡的民俗体育。

"抢孤"的由来：因为七月普度鬼魂群集，为了怕它们流连忘返，所以有人发明此活动。据说当鬼魂看到一群比自己还要凶猛抢夺祭品的人时，会被吓得逃开。

▶ 禁忌

由于七月跟死鬼和亡灵有着千丝万缕的瓜葛，所以人们的禁忌很多。俗话说，"七月十五鬼乱窜"，人们认为阎王爷要在七月大开鬼门关，让众鬼夜出地府到阳间游走，入夜后在外行走就有与鬼相遇的危险，因而七月十五切忌出门。

七月间不得下河游泳或进行各种水上运动，以防被"水鬼"拉走；要避免搬家，婚宴也不能放在七月；不能开市、计债，免得落个发鬼财、收账鬼之嫌；偶有小孩子生于七月半，做父母的一定会将其生日改为七月十四或十六，以避"与鬼俱来"之嫌；或有长者亡于月半，家人往往会大不高兴，说是长者不善长寿，死了还要"与鬼同去"……总之，"七月半"在迷信人的眼里是"草木皆鬼"的节日。这些不科学的习俗，已经逐渐淡化消失。

处暑时令谚语

有关处暑的谚语内容多与农业生产相关。虽南北有异，但区别不是特别明显。

处暑天还暑，好似秋老虎。
处暑天不暑，炎热在中午。
处暑里的雨，谷仓里的米。
处暑满地黄，家家修禀仓。
处暑好晴天，家家摘新棉。
处暑花红枣，秋分打尽了。
处暑落了雨，秋季雨水多。
处暑雷唱歌，阴雨天气多。
处暑一声雷，干到白露底。
处暑三日稻有孕，寒露到来稻入囤。
处暑有雨十八江，处暑无雨干断江。
处暑晴，干死河边铁马根。
处暑出大日，秋旱暴死鲫。
处暑东北风，大路做河通。
处暑不觉热，水果免想结。

处暑有下雨，中稻粒粒米。
处暑白露节，夜凉白天热。
处暑种荞，白露看苗。
处暑收黍，白露收谷。
处暑处暑，处处要水。
处暑雨，粒粒皆是米。
处暑高粱遍地红。
处暑高粱遍拿镰。
处暑高粱白露谷。
处暑三日割黄谷。
处暑十日忙割谷。
处暑萝卜白露菜。
处暑见新花。
处暑长薯。

每年阳历的9月7日、8日前后，太阳到达黄经165°交"白露"节气。白露，地上的阴气渐渐重了，清晨的露水一天比一天厚，凝结成团团、白白的水滴，所以叫"白露"。

白露农事气象

白露的气候特点是夏季的热风为秋风所替代，这时太阳的直射位置南移，北半球的日照时间变短，从太阳那里得到的热量自然就减少了，加上冷空气带走了地面积蓄的热量，所以气温下降的速度逐渐地加快。

白露是抢收庄稼的时节，如果赶上阴天下雨，地里的庄稼就会阴霉腐烂，尤其是华南地区，秋雨绵绵应抓紧抢收，同时还要做好防雨工作。

这时除了收割地里的庄稼外还要抢时播种，尤其是黄河中下游地区，播种冬小麦是一年中最重要的农事活动之一。

有些地区为了防止秋播作物时水分挥发过快，采用塑料地膜覆盖技术。这样既可以保持水分又可以提高地温，使种子发好芽，提高种子的成活率，为小麦长壮、顺利过冬提供了良好的条件。除了小麦，大蒜、蚕豆、水萝卜、白菜也可以在白露时播种。

白露生活提示

秋天是适合旅游的季节，但是，在尽情游玩的同时当心导致疲劳性足部骨折。这一点中老年人更要引起重视。

医生介绍，一般性骨折都是因为受到直接暴力撞击后发生的骨断或骨裂，而好发于脚趾第二跖骨的疲劳性骨折则是因两足行走时间过长、足肌过度疲劳引发的慢性骨折，也被称为"行军骨折"，常见于步兵长途行军中，在连续行走游玩的旅游中也时有发生。疲劳性骨折临床症状最初为足痛，走路多、劳累后加重，休息后减轻。再走路时，随走路时间的增长疼痛加剧，以致最后疼痛难忍无法行走。

所以，在秋游之际，不要因为天气好而忘记休息。预防疲劳性骨折还应注意：旅游途中或长距离行走时应注意足部保健，如每晚睡觉抬高双足，促使血液回流；睡觉前用热水泡脚，增强血液循环；按摩双足，放松肌肉，缓解疲劳；行走时穿平跟轻便鞋。

白露民间禁忌

白露日忌讳刮风下雨。在江苏昆山、太仓等地，认为白露日见风雨将会影响农业收成，所以有谚语说："白露日落雨，到一处坏一处"，"白露前是雨，白露后是鬼。"有的谚语甚至说："处暑雨甜，白露雨苦"，苦雨的直接后果是蔬菜会变苦，收割的稻子因此生虫而被蛀空。

白露风容易给棉花造成伤害，如谚语所说："白露日东北风，十个铃子（棉桃）九个脓；白露日西北风，十个铃子九个空。"

白露养生保健

白露是凉爽季节的开始，天气干燥，经常会出现阴虚肺燥的咳嗽，咽干音哑，皮肤干燥，这时多吃水果有益健康。水果不仅富含人体所需的多种营养，还有良好的食疗作用。如梨、苹果、葡萄、橘、柚、柿、龙眼都是秋季适合吃的水果。

在秋天天气变凉爽之时，过敏性鼻炎、哮喘、支气管炎、过敏性皮肤病易发作。这些因体质过敏而引发的疾病，在饮食上要慎重调节。凡是患过敏性疾病的病人，应少吃或不吃带鱼、墨鱼、螃蟹、虾类等无鳞的鱼、虾海鲜品。支气管炎、哮喘病人，不要吃过咸的食物，包括腌鱼、腌菜，以免诱发疾病发作或加重疾病。

白露营养药膳

芡实茯苓粥

药膳配方
粳米100克，芡实粉、茯苓粉各50克，桂圆肉20克，盐1.5克，温水、冷水各适量

制作程序
1. 将芡实粉、茯苓粉一同放碗内，用温水调成糊。
2. 粳米淘洗干净，用冷水浸泡半小时，捞起，沥干水分。
3. 锅中加入约1200毫升冷水，将粳米、桂圆肉放入，用旺火烧沸，缓缓倒入芡实茯苓糊，搅拌均匀，改用小火熬煮。
4. 见米烂粥成时，下入盐调好味，稍焖片刻，盛起即可食用。

药膳功效
消毒解热、利尿通乳、消渴、安神助眠。

薏仁荷叶瘦肉汤

药膳配方
薏仁50克，鲜荷叶半张，猪瘦肉250克，料酒5克，盐、味精各3克，冷水适量

制作程序
1. 薏仁、荷叶洗干净；猪瘦肉洗干净，切薄片。
2. 薏仁、荷叶同放锅内，加入适量冷水，置武火烧沸，再用文火煮30分钟，除去荷叶，加入猪瘦肉、盐、味精煮熟即成。

药膳功效
益气补虚，温中暖下，抗击压力。治虚劳羸瘦、腰膝疲软、产后虚冷、

心内烦躁。

▶ **天冬猪皮羹**

药膳配方

干猪皮100克，天冬50克，香菇20克，丝瓜15克，枸杞10克，鸡蛋1个，生姜5克，色拉油8克，盐3克，味精2克，白糖1克，水淀粉25克，清汤300克，冷水适量

制作程序

1. 干猪皮用冷水浸透，切成丁；香菇泡发回软，去蒂，切小丁；丝瓜洗干净，去皮，也切成丁。

2. 枸杞洗干净，用温水浸泡回软；生姜去皮，切小片；鸡蛋打入碗内，捞出蛋黄，将蛋清搅匀备用。

3. 锅内加水烧沸，放入干猪皮丁；香菇丁；氽烫去其异味，捞出用冷水冲净。

4. 在另一口锅中下入色拉油，放入姜片爆香，注入清汤，加入干猪皮丁、枸杞、天冬、香菇丁、丝瓜丁，调入盐、味精、白糖，用中火煮透，下水淀粉勾芡，推入鸡蛋清，盛起即可食用。

药膳功效

补肾健脾，滋润肌肤，减皱抗衰。可治脾肾不足、精神亏损，对皮肤干燥、弹性降低、皱纹早现有改善功效。

白露习俗大观

福建许多地方"白露"祭扫坟墓。山西和顺祭祀火德大帝，设供祭拜，祈祷神灵庇护。江苏太湖祭祀禹王。禹王是传说中的治水英雄大禹，太湖湖畔的渔民称他为"水路菩萨"。每年正月初八、清明节、七月初七和白露节，这里举行祭禹王的香会。在上海，白露日取露水和墨点小儿额间、背心，以祛百病，名为"天灸"；家有孕妇的这天清晨割苦草储藏，备产妇煎汤。

在浙江苍南、平阳等地，民间这天采"十样白"煨乌骨白毛鸡，据说食后可滋补身体，去风气（关节炎）。这"十样白"是十种带"白"字的草药，如白术槿、白毛苦等，以与"白露"字面上相应。在文成，民间认为白露吃番薯不会发胃酸。福建福州有白露吃龙眼的习俗，而且认为吃得越早就越好，所以不少人家大清早爬起来，就要喝上一碗龙眼香米粥。

白露以后，农村开始玩斗蟋蟀的游戏，称为"秋兴"；清代顾禄《清嘉录》卷八里做了详细记载："白露前后，驯养蟋蟀，以为赌斗之乐，谓之'秋兴'，俗名'斗赚绩'。提笼相望，结队成群，呼其虫为将军，以头大足长为贵，青、黄、红、黑、白正良为优，大小相若，铢两适均，然后开栅门。时有执草引敌者，曰'蓔草'，两造认色，或红或绿，曰'标头'。台下观者，即以台上之胜负为输赢，谓之'贴标门'。分筹马，谓之'花'，花，假名也，以制钱一百二十文为一花，一花至百花、千花不等，凭两家议定；胜者得彩，不胜者输金，无词费也。"

夏禹王图（南宋 马麟）

白露诗词歌赋

月夜忆舍弟
唐·杜甫

戍鼓断人行，边秋一雁声。露从今夜白，月是故乡明。
有弟皆分散，无家问死生。寄书长不达，况乃未休兵。

舍弟：家弟。这是杜甫在乾元二年（公元759年）秋作于秦州（今甘肃天水）的一首怀念胞弟的诗歌。从"露从今夜白"一句看，此诗应写于白露这一天。

蝶恋花

北宋·晏殊

槛菊愁烟兰泣露,罗幕轻寒,燕子双飞去。明月不谙离恨苦,斜光到晓穿朱户。昨夜西风凋碧树,独上高楼,望尽天涯路。欲寄彩笺兼尺素,山长水阔知何处!

在婉约派词人许多伤离怀远之作中,这是一首颇负盛名的词。它不仅具有情致深婉的共同点,而且具有一般婉约词少见的境界寥阔高远的特色。它不离婉约词,却又在某些方面超越了婉约词。

明月皎夜光

佚名

明月皎夜光,促织鸣东壁。玉衡指孟冬,众星何历历。
白露沾野草,时节忽复易。秋蝉鸣树间,玄鸟逝安适?
昔我同门友,高举振六翮。不念携手好,弃我如遗迹。
南箕北有斗,牵牛不负轭。良无盘石固,虚名复何益!

这首诗通过描述昔日的朋友"高举"后断交的事例,抒发对炎凉世态的怨愤之情。全文十六句,分三段。前八句写景状物,中间四句叙述事例,结尾四句感伤寄情。作者从目见、耳闻到怀想,从节序之变说到友情之变,由友情之变说到"虚名复何益",中间语句的转换清新自然,一气呵成,没有丝毫的生硬之感。

白露时令谚语

白露时令谚语主要有:
白露高粱秋分豆。
不到白露不种蒜。
白露晴,寒露阴。

白露无雨，百日无霜。
白露有雨，寒露有风。
白露白茫茫，寒露添衣裳。
白露身不露，着凉易泻肚。
白露天气晴，谷子如白银。
过了白露节，屠夫硬似铁。
白露白茫茫，无被不上床。
过了白露节，一天死片叶。
白露刮北风，越刮越干旱。
白露晴，有米无仓盛；白露雨，有谷无好米。
白露早，寒露迟，秋分的麦子正当时。
白露有雨连秋分，麦种豆种不出门。
一场秋风一场凉，一场白露一场霜。
九月白露又秋分，秋收秋种闹纷纷。
白露有雨霜冻早，秋分有雨收成好。
过了白露节，早寒夜冷中时热。
白露前后看，莜麦荞麦收一半。
白露在仲秋，早晚凉悠悠。
蚕豆不要粪，只要白露种。
白露过秋分，农事忙纷纷。
白露种高山，寒露种平地。

每年阳历的9月23日、24日,太阳移至黄经180°交"秋分"节气。"秋分"有两个意思,一是秋季前后九十天,秋分恰居之中,从而将秋季平分为二;二是秋分当日,阳光几乎直射赤道,因此白天与黑夜时长也几乎相等。此后,阳光直射位置更向南移,北半球开始日短夜长。

秋分农事气象

时至秋分,我国长江流域及其以北的广大地区,日平均气温都降到了22℃以下。全国绝大部分地区雨季已结束,天气可用凉风习习、碧空万里、风和日丽、秋高气爽、丹桂飘香、蟹肥菊黄等词来形容。

秋分后,棉吐絮,烟叶黄,正是收获的时节,广大农村进入了秋收、秋耕、秋种的"三秋"大忙阶段。"三秋"大忙贵在一个"早"字。及时抢收秋收作物,可免受早霜冻和连阴雨的危害;适时早播冬作物,可争取利用冬前的热量资源,培育壮苗安全越冬,为来年丰产打下基础。南方的双季晚稻正抽穗扬花,低温阴雨形成的"秋分寒"天气,是双季晚稻开花结实的主要威胁,应做好防御工作。

秋分生活提示

秋季有许多水果上市,在大多数人的观念里,水果越多吃越好。事实并非如此。营养学专家提醒我们,吃水果要注意两点:

根据自己的体质选择不同的水果。虚寒体质的人基础代谢率低,体内产热量少,四肢易发冷,面色苍白,平时很少有口渴感,也不喜欢接受凉的环境和食品。这样的人吃水果时，要选择温热性的，包括荔枝、龙眼、石榴、樱桃、椰子、榴莲、杏、李子。相反，实热体质的人代谢旺盛，易"上火"，经常会口干舌燥，喜欢吃冷饮，常便秘。这样的人要多吃寒凉性的水果，如香瓜、西瓜、梨、香蕉、番茄。

已患有某种疾病的人要有选择地食用水果。经常大便干燥的人可选择桃子、香蕉、橘子等，少吃柿子，因为柿子可加重便秘；肝病患者可选择香蕉、苹果、西瓜、梨、大枣，少吃酸性及较硬的水果；胃溃疡患者可选择香蕉，它能促使胃溃疡愈合。

秋分民间禁忌

在华北平原，秋分时节忌讳刮东风，谚语说："秋分东风来年旱"，第二年天气会干旱，影响农业生产。在江淮地区，秋分最好下雨，若天晴也会发生旱情，"秋分天晴必久旱"。在广西也有同样的忌讳，有一句谚语说的是："秋分夜冷天气旱。"

秋分养生保健

有句俗话叫"多事之秋"，是说在秋分时节人容易生病。《红楼梦》第四十五回，写黛玉每到春分、秋分之后，必犯旧疾（咳嗽）。这天她抱病在床，薛宝钗前往探视，谈及"食谷者生"时说道："昨儿我看你那药方上，人参、肉桂觉得太多了。虽说益气补神，也不宜太热。依我说，先以平肝养胃为要，肝火一平，不能克土，胃气无病，饮食就可以养人了。每日早起，拿上等燕窝一两，冰糖五钱，用铝吊子熬出粥来，要吃惯了，此药还强，最是滋阴补气的。"秋分养生得宜，人们就能健康地度过冬天。

首先，要多吃银耳、甘蔗、芝麻、梨、菠菜、豆浆、蜂蜜、藕等滋阴润燥的食物。避免燥邪伤害，少吃姜、蒜、韭、椒、葱等辛辣食物，多吃苹果、葡萄、石榴、杨桃、柠檬、柚子、山楂等酸性食物，以加强肝脏功能。从食物属性解释，少吃辛降燥气，多吃酸食有助生津止渴，但也不能过量。脾胃

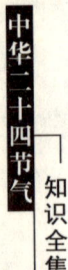

保健，多吃易消化的食物，少吃生菜沙拉等凉性食物。适量吃些苹果、柿、柑橘、梨、葡萄和龙眼。

其次，要养阴补气。有些年纪大的人唾液腺分泌较少，容易眼睛干涩、干咳舌燥，中医称为"阴虚"，要适度服用养阴药，以改善体质。常见的养阴药有枸杞、玄参、玉竹、麦冬，可促进唾液腺体的分泌，可润喉，也具有免疫调节的作用。如果属于过敏体质，着重"补气"，忌吃寒凉食物。常见的补气药有人参、黄芪、白术、茯苓。

秋分营养药膳

▶ 乌鸡糯米粥

药膳配方
净乌鸡1只，糯米150克，葱段5克，姜2片，盐2克，味精1.5克，料酒10克，冷水适量

制作程序
1. 糯米淘洗干净，用冷水浸泡2—3小时，捞出，沥干水分。
2. 将乌鸡冲洗干净，放入开水锅内氽一下捞出。
3. 取锅放入冷水、乌鸡，加入葱段、姜片、料酒，先用旺火煮沸，再改用小火煨煮至汤浓鸡烂，捞出乌鸡，拣去葱段、姜片，加入糯米，用旺火煮开后改小火，续煮至粥成。
4. 把鸡肉拆下撕碎，再放到粥里，用盐、味精调好味，盛起即可食用。

药膳功效
滋阴壮阳，养气补气，养血补血，可用于治疗贫血症。

▶ 西红柿豆腐鱼丸汤

药膳配方
鱼肉、西红柿各250克，发菜100克，豆腐2块，葱1根，香油、盐少许，冷水适量

制作程序

1. 西红柿洗干净切块；豆腐 1 块切成 4 小块；发菜洗干净，沥干，切短；葱洗干净，切葱花。

2. 将鱼肉洗干净，抹干水，剁烂，加盐调味，加入适量水，搅至起胶，放入葱花搅匀，做成鱼丸。

3. 豆腐放入开水煲内，武火煲开放入西红柿，再煲开后放入鱼丸煮熟，加盐、香油调味即可。

药膳功效

清润生津，适用于胃津不足、咽干、口渴多饮、不思饮食等症。

青果薄荷汁

药膳配方

猕猴桃 3 个，苹果 1 个，薄荷叶 3 片

制作程序

1. 猕猴桃去皮取瓤，切成小块；苹果洗干净后去核去皮，也切成小块。

2. 薄荷叶洗干净，放入榨汁机中打碎，过滤干净后倒进杯中。

3. 猕猴桃块、苹果块也用榨汁机搅打成汁，倒入装薄荷汁的杯中搅匀，直接饮用即可。

药膳功效

生津止渴，健胃消食。用于口渴，食欲不振。

秋分习俗大观

古代中国，朝廷在秋分这天有祭月的仪式，称为"夕月"。夕是黄昏，月亮在黄昏时出现，在黄昏时祭它，所以叫"夕月"。《国语·鲁语》说："天子少采夕月。"注："少采，黼衣也；夕月以秋分。"《太常记》一书也说："秋分祭夜明于夕月坛。"夜明就是月亮，因为月亮在夜晚时大放光明，所以称为"夜明"。

天子为什么要选择在秋分时举行祭月仪式呢？因为日代表阳、月代表阴，秋分以后，阴气渐重，世界归月神主宰，所以要向月亮祈福。《宋史》上说："秋分之时，昼夜平分，太阳当午而阴魄已生，遂行夕拜之祭。"

由于中国在北半球，一年里只有从秋分以后才能看到南极星（也称"老人星"或"南极仙翁"），并且一闪即没，到春分以后，更完全看不到了，因此把南极星的出现看作是祥端，皇帝在秋分这天的清晨，也要率领文武百官到城外南郊去迎接南极星，称为"候南极"。《史记·天官》书上说："南极老人见，治安；常以秋分时，候之于南郊。"

南极仙翁（选自《芥子园画传》）

秋分农历节日

中 秋 节

每年农历八月十五，是传统的中秋佳节。这时是一年秋季的中期，所以被称为中秋。

在中国的农历里，一年分为四季，每季又分为孟、仲、季三个部分，因而中秋也称仲秋。八月十五的月亮比其他几个月的满月更圆，更明亮，所以又叫做"月夕"、"八月节"。这天晚上，人们仰望天空的朗朗明月，自然会期盼家人团聚。远在他乡的游子，也借此寄托自己对故乡和亲人的思念之情。所以，中秋节又称"团圆节"。

一、中秋节由来

中秋一词最早出现于《周礼》,但它不是指中秋节,而是秋季的第二个月;汉代有秋节,时间定在立秋的那一天,也不是八月十五。

唐代初年,中秋节成为固定的节日。《唐书·太宗记》里面记载有"八月十五中秋节"。中秋节的盛行始于宋代,到明清时成为我国主要节日之一。

关于中秋节的由来,与以下两种说法有关。

一是起源于古代帝王的祭祀活动。《礼记》记载:"天子春朝日,秋夕月。"夕月就是祭月亮,可见早在春秋时代,帝王就已开始祭月、拜月了。后来贵族官吏和文人学士也相继效仿,逐步传到民间。

二是与农业生产有关。"秋"字的解释是:"庄稼成熟曰秋。"农历八月,各种农作物相继成熟,农民们为了庆祝丰收,表达喜悦的心情,便以八月十五这天作为节日。八月十五又在"仲秋"之中,所以称"中秋节"。

二、嫦娥奔月的故事

中秋节的传说非常丰富,但以"嫦娥奔月"的神话故事流传最广。相传远古时天上有十个太阳同时出现,晒得庄稼枯死,民不聊生。一个名叫后羿的英雄同情受苦的百姓,登上昆仑山顶,运足神力,拉开神弓,一气射下九个太阳,并严令最后一个太阳按时起落,为民造福。后羿因此受到百姓的尊敬和爱戴。后来他娶了个美丽善良的妻子,名叫嫦娥。

后羿除传艺狩猎外,终日和妻子在一起,人们都羡慕这对郎才女貌的恩爱夫妻。不少志士慕名前来投师学艺,心术不正的蓬蒙也混了进来。一天,后羿到昆仑山访友求道,巧遇由此经过的王母娘娘,便向王母求得一包不死药。据说,服下此药的人就能即刻升天成仙。后羿舍不得撇下妻子,只好暂时把不死药交给嫦娥珍藏。

嫦娥将药藏进梳妆台的百宝匣时,被小人蓬蒙偷窥到了,他想偷吃不死药自己成仙。三天后,后羿率众徒外出狩猎,心怀鬼胎的蓬蒙假装生病留了下来。待后羿走后不久,蓬蒙手持宝剑闯入内宅后院,威逼嫦娥交出不死药。嫦娥知道自己不是蓬蒙的对手,危急之时,她打开百宝匣,拿出不死药一口吞了下去。嫦娥吞下药,身子马上飘离地面、冲出窗口,向天空飞去。由于嫦娥牵挂着丈夫,便飞落到离人间最近的月亮上成了神仙。

太阳下山时,后羿回到家里,没有看见妻子,便询问侍女们是怎么回事。侍女们哭着向他讲述了白天发生的事。后羿既惊又怒,抽剑去杀恶徒,不料蓬蒙早已逃走。后羿气得捶胸顿足,悲痛欲绝,仰望着夜空呼唤爱妻的名字。朦胧中他惊奇地发现,今天的月亮格外明亮,而且有个晃动的身影酷似嫦娥。他拼命朝月亮追去,可是他追三步,月亮退三步,他退三步,月亮进三步,无论如何也追不到跟前。

后羿思念妻子心切,便派人到嫦娥喜爱的后花园里摆上香案,放上她平时最爱吃的蜜食鲜果,遥祭在月宫里眷恋着自己的嫦娥。百姓们闻知嫦娥奔月成仙的消息后,纷纷在月下摆设香案,向善良的嫦娥祈求吉祥平安。从此,中秋节拜月的风俗在民间传开了。

嫦娥(选自《自习画谱大全》)

三、中秋习俗

每逢中秋佳节,民间盛行赏月、吃月饼、吃团圆饭以及舞龙灯、点塔灯等活动。中秋节在蒙古、彝、壮、布依、朝鲜、满、白、侗、土家、哈尼、黎、傈僳、畲、拉祜、纳西、达斡尔、羌、仡佬、锡伯、鄂温克、裕固、京、鄂伦春、赫哲等民族中也十分流行。

赏月

我国自古就有赏月的习俗。《礼记》中记载有"秋暮夕月",夕月即祭拜月神。到了周代,每逢中秋夜都要举行祭月活动。人们在大香案上摆上月饼、西瓜、苹果、李子、葡萄等时令水果,等月亮挂到半空时便开始祭拜。在唐代,中秋赏月、玩月颇为盛行。

在宋代,中秋赏月之风更加盛行。《东京梦华录》记载:"中秋夜,贵家结饰台榭,民间争占酒楼玩月。"京城所有的店家、酒楼在这一天都要重新装饰门面，牌楼上扎绸挂彩，出售新鲜佳果和精制食品，夜市热闹非凡，百姓们大多登上楼台，一些富户人家在自己的楼台亭阁上赏月，并摆上食品或安排家宴，团圆子女，共同赏月叙谈。

望月

安徽民谚说："云掩中秋月，雨打上元灯。"黄河中下游地区，这个晚上老幼登高望月，称月亮的显晦可卜来年元宵节阴晴。云南新平的傣族，每逢中秋节，人们先对空鸣放火枪，然后围坐饮酒，谈笑望月。

吃月饼

古往今来，人们把月饼当做吉祥、团圆的象征。每逢中秋，皓月当空，合家团聚，品饼赏月，尽享天伦之乐。

月饼又称胡饼、宫饼、小饼、月团、团圆饼，是古代中秋祭拜月神的供品，流传下来就形成了中秋吃月饼的习俗。月饼传说起源于唐初。唐高祖李渊与群臣欢度中秋节时，兴高采烈地手持吐番商人所献的装饰华美的圆饼，指着天上明亮的圆月，高声笑道："应将圆饼邀蟾蜍。"随即把圆饼分给群臣，同庆欢乐。元末，相传，高邮的张士诚在暗中串联，利用中秋节互相馈赠麦饼的机会，在饼中夹带字条传递消息，约定八月十五日晚上同时举行起义。从此，每年这天家家户户都吃麦饼以庆胜利。

唐代称月饼为圆饼，南宋周密《武林旧事》与吴自牧《梦粱录》中曾出现过月饼的记载。当时八月十五吃月饼已很普遍，制作月饼的技术也很高超。清代月饼的品种、质量都有新的发展，馅好、味鲜、形

嫦娥执桂图（《明　唐伯虎》

美，饼面上印有"嫦娥奔月"、"三潭印月"以及福、禄、寿、喜图案。现在，全国各地因地区不同和用料、调味、形状的差别，形成不同风格的品种。主要品种有京式、苏式、广式、潮式、滇式多种。其馅更是种类繁多，甜、咸、荤、素各有特点，色香味俱佳。

走月亮

走月亮简称"走月"，又称"踏月"、"游月"、"玩月"。中秋节花好月圆，天高气爽，妇女们乘着月色，尽情畅游于街市或郊野阡陌，或进出尼庵，摆设香案，望月展拜，或唱歌跳舞，弹琴吹奏，通宵达旦，无人阻止。即使闺秀名门，也突破规矩，盛妆出游。有的姑娘，悄悄约上恋人；有的借出游之机，寻求佳偶。江苏南京在过去"走月"还有一种特殊风俗，凡没生育的妇女，要去夫子庙，随后跨过一座桥，相传回家后就能怀孕。

玩花灯

中秋玩花灯大多集中在南方。花灯包括各种各式的彩灯，如芝麻灯、蛋壳灯、刨花灯、稻草灯、鱼鳞灯、谷壳灯、瓜子灯及鸟兽花树灯。广州、香港的小孩在家长协助下，用竹纸扎成兔子灯、杨桃灯或正方形的灯，横挂在短杆中，再竖到高杆上，高挂起来，彩光闪耀，为中秋喜添美景。广西南宁除了用竹纸扎各式花灯让儿童玩耍外，还有很朴素的柚子灯、南瓜灯、橘子灯。所谓柚子灯，是将柚子掏空，画出图案，穿上绳子，在里面点上蜡烛就可以了。南瓜灯、橘子灯也是将瓤掏出后制作而成的。这些灯外表朴素而制作简易，很受欢迎。

烧塔

一些地方非常盛行中秋夜烧塔。烧塔又叫烧瓦子灯、烧花塔、烧瓦塔。塔高1—3米，多用碎瓦片砌成，大的塔还要用砖块做底，顶端留一个塔口，供投放燃料用。中秋晚上便点燃木、竹、谷壳燃料，火旺时泼松香粉，引焰助威，极为壮观。

《中华全国风俗志》记载：江西"中秋夜，一般孩子于野外拾瓦片烧红，再泼以煤油，火上加油，霎时四野火红，照耀如昼。直至夜深，无人观看，始行泼息，是名烧瓦子灯。"民间还有赛烧塔规则，谁把瓦塔烧得全座红透就是胜利，不及的或在燃烧过程倒塌的就是失败，胜的由主持人发给彩旗、奖金或奖品。

兔儿爷

兔儿爷流行于北京、天津地区，又称"彩兔"。清代潘荣陛《帝京岁时纪胜》记载："京师以黄沙土作白玉兔，饰以五彩妆颜，千奇百状，集聚天街月下，市而易之。"中秋前后，街上许多摊贩都会售卖兔儿爷。居民争相购买，放在屋内，或供奉在祭月几案上。清代富察敦崇《燕京岁时记》"兔儿爷摊子"中说："每届中秋，市人之巧者用黄土抟成蟾兔之像以出售，谓之兔儿爷。有衣冠而张盖者，有甲胄而带纛旗者，有骑虎者，有默坐者。大者三尺，小者尺余。"民间取月中蟾蜍玉兔祭拜，以祈中秋顺遂吉祥。

舞火龙

从农历八月十四晚开始，香港铜锣湾大坑地区一连三晚都要举行盛大的舞火龙活动。火龙长达70多米，用珍珠草扎成32节的龙身，插满了长寿香。盛会之夜，大街小巷，一条条蜿蜒起伏的火龙在灯光与龙鼓音乐中欢腾起舞，热闹非凡。

团圆馍

陕西长安一带家家中秋节要做团圆馍。馍有顶、底两层，中间夹着芝麻。上层用大老碗拓一个圆圈，象征月亮。圆圈中央刻上一块"石头"，一只顽皮的"小猴子"站在"石头"上吃"蟠桃"。在月亮周围用顶针、大针扎出各种花形，然后放在锅里烙热。吃时切成许多尖牙的形状，给全家每人分一牙，如果有人短期外出，可以留下；姑娘如已出嫁，要派人送去。

我国地缘广大，人口众多，风俗各异，中秋节的过法也是多种多样，并带有浓厚的地方色彩。除了赏月、吃月饼、走月亮，还有树中秋、请月姑、祭月神、偷月亮等一系列丰富多彩的活动，使得中秋节成为我国传统节日中最具文化内涵的节庆之一。

四、中秋佳咏

水调歌头

北宋·苏轼

丙辰中秋，欢饮达旦。大醉，作此篇兼怀子由。

明月几时有？把酒问青天。不知天上宫阙，今夕是何年？我欲乘风归去，

又恐琼楼玉宇，高处不胜寒。起舞弄清影，何似在人间！转朱阁，低绮户，照无眠。不应有恨，何事长向别时圆？人有悲欢离合，月有阴晴圆缺，此事古难全。但愿人长久，千里共婵娟。

　　子由：苏轼的弟弟苏辙。全词以明月为线，在浪漫与现实的结合中，巧妙地构造理想与现实，表达了积极向上的乐观精神，使之成为千古流传的艺术珍品。

八　月
唐·章孝标
徙倚仙居绕翠楼，分明宫漏静兼秋。
长安夜夜家家月，几处笙歌几处愁。

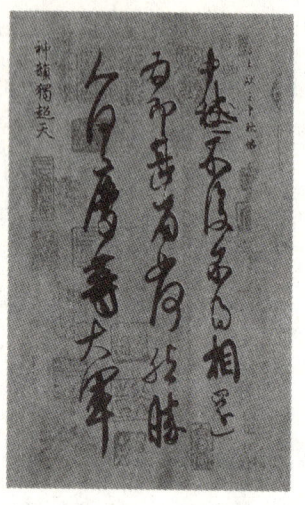

中秋帖（东晋　王献之）

　　这是一首宫怨诗。写中秋节的晚上，宁静的夜色中，宫女踟蹰在殿阁旁，仰望明月，发出深深的哀怨。感情细腻，层次分明。

中　秋　月
唐·张祜
碧落桂含姿，清秋是素期。一年逢好夜。万里见明时。
绝域行应久，高城下更迟。人间系情事，何处不相思。

　　中秋之夜，明月当空，清辉洒满大地，正是赏月的好时机。诗人不禁诗兴大发，写下了这首中秋怀亲诗。

十五夜望月寄杜郎中
唐·王建
中庭地白树栖鸦，冷露无声湿桂花。
今夜月明人尽望，不知秋思落谁家。

十五夜：指中秋节的夜晚。杜郎中：郎中为官名。杜郎中，生平不详。这是唐代诗人王建的一首名诗，写中秋望月怀友。

秋分诗词歌赋

道中秋分

清·黄景仁

万态深秋去不穷，客程常背伯劳东。
残星水冷鱼龙夜，独雁天高阊阖风。
瘦马羸童行得得，高原古木听空空。
欲知道路看人意，五度清霜压断蓬。

阊阖（chāng hé）：神话传说中的天门，宫门。这是一首行旅诗，因在道中逢秋分而作。

沁园春·长沙

毛泽东

独立寒秋，湘江北去，橘子洲头。看万山红遍，层林尽染；漫江碧透，百舸争流。鹰击长空，鱼翔浅底，万类霜天竞自由。怅寥廓，问苍茫大地，谁主沉浮？

携来百侣曾游，忆往昔峥嵘岁月稠。恰同学少年，风华正茂；书生意气，挥斥方遒。指点江山，激扬文字，粪土当年万户侯。曾记否，到中流击水，浪遏飞舟？

我国古典诗词的艺术表现手法，讲究情与景的交融。刘勰说："繁采寡情，味之必淡。"（《文心雕龙》）谢榛说："景乃诗之媒，情乃诗之胚；合而为诗，以数言而统万形，元气浑成，其浩无涯矣。"（《四溟诗话》）毛主席这首词较好地达到了情景交融的境界。它不仅使我们得到欣赏壮丽秋景的艺术享受，也使我们从诗人昂扬炽烈的革命情怀中，汲取奋发前进的信心和力量。

秋 夜
南朝梁·沈约

月落宵向分，紫烟郁氛氲。
瞳瞳萤入雾，离离雁出云。
巴童暗理瑟，汉女夜缝裙。
新知乐如是，久要讵相闻。

瞳（yì）：天阴沉。讵（jù）：表示反问。"秋分"和"春分"一样，昼夜平分，诗的第一句就点明了写作时节。由于秋分已是深秋，秋高气爽，所以全诗表现出一种从容的心情。

秋分时令谚语

民间有关秋分的谚语非常多，有晴雨气象的，有冷暖气候的，有风俗习惯的，有农事耕作的，等等。不同地区流传的谚语，又有不同的解释和不同的语言表达。

秋分有雨寒露凉。（湘）

秋分有雨天不干。（湘）

秋分北风多寒冷。（湘）

秋分冷雨来春早。（冀）

秋分以后雪连天。（冀）

秋分秋分，雨水纷纷。（冀）

秋分出雾，三九前有雪。（冀）

秋分冷得怪，三伏天气坏。（冀）

秋分雨多雷电闪，今冬雪雨不会多。（晋）

秋分早，霜降迟，寒露种麦正应时。（晋）

秋分天气白云多，处处欢歌好晚禾。（鲁）

秋分种麦，前十天不早，后十天不迟。（皖）

秋分种山岭，寒露种平川。（皖）

秋分四忙，割打晒藏。（皖）

秋分梨子甜。（皖）

秋分前后有风霜。（内蒙古）

秋分过后必有风。（内蒙古）

秋分露重，冬季多霜。（闽南）

秋分北风，热到脱壳。（闽南）

秋分暝，一暝寒过一暝。（闽南）

秋分西北风，来年早春多阴雨。（桂）

秋分西北风，冬天多雨雪。（苏）

秋分有雨来年丰。（鄂）

秋分无雨春分补。（鄂）

秋分见麦苗，寒露麦针倒。（北方）

秋分前十天不早，秋分后十天不晚。（北方）

秋分放大田。（江淮地区）

秋分日晴，万物不生。（江淮地区）

秋分有雨，寒露有冷。（江淮地区）

秋分不割，霜打风磨。（江淮地区）

热至秋分，冷至春分。（长江流域）

秋分已来临，种麦要抓紧。（江淮地区）

秋分谷子割不得，寒露谷了荞不得。（长江流域）

秋分只怕雷电闪，多来米价贵如油。（长江流域）

秋分麦粒圆溜溜，寒露麦粒一道沟。（长江流域）

淤种秋分，沙种寒露。（长江流域）

每年阳历的10月8日、9日,太阳到达黄经195°交"寒露"节气。寒露是二十四节气中的第十七个节气。所谓寒露,指"露气寒冷,将凝结也"。这时,气温往下降,野外的露水更多,形态也由白露的洁白晶莹凝结为霜形。有"霜"自然"寒",露水冰凉,寒露之名由此而起。

寒露农事气象

与白露相比,"寒露"气温又下降了不少,地面的露水更冷、更多,北方冷空气初具势力。秦岭淮河一线,气温接近10℃,首都北京已降初霜。除全年飞雪的青藏高原外,东北和新疆北部地区开始下雪了。全国大部分地区雨季结束,天气常是昼暖夜凉,晴空万里,一派深秋景象。绝大部分地区雷暴已消失,只有云南、四川和贵州局部地区还能听到雷声。华北地区干旱少雨,会给冬小麦的适时播种带来困难。

农事上,田里的甘薯停止膨大,应根据天气情况争取在早霜前收完。海南和西南地区仍然是秋雨连绵,少数年份江淮和江南也会出现阴雨天气,对秋收秋种有一定影响。江淮及江南的单季晚稻即将成熟,双季晚稻正在灌浆,要注意间歇灌溉,保持田间湿润,防御"寒露风"的危害。华北、西北产棉区要把棉花采摘完毕。否则会受到霜冻灾害,造成不必要的损失。

长江流域直播油菜适宜播种,品种安排上应先播甘蓝型品种,后播白菜型品种。淮河以南的绿肥播种,要抓紧扫尾,已出苗的要清沟沥水,防止涝渍。

寒露生活提示

秋天气温骤降，最容易感冒，每个人都应该事先做好预防感冒的准备。对抗感冒，不妨试试以下几种菜汤，或许能够助你一臂之力。

葱白饮：大葱白100克，切碎煎汤，趁热喝。
姜茶饮：生姜10片，茶叶7克，煎汤，趁热喝。
菜根饮：大白菜鲜根200克，切片煎汤，趁热喝。
姜枣饮：生姜5片，大枣10枚，煎汤，趁热喝。
萝卜饮：萝卜适量，切片煎汤，加适量食醋，趁热喝。
三辣饮：大蒜、葱白、生姜适量，煎汤，趁热喝。
姜糖饮：鲜姜末3克、红糖（或白糖）30克，开水冲泡代茶喝。
桔皮饮：鲜桔皮50克，糖适量，开水冲泡代茶喝。
菊花饮：菊花6克，开水冲泡代茶喝。

寒露民间禁忌

对于农民来说，寒露最忌刮风。寒露刮风，地里的庄稼会遭殃。有谚语说："禾怕寒露风，人怕老来穷。"形象指出寒露风的危害。有的地方寒露时忌霜冻，"寒露有霜，晚谷受伤"，霜会冻伤晚秋收割的稻谷。

寒露养生保健

秋季从秋分到寒露到霜降，天气由凉转寒，自然界的阴气初生而未盛，阳气始减而未变，人体肌表处于疏泄与致密交替之际。适当接受一些冷空气的刺激，适当地"冻一冻"，有利于锻炼人体生理能力，可以提高人体的肌肉关节活动能力，促进血液循环，顺应了秋天阴精内蓄、阳气内收的养生需要。但老人、小孩或患有慢性病的人不适宜"秋冻"，更不要勉强受冻，需添加衣被就添加衣被。

民间谚语说:"白露身不露,寒露脚不露。"用穿衣和穿鞋来表现气温的变化,形象、具体、带有淡淡的关爱温情。"寒露脚不露"是一门养生保健知识。寒从足生,人的两脚离心脏最远,因而血液供应较弱,而人的脚部位,脂肪层薄,保温性差,一旦受凉,就会引起毛细血管收缩,从而纤毛运动减弱,人体抵抗力下降。

寒露营养药膳

粉皮鱼头

药膳配方

鲢鱼头半个,粉皮2包,青蒜段、辣椒片、葱段、姜片各适量,酒、酱油各1大匙,盐1小匙,胡椒粉少许

制作程序

1. 鱼头洗干净抹干,加酒、酱油腌10分钟,入油锅煎至两面焦黄;粉皮切成宽条。

2. 热油锅爆香葱姜,拣出不用,加入盐、胡椒粉、鱼头及适量水煮15分钟。煮至汤汁稍收干时即可。

药膳功效

此菜具有暖胃、补气、润肤、乌发、养颜等功效。

柠檬薏仁汤

药膳配方

薏仁225克,柠檬1个,绿豆30克,冷水1800毫升

制作程序

1. 柠檬洗干净,剖开,切成小块;薏仁、绿豆均洗干净。

2. 薏仁、绿豆放进锅里,加入1800毫升清水煮滚,煮到绽开,再加入柠檬片浸泡即可食用。

药膳功效

补血养颜,丰肌泽肤,消斑祛色素,补益脾胃,调中固肠。

荸荠萝卜粥

药膳配方

粳米 100 克,荸荠 30 克,萝卜 50 克,白糖 10 克,冷水 1000 毫升

制作程序

1. 荸荠洗干净、去皮,一切两半;萝卜洗干净,切成 3 厘米见方的块。
2. 粳米淘洗干净,用冷水浸泡半小时,捞出沥干水分。
3. 锅中加入约 1000 毫升冷水,放入粳米,用旺火烧沸,放入荸荠、萝卜块,改用小火熬煮成粥。
4. 白糖入锅拌匀,再稍焖片刻,盛起即可食用。

药膳功效

生津止渴,健胃消食,适用于食欲不振者。

寒露习俗大观

寒露,地上露水增多,气温更低。我国有些地区会出现霜冻,北方已呈深秋景象,白云红叶,偶见早霜,南方也秋意渐浓,蝉噤荷残。北京人在寒露喜欢登高,景山公园、八大处、香山都是登高的好地方,吸引了众多的游人。此时,秋天加快了脚步,秋风已经吹到江南。华南的人们除了赏菊花,

江山秋色图(宋 赵伯驹)

还要吃螃蟹、钓鱼。有个说法叫做"秋钓边",其中的科学道理是:季节到了寒露阶段,气温下降迅速,深水处太阳已经晒不透了,鱼儿便游向水温较高的浅水区,这就是人们说的"秋钓边"。

寒露农历节日

重 阳 节

农历九月九日,俗称重阳节,又称登高节、女儿节、重九节、重九、九月九、茱萸节、菊花节。《易经》中说:以阳爻为九。九为阳数,两九相重,所以是重九。又因日月并阳,两阳相重,所以是重阳。正如东汉末年曹丕在《九日与钟繇书》中说的:岁往月来,忽复九月九日。九为阳数,而日月并应,俗嘉其名,以为宜于长久,故以享宴高会。"

一、重阳节的由来

重阳节是一个历史悠久的节日,远在战国时代就出现了重阳的叫法,屈原《远游》诗中有"集重阳入帝宫兮"的句子。洪兴祖注解称:"积阳为天,因天有九重,故曰重阳。"这里的重阳是指天空或苍穹,而不是重阳节。最迟到西汉时,已具备节日内容。《初学记》卷四引《西京杂记》说:"汉武帝宫人贾佩兰,九月九日佩茱萸,食饵,饮菊花酒。云:令人长寿。盖相传自古,莫知其由。"可见汉代重阳节已有佩茱萸、饮菊花酒的习俗。

晋代陶渊明在《九日闲居》一诗序文中也说:"余闲居,爱重九之名。秋菊盈园,而持醪靡由,空服九华,寄怀于言。"这里也提到了菊花和酒。到了唐代重阳被正式定为民间的节日。明代时,九月重阳,皇宫上下要一起吃花糕表示庆贺,皇帝亲自到万岁山登高,以畅秋志,这个风俗一直流传到清代。

二、重阳节习俗

重阳节正值金秋九月,人们登高、赏菊、插茱萸、吃重阳糕。

登高

南朝梁人吴均《续齐谐记》记载,重阳节的登高习俗源于汉代"桓景避难"。东汉时汝南子桓景拜仙人费长房为师。费长房曾对桓景说,某年九月九日有大灾,家人缝囊盛茱萸系于臂上,登山饮菊花酒,此祸可消。桓景到这一天照着做了,举家登山,果然平安无事。晚上回到家中,却看到鸡犬牛羊全都死了。此后人们每到九月九日就登高、野宴、佩戴茱萸、饮菊花酒,以求免祸呈祥。

宫廷皇室也常举办这项活动。顾禄《清嘉录》记述唐代以前的宫廷登高时说道:"孟嘉从桓温游龙山,亦九日登高之举,后遂相承为故事。《南齐书·礼志》,宋武帝在鼓城时,九日,上项羽戏马台登高。《齐武帝本纪》,九日,孙陵风商飙馆登高宴群臣。《全唐诗话》,唐中宗临渭水登高。"《唐诗纪事》中说,景龙三年(公元709年)九月九日,唐中宗李显临幸渭亭登高,令臣下赋同题四韵五言诗一首,先成者赏,后成者罚。魏晋隋唐时期,每到重阳,在民间不但登高活动较为盛行,而且文人墨客尤其热衷此项活动,因而使它成为一项综合性的"登高会"。

吴茱萸(选自《三才图会》)

插茱萸

晋代周处《风土记》中说:"以重阳相会,登山饮菊花酒,谓之登高会。"因为登高时有插茱萸、佩茱萸囊的风俗,所以登高会又叫"茱萸会"、"茱萸节"。

到了唐代,茱萸按照唐代民俗,既可将它作为重阳的节日礼物送给亲友,如孟浩然的《九日得新序》一诗中,就有"茱萸可佩,折取寄情亲"的描述;同时,重阳插戴茱萸,还能避邪。王维的著名诗篇《九月九日忆山东兄弟》记述了重阳登高、插茱萸两种风习。张说《湘州九日城北亭子》一诗也说:"西楚茱萸节,南淮戏马台。"

关于插茱萸、佩茱萸囊的作用普遍

解释是辟恶气、御初寒。《风土记》载："九月九日律中无射而数九。俗以此日茱萸气烈成熟，尚此日折茱萸房以插头，言辟恶气而御初寒。"唐代郭震《秋歌》卷二也说："辟恶茱萸囊，延年菊花酒。"

赏菊

在菊花怒放的重阳节里，观赏菊花成了节日的一项重要内容。传说赏菊习俗起源于晋代大诗人陶渊明。陶渊明不为五斗米折腰回归田园后，以隐居出名，以诗出名，以酒出名，也以爱菊出名；后人效仿他，于是就有重阳赏菊的风俗。古代文人士大夫，还将赏菊与宴饮结合起来，希望自己和陶渊明的风格更加接近。北宋京师开封，重阳赏菊之风盛行。

渊明爱菊（选自《马骀画宝》）

《梦粱录》中说，宋代每年重阳日都要"以菊花、茱萸，浮于酒饮之"。还给菊花、茱萸起了两个雅致的别号，称菊花为"延寿客"，称茱萸为"辟邪翁"，"故假此两物服之，以消阳九之厄"。按照每年的惯例，皇宫禁中与达官显贵都要在这天观赏菊花；即使普通的士庶平民也要购买一两株菊花玩赏自娱。当时市场上出售的名优品种菊花达到七八十种之多。这些菊花，不但花朵硕大而艳丽，而且香味馨郁耐久。如有白黄色蕊，状如莲花的是"万龄菊"；粉红色的是"桃花菊"；白而檀心的是"木香菊"；纯白且大的是"喜客菊"，诸如此类，花色名目繁多，不胜枚举。

重阳节就好像一次各色、各类、各种菊花荟萃的盛大花会。《乾淳岁时记》对宋代禁廷宫中每年重阳节的赏菊庆乐活动也有详细描绘。书中写道：每年九月八日宫中就开始做重九，届时在庆瑞殿分列菊花万株，名花珍品，五彩缤纷，灿烂眩目。并且还要点燃菊灯，其盛况决不亚于元宵庆典。同时举办赏花赏灯之宴，席间丝竹悠扬，乐鼓并作，大庆重阳节。

清代以后，赏菊的习俗更加昌盛，且不只局限于九月九日。

饮菊花酒

菊花酒，就是用菊花作为原料酿制而成的酒。《西京杂记》称：当每年菊花盛开之时，采其茎叶，杂以黍米酿成，至来年九月九日始熟。因为饮菊花酒同样可以达到延年益寿的功效，所以是汉代宗贵达官常饮的佳酿。对此沈佺期《九日临渭亭侍宴应制得长字》一诗写道："魏文颂菊蕊，汉武赐萸囊。……年年重九庆，日月奉天长。"

吃重阳糕

重阳节的代表性食品是重阳糕，因为"糕"与"高"同音，古人坚信"百事皆高"的说法，所以在重阳节登高时吃糕，象征步步高升。

宋代重阳糕的制作十分讲究。《梦粱录》记载：此糕是以糖面蒸糕，上以猪羊肉鸭子为丝簇钉，插小彩旗，故名曰"重阳糕"。还有一种，是由宫中的"蜜煎局以五色米粉塽成狮蛮，以小彩旗簇之，下以熟栗子肉杵为细末，入麝香糖蜜和之，捏为饼糕小段，或如五色弹儿，皆入韵果糖霸，名之曰'狮蛮栗糕'"。《乾淳岁时记》中说，当时更有一种极特殊的重阳食品，它"以苏子微渍梅卤，杂和蔗霜、梨、橙、玉榴小颗，名曰'春兰秋菊'"，不但食糕制作考究精美，而且命名奇特，为前世所罕见。

老人节

新中国成立后，重阳节的活动充实了新的内容。1989年，我国将重阳节定为老人节。每到这一天，各地都要组织老年人登山秋游，开阔视野，交流感情，锻炼身体，培养人们回归自然，热爱祖国大好河山的高尚品德。

三、重阳佳咏

九月九日忆山东兄弟

唐·王维

独在异乡为异客，每逢佳节倍思亲。

遥知兄弟登高处，遍插茱萸少一人。

诗中朴实地抒写了在重阳佳节对兄弟们的怀念。全诗主客相契，情景交融，其中"每逢佳节倍思亲"具有高度的概括性，写出了人们共通的情感。

醉花阴

南宋·李清照

薄雾浓云愁永昼，瑞脑销金兽。佳节又重阳，玉枕纱橱，半夜凉初透。东篱把酒黄昏后，有暗香盈袖。莫道不销魂，帘卷西风，人比黄花瘦。

这首词把作者内心世界那种对亲人刻骨铭心的相思以及由此激发出来的缠绵悱恻与伤离怨别之情，借重阳佳节赏菊咏叹而出，以极其平常的抒情途径，

诗配画·九月九日忆山东兄弟（选自《唐诗画谱》）

使人、节、景、物、情融为一体，却又好像都为人而应、而生、而发，从而收到了感人肺腑、催人应节伤怀的艺术效果，读罢令人掩卷而思，回味无穷。

九日蓝田会饮

唐·杜甫

老去悲秋强自宽，兴来今日尽君欢。
羞将短发还吹帽，笑倩旁人为正冠。
蓝水远从千涧落，玉山高并两峰寒。
明年此会知谁健，醉把茱萸仔细看。

蓝田，就是今天的陕西蓝田县。此诗写于乾元元年（公元 758 年），诗人重阳节时在崔氏庄园饮宴，而当时他因直言得罪权贵，由左拾遗贬为华州司功参军，因而在诗中反映了他因政治上遭到排挤的苦闷心情。

登 高

唐·杜甫

风急天高猿啸哀,渚清沙马鸟飞回。
无边落木萧萧下,不尽长江滚滚来。
万里悲秋常作客,百年多病独登台。
艰难苦恨繁霜鬓,潦倒新停浊酒杯。

诗配画·登高（选自《诗情画意画谱》）

这首诗是杜甫大历二年（公元767年）秋在夔州（今重庆）时所写。夔州在长江之滨。全诗通过登高所见秋江景色，倾诉了诗人长年漂泊、老病孤愁的复杂感情，慷慨激越，动人心弦。清代杨伦称赞此诗为"杜集七言律诗第一"（《杜诗镜铨》），明代胡应麟《诗薮》更推重此诗"精光万丈"，是"古今七言律第一"。

踏莎行

南宋·辛弃疾

夜月楼台，秋香院宇，笑吟吟地人来去。是谁秋到便凄凉，当年宋玉悲如许。

随分杯盘，等闲歌舞，问他有甚堪悲处？思量却也有悲时，重阳节近多风雨。

同样写秋天，作者笔下却毫无凄凉、愁苦之感，这不但使词人的情感世界与其他词人形成鲜明对照，同时也为后面其为国事而感伤提供了突出的反衬。词人的视点不同、襟怀不同，确为词格的高下决定着层次等级。

寒露诗词歌赋

秋兴（其一）
唐·杜甫

玉露凋伤枫树林，巫山巫峡气萧森。
江间波浪兼天涌，塞上风云接地阴。
丛菊两开他日泪，孤舟一系故园心。
寒衣处处催刀尺，白帝城高急暮砧。

这首诗从大处落笔，写深秋的萧杀景象，白露风摧残了枫树，巫山巫峡冷漠阴森。峡底江水咆哮回旋，白浪滔天，深谷水雾迷蒙，云愁风惨。今日看到菊花又开，竟把菊花上的露珠看作是饱含已久的泪水，登上孤舟却魂牵故乡，心系长安。家家户户都在为外出服役的人赶裁寒衣，傍晚地处高山上的白帝城也能听到捣衣的声音（古时赶制寒衣先把布帛放在砧上捶捣）。全诗从景物着笔，渲染了深秋的萧杀之气，抒发了心系故园的漂泊之感。

玉蝴蝶
北宋·柳永

望处雨收云断，凭阑悄悄，目送秋光。晚景萧疏，堪动宋玉悲凉。水风轻、苹花渐老；月露冷、梧叶飘黄。遣情伤，故人何在，烟水茫茫。难忘，文期酒会，几孤风月，屡变星霜。海阔山遥，未知何处是潇湘！念双燕、难凭远信，指暮天、

诗配画·秋兴（选自《诗情画意画谱》）

空识归航。黯相望，断鸿声里，立尽斜阳。

这首词描写作者悲秋怀人，羁愁悒郁的怀恋。上片写凭栏望远，晚暮中花萎叶黄，风凉露冷；一片萧疏冷落，令人悲凉情凄，顿起怀人念远之愁思。下片接写往昔文期酒会的欢乐，反衬出此时孤寂，尤其"断鸿声里，立尽斜阳"二句，极尽黯然魂伤之情，足显柳词厚朴沉雄、清劲老辣的"骨气"。

寒露时令谚语

寒露节气与农业生产有密切联系，但不同地区，因气候条件有异，生产状态也不相同，相关谚语也有区别。

寒露到霜降，种麦就慌张。

寒露到霜降，种麦日夜忙。

寒露不摘棉，霜打莫怨天。

要得苗儿壮，寒露到霜降。

寒露收豆，花生收在秋分后。

豆子寒露使镰钩，地瓜待到霜降收。

豆子寒露动镰钩，骑着霜降收芋头。

寒露到，割晚稻；霜降到，割糯稻。

棉怕八月连阴雨，稻怕寒露一朝霜。

寒露前，六七天，催熟剂，快喷棉。

寒露节到天气凉，相同鱼种要并塘。

八月寒露抢着种，九月寒露想着种。

时到寒露天，捕成鱼，采藕芡。

寒露不摘烟，霜打甭怨天。

寒露不刨葱，必定心里空。

寒露收山楂，霜降刨地瓜。

寒露柿红皮，摘下去赶集。

过了寒露节，黄土硬似铁。

寒露到立冬，翻土冻死虫。

寒露霜降，赶快抛上。

寒露北风小雪霜。

寒露三日无青豆。

寒露霜降麦归土。

寒露前后看早麦。

葱（选自《三才图会》）

每年阳历的10月23日、24日前后,太阳到达黄经210°交"霜降"节气。霜降是二十四节气中的第十八个节气,也是秋季里最后一个节气。这时,虽然仍处在秋天,但已是"千树扫作一番黄"的暮秋、残秋、晚秋。

霜降农事气象

同样是水汽,同样因气温的变化而变化,但与白露、寒露相比,"露"为水形,而"霜"已变成白色的结晶物。由"露"至"霜",需要一个根本条件,即地面以及地表温度必须降到0℃以下。《说文解字》解释说:"霜,露所凝也。土气津液从地而生,薄以寒气则结为霜。"

谚语"霜降始霜"反映的是中原地区的气候特征。这些地区的年霜日多在50天以下。单就"霜"来说,青藏高原某些地方即便是夏季,也会有晨霜出现,每年有霜的日子多在200天以上。年霜日超过100天的地区,有西藏东部、青海南部、川西高原、滇西北、新疆北部和西部山区等。但到了四川盆地,年霜日只有10天左右。两广沿海和福建以南的地区,年霜日更少,一年还不到一天。云南昆明、西双版纳,海南和台湾南部及南海诸岛,不知"霜"是什么东西。

霜降后,北方大部分地区已在秋收扫尾,即使是耐寒的葱也不生长。南方单季杂交稻、晚稻正在收割,农民加紧种早茬麦,栽早茬油菜;摘棉花,拔除棉秸,耕翻整地。黄淮流域是羊配种的好时候,农田水利建设也要及时展开。

霜降生活提示

深秋令支气管炎加剧,这时既要注意衣服的增减,防寒保暖;又要注意补充水分,千万别等到口渴时才想起喝水,最好的饮水时机是清晨起床后饮水一杯,改善机体一夜相对缺水的状态,使血液稀释。还要选择一些清热生津、养阴润肺的食物进行食补。

深秋皮脂腺分泌减少,头顶皮肤过于干燥,头皮屑增多,洗头可用药性洗露或将两三种不同洗发水轮流使用,用手指按摩头皮,这样可有效减少头皮屑。

霜降民间禁忌

江苏太仓一带,忌霜降日不见霜,有谚语说:"霜降见霜,米烂陈仓。"如果未到霜降而下霜,稻谷收成受到影响,米价就高,有谚语说:"未霜见霜,粜米人像霸王。"云南谚语说:"霜降无霜,碓头没糠。"霜降无霜,来年可能闹饥荒。彝族还忌霜降日用牛犁田,否则,会导致草枯。

霜降养生保健

霜降气温、气流变化剧烈,昼夜温差增大,清早、夜晚气温寒凉。而且冷空气不断南下,人体受冷后,素患风湿性关节炎的病人,更易引起关节疼痛。因此,要加强御寒锻炼,发生疾病要及时治疗。

受寒凉气温的影响,人体皮肤和皮下组织血管收缩,周围血管阻力增大,促使血压升高。寒冷气流还会引起冠状动脉痉挛,直接影响心脏血液供应,诱发心绞痛和心肌梗死。同时导致血液黏稠度加大,促进血栓形成。再加上中老年人对外界环境变化的适应性差,抵抗力弱,也极易导致中风。因此,在深秋季节,患有高血压、高血脂、冠心病、胃病、慢性支气管炎及风湿病等疾病的人应加倍小心,合理科学安排生活,必要时到医院进行干预治疗。

将血压、血脂、血糖指标控制在理想范围，如有突然不适的症状出现，及时到医院诊治。

霜降营养药膳

银耳参枣羹

药膳配方

银耳15克，高丽参20克，枸杞30克，红枣10颗，冰糖15克，鸡汤200克，冷水适量

制作程序

1. 银耳放入冷水浸软，去杂质，改用温水浸至发透；红枣洗干净，去核；高丽参洗干净、切片；枸杞用温水泡软，洗干净。

2. 沙锅内放入银耳、红枣、枸杞、高丽参片，加入鸡汤和适量冷水，用小火炖煮至熟，调入冰糖即可盛起食用。

药膳功效

滋阴润肺，生津止渴，养心安神，可改善睡眠。

川贝雪梨粥

药膳配方

川贝15克，雪梨1只，粳米100克，白糖10克，冷水1200毫升

制作程序

1. 川贝择洗干净，焯水烫透备用。
2. 雪梨洗干净，去皮和核，切成1厘米见方的小块。
3. 粳米淘洗干净，用冷水浸泡半小时，捞出沥干水分。
4. 把粳米、川贝放入锅内，加入约1200毫升冷水，置旺火上烧沸，改用小火煮约45分钟，加入梨块和白糖，再稍焖片刻，盛起即可食用。

药膳功效

清热化痰，润肺散结，抵抗疲劳。

蜂蜜香油汤

药膳配方

蜂蜜 50 克，香油 25 克，温开水 100 毫升

制作程序

1. 蜂蜜放碗内，用筷子不停打搅，使其起泡直至浓密。
2. 继续边搅边将香油慢慢倒进蜂蜜，搅拌均匀。然后将温开水约 100 毫升徐徐加入，搅到开水、香油、蜂蜜三者混为一体就可以了。

药膳功效

润燥滑肠，滋补益寿，杀菌解毒。

霜降习俗大观

霜降是秋菊盛开之际，民间在这时举行菊花会，以示对菊花的崇敬和爱戴。北京文人多在天宁寺、陶然亭、龙爪槐等处聚集，参加菊花聚会。菊花会的菊花不仅品种多，而且多为珍品。有的散盆，有的数百盆四面堆积成塔，称作九花塔，红、黑、蓝、白、黄、橙、绿、紫色彩缤纷。品种如金边大红、紫凤双迭、映日荷花、粉牡丹、墨虎须、秋水芙蓉等几百种以上。文人墨客从早到晚饮酒、赋诗、泼墨，直到掌灯时分才离去。

还有一种菊花会，是不出家门的，主要是富贵人家举办。他们在霜降前采集百盆珍品菊花，架置广厦中，前轩后轾，也搭菊花塔。菊花塔前摆上好酒好菜，先是家人按长幼为序，鞠躬作揖祭菊花神。然后邀请至亲

江渚霜色图（清 石涛）

好友到家里饮菊花酒、食米糕、赋诗泼墨，自娱自乐。

朝廷在霜降有祭旗神和阅兵大典。阅兵时一定举行骑术表演，骑兵在马上演出各种惊险的特技。明代田汝成《西湖游览志余》卷十二说："霜降之日，帅府致祭旗纛之神，因而张列军器，以金鼓导之，绕街迎赛，谓之'扬兵'。旗帜、刀戟、弓矢、斧钺、盔甲之属，种种精明，有飙骑数十，飞辔往来，逞弄解数，如'双燕绰水'、'二鬼争环'、'隔肚穿针'、'枯松倒挂'、'魁星踢斗'、'夜叉探海'、'八蛮进宝'、'四女呈妖'、'六臂哪吒'、'二仙传道'、'圯桥进履'、'玉女穿梭'、'担水救火，''踏梯望月'之属，穷态极变，难以殚名，腾跃上下，不离鞍镫之间，犹猿猱之寄木也。"这个活动直到清朝时仍有举行，厉惕斋《真州竹枝词引》说："霜降节祀旗纛神（纛dào，古代军队的大旗），游府率其属，枯盔贯铠，刀矛雪亮，旗帜鲜明，往来于道，谓之'迎霜降'。尝见由南城墙上，而东而北下至教场，军容甚肃……"

霜降农历节日

祭祖节

农历十月初一在民间为祭祖节，又称"十月朝"。祭祀祖先有家祭，也有墓祭。祭祀时除了食物、香烛、纸钱等一般供物外，还有一种不可缺少的供物——冥衣。在祭祀时，人们把冥衣焚化给祖先，叫做"送寒衣"。因此，祭祖节又叫"烧衣节"。

"烧寒衣"的习俗在有的地方随着时间的推移慢慢有了一些变迁，不再烧寒衣，而是"烧包袱"。人们把许多冥纸装进一个纸袋里，写上收者和送者的名字以及相应称呼，这就叫"包袱"。人们认为冥间和阳间一样，有钱就可以买到许多东西。

烧包袱图（选自《北京民间风俗百图》）

此中国烧包袱之图也每年清明七月十五日十月初一日各住户供包袱内装烧纸银锭上写上三代名字晚辈祭之也

霜降诗词歌赋

八声甘州

北宋·柳永

对潇潇暮雨洒江天，一番洗清秋。渐霜风凄紧，关河冷落，残照当楼。是处红衰翠减，苒苒物华休。惟有长江水，无语东流。不忍登高临远，望故乡渺邈，归思难收。叹年来踪迹，何事苦淹留？想佳人、妆楼颙望，误几回、天际识归舟。争知我，倚阑干处，正恁凝愁。

作者在暮雨潇潇、霜风凄紧的秋日登高临远，满目山河冷落，残照当楼，万物萧疏，大江东流，不由勾起作者思乡怀人的愁情；这种愁情却无人可与诉知，更令人伤感悲戚。全词意境舒阔高远，气魄沉雄清劲；写景层次清晰有序，抒情淋漓尽致。语言凝炼，气韵精妙。千年来深受词家叹服欣赏。

商山早行

唐·温庭筠

晨起动征铎,客行悲故乡。
鸡声茅店月,人迹板桥霜。
槲叶落山路,枳花明驿墙。
因思杜陵梦,凫雁满回塘。

这首诗之所以为人们所传诵,是因为它通过鲜明的艺术形象,真切地反映了封建社会里一般旅人的某些共同感受。商山,也叫楚山,在今陕西商县东南。作者曾于唐宣宗大中末年离开长安,经过这里。

枫桥夜泊

唐·张继

月落乌啼霜满天,江枫渔火对愁眠。
姑苏城外寒山寺,夜半钟声到客船。

一个秋天的夜晚,诗人泊舟苏州城外的枫桥。江南水乡秋夜幽美的景色,吸引着这位怀着旅愁的客子,使他领略到一种情味隽永的诗意美,写下了这首意境清远的小诗。

山 行

唐·杜牧

远上寒山石径斜,白云生处有人家。
停车坐爱枫林晚,霜叶红于二月花。

诗人没有像一般封建文人那样,在秋季到来的时候,哀伤叹息;他歌颂的是大自然的秋色美,体现出了豪爽向上的精神,有一种英爽

配画·山行(选自《自习画谱大全》)

俊拔之气拂过笔端，表现了诗人的才气，也表现了诗人的见地。这是一首秋色的赞歌，描绘的是秋之色，展现的是一幅动人的山林秋色图。

送 天 师
明·朱权

霜落芝城柳影疏，殷勤送客出鄱湖。
黄金甲锁雷霆印，红锦韬缠日月符。
天上晓行骑只鹤，人是夜宿解双凫。
匆匆归到神仙府，为问蟠桃熟也无。

凫（fú）：①野鸭　②在水里游。这是朱权（朱元璋之子，被封为宁献王）写给天师道传人张正常的一首七律。历史记载，朱权笃好神仙之术，所以在诗中使用了多种道术术语。全诗意境奇特，虚实结合，很有韵味。全诗一开头就点出了送客的时间（霜降节）、地点（鄱阳县的芝山，即芝城）、客人（张天师），最后点出了客人要去的地方（江西龙虎山），堪称一副神仙图景。

霜降时令谚语

霜降谚语更多的还是与农业生产有关。如：
霜降霜降，移花进房。
霜降见霜，谷米满仓。
霜降无雨，清明断车。
霜降不降霜，来春天气凉。
霜降下雨连阴雨，霜降不下一季干。
霜降气候渐渐冷，牲畜感冒易发生。
几时霜降几时冬，四十五天就打春。
九月霜降无霜打，十月霜降霜打霜。
霜降摘柿子，立冬打软枣。

霜降摘柿子，小雪砍白菜。
霜降不刨葱，到时半截空。
霜降快打场，抓紧入库房。
霜降不见霜，还要暖一暖。
霜降当日霜，庄稼尽遭殃。
霜打两匹荚，到老都不发。
霜降至立冬，种麦莫放松。
霜降没下霜，大雪满山岗。
霜降不割禾，一天少一箩。
霜降抽勿齐，晚稻牵牛犁。
霜降采柿子，立冬打晚枣。
霜降种麦，不消问得。
霜降晴，风雪少。
霜降雨，风雪多。
霜降腌白菜。

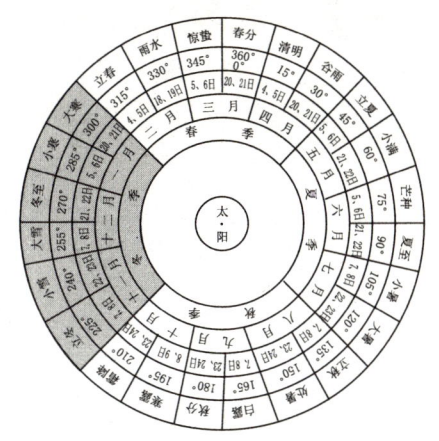

冬季六节气

立冬◎小雪◎大雪◎冬至◎小寒◎大寒

每年阳历的11月7日、8日，太阳到达黄经225°交"立冬"节气。立冬是二十四节气的第十九个节气，是冬季的第一个节气。古语有"立冬之日，水始冰，地始冻"的说法。从这个时候起，北风呼啸，雪花飘舞，阳气潜藏，阴气盛极，草木凋零，蛰虫伏藏，万物进入冬眠状态。

立冬农事气象

我国幅员辽阔，除全年无冬的华南沿海和终年无夏的青藏高原之外，各地的冬季并非都在"立冬"日出现。按连续5日平均气温降到10℃以下冬季开始的标志，我国最北的漠河及大兴安岭以北地区9月上旬就步入冬季，首都北京10月下旬才是一派冬景，长江流域的冬季则要到"小雪"节气前后才开始。

立冬时节，由于地表贮存的热量还有一定剩余，所以天气还不是太冷。晴朗无风之时，常有温暖舒适的"小阳春"天气，有利于冬作物的生长发育。但这时北方冷空气已具较强势力，频频南侵形成大风、降温趋势，并偶伴雨雪，这种寒潮天气对未收获的蔬菜会造成一定影响。

"立冬"以后，我国大部分地区雨水少，东北大地已经封冻，农作物进入越冬期，树木只剩下光秃秃的枝干。黄淮流域已是地净场光，江淮地区须抓紧移栽油菜。陕西各地的冬小麦开始分蘖，关中直播的油菜和陕南移栽的油菜苗继续生长扎根。各地应做好冬小麦及油菜苗的农田管理工作，进行查苗、补苗、中耕、追肥、培土，促进幼苗生长发育，达到苗齐、苗全、苗壮，以

备越冬。在华南,"立冬种麦正当时";对于北方冬小麦而言,由于地表是夜冻晨消,所以此时应进行冬浇冬灌,保证植物越冬水分,还可对果树进行修剪、包捆、保温,防止果树受冻害。

寒冷的冬季里,虽然气温偏低,但气候干燥,不时还有强烈的西北风,这时的枯草、干枝容易造成火灾,因此冬季一定要做好防火工作。

立了冬,农业生产的关键是做好一切越冬准备工作。对休闲地、春播预留地进行耕翻、深翻;整修渠道、边沟以备冬灌;构建温室(床)以备冬季育苗;备足精料、饲草,整修畜禽圈舍以备畜禽越冬;充分利用秋料的秸秆、枯叶、杂草、畜禽粪搞好积肥、沤肥,积攒有机粪肥。

立冬生活提示

立冬应多进行日光浴,也就是多晒太阳。晒太阳不仅给人温暖,促进血液循环和新陈代谢,还能增强人体对钙和磷的吸收,对佝偻病、类风湿性关节炎、贫血患者恢复健康有一定的益处,尤其对婴儿软骨病有预防作用。下面是日光浴的其他作用:

提高生育能力:充分的日光浴可以提高女性的生育能力,增加怀孕几率。研究表明,在日照充裕的季节,女性受孕的几率明显高于其他季节。

预防乳腺癌:多接受一些阳光的沐浴,可以减少患乳腺癌的几率。当暴露在阳光下的时候,体内维生素D的含量会激增,而维生素D被认为是抑制癌细胞生长的有效物质。

补充维生素D:维生素D又叫"阳光维生素",人体皮肤中所含的维生素D_3源通过获取阳光中的紫外线来制造、转换成维生素D,它可以帮助人体摄取和吸收钙、磷,使人的骨骼长得健壮结实。对婴儿软骨病、佝偻病有预防作用。对大人则有防止骨质疏松、类风湿性关节炎等功效。

预防皮肤病:晒太阳能够预防皮肤病。皮肤适当地接受紫外线的照射,可以有效杀除皮肤上的细菌,增加皮肤的抵抗力。

增强免疫力:阳光中的紫外线有很强的杀菌能力,一般细菌和某些病毒在阳光下晒半小时或数小时,就会被杀死。

预防贫血：阳光中的紫外线可以刺激骨髓制造红血球，提高造血功能，从而防止贫血。

立冬民间禁忌

民间忌讳立冬日吃生冷萝卜、水果，否则会损伤身体。在四川地区立冬日忌阴雨喜晴，晴天可保牛马不冻。广西也喜立冬日天晴，当地有谚语说："立冬晴，养穷人。"浙江杭州、江西南昌也有"立冬晴，一冬晴"的说法。湖南兴宁有谚语说："立冬无雨一冬晴"，认为立冬日宜晴。四川广安的说法与之相反，当地谚语说："立冬有雨一冬晴，立冬无雨一冬淋。"在河北昌黎、山东庆云等地，立冬日忌刮东南风，否则来年庄稼歉收。

立冬养生保健

冬季是进补的好季节，许多人都开始进补健身，但是，营养学专家指出，进补有一定的学问，不能随便乱补，应遵循以下几项原则。

戒乱进补：进补不能乱来。首先要了解自己该不该补，该补什么，要知道自己属于何种体质，何脏何腑有虚。一般而言，中年人以补益脾胃为主，老年人以补益肾气为主。但具体到个人，又有气虚、血虚、阴虚、阳虚、气血阴阳共虚等不同，要认真分析，最好在有经验的医生指导下判定。这样，才能有的放矢，不犯虚实之戒。

戒腻：对于身体状态不太好，脾胃消化不良的人来说，首先是要恢复脾胃的功能，否则服再多的补物也是无用。因此，冬令进补不要过于油腻，以易于消化为准则。

戒偏：中医认为，气与血、阴与阳虽然是互相对立的两个方面，但是又互为生长。冬令进补时也要兼顾气血阴阳，不可一味偏补，防止过偏反而引发其他的疾病。

外感戒补：在患有感冒、咳嗽等外感病症时，不要进补，以免留邪为寇，后患无穷。

戒依赖补药：对于想健身长寿的人来说，光靠补药养生不是好办法。还要进行适当的运动锻炼、饮食调整、多用大脑（做脑操）、避邪就静，才能达到真正意义上的养生保健。

冬令进补应顺应自然，注意养阳，以滋补为主。根据中医"虚则补之，寒则温之"的原则，在膳食中应多吃温性、热性、特别是温补肾阳的食物进行调理，以提高机体的耐寒能力。

冬季"食补"，应供给富含蛋白质、维生素和易于消化的食物。老年人每天晨起服人参酒或黄芪酒1小杯，可防风御寒活血。体质虚弱的老年人，冬季常食炖母鸡、精肉、蹄筋，常饮牛奶、豆浆，可增强体质。

现代医学认为，冬令进补能提高人体的免疫功能，促进新陈代谢，使畏寒的现象得到改善。冬令进补还能调节体内的物质代谢，使营养物质转化的能量最大限度地贮存于体内，有助于体内阳气的升发，为来年的身体健康打好基础。俗话说"三九补一冬，来年无病痛"，就是这个道理。

冬季进补其他一些需要注意的事项：有炎症，身体在患有急性病期间，不能进补。有慢性病，不能自作主张进补，应在医师的指导下进补。有大便硬结，便秘的情况不能进补。在进补时，应保持充足睡眠。如果每天都睡眠不足，请勿进补。应保持好的心情，如果经常抑制不住自己发脾气，这类人也不宜进补。

立冬营养药膳

萝卜炖排骨

药膳配方

猪排骨500克，萝卜500克，葱2根，姜1块，酱油1大匙，料酒1大匙，盐、味精、白糖、淀粉各1小匙

制作程序

1. 萝卜洗干净切成块，排骨斩小段；葱切花，姜切片备用。
2. 炒锅热油，将葱、姜和萝卜放入，煸炒至上色加入料酒、酱油、盐、

味精、白糖和清水，放入排骨，用火烧开锅后，转用小火烧30分钟，待汁收浓且口味浓香时，加入水淀粉，把汁全部挂在原料表面即可装碗。

药膳功效
下气宽中、消积导滞、健脾理气、止咳化痰。

▶ 紫菜玉米眉豆汤

药膳配方
紫菜19克，玉米棒2段，眉豆75克，莲子75克，猪瘦肉200克，姜1片，盐适量，冷水适量

制作程序
1. 紫菜用水浸片刻，洗干净后沥干水分；洗干净玉米棒、眉豆和莲子；洗干净猪瘦肉，氽烫后冲洗干净。
2. 煲滚适量水，放入玉米段、眉豆、莲子、猪瘦肉和姜片，水滚后改文火煲约90分钟，放入紫菜再煲30分钟，下盐即成。

药膳配方
补脾养胃，补肾涩精，益气养血。治脾虚久泻、肾虚遗精、贫血、崩漏带下。

▶ 首乌松针茶

药膳配方
何首乌18克，松针（花更佳）30克，乌龙茶5克，冷水适量

制作程序
先将首乌、松针或松花用冷水煎沸20分钟左右，去渣，以沸烫药汁冲泡乌龙茶5分钟即可。

服食方法
每日一剂，不拘时限饮服。

药膳功效
补精益血，扶正祛邪。适用于肝肾亏虚者，从事农药制造、核技术工作

及矿下作业等人员以及放疗、化疗后白细胞减少病人。

▶ 苁蓉羊腿粥

药膳配方

粳米 100 克，肉苁蓉 30 克，羊后腿肉 150 克，葱末 5 克，姜末 3 克，盐 2 克，胡椒粉 1.5 克，冷水 1000 毫升

制作程序

1. 将肉苁蓉洗干净，用冷水浸泡片刻，捞出细切。
2. 羊后腿肉剔净筋膜，漂洗干净，横丝切成薄片。
3. 粳米淘洗干净，用冷水浸泡半小时，捞出，沥干水分。
4. 取沙锅加入冷水、肉苁蓉、粳米，先用旺火烧沸，然后改用小火煮至粥成，再加入羊肉片、葱末、姜末、盐，用旺火滚几滚，待米烂肉熟，撒上胡椒粉，盛起即可食用。

药膳功效

益气补虚、温中暖下，治虚劳羸瘦、腰膝疲软、产后虚冷、腹痛寒疝、中虚反胃。

立冬习俗大观

立冬是我国气候寒来暑往的一个分界线，立冬之前为深秋，立冬之后严寒将至。或许是为了迎接冬天的到来，民间因此流行许多习俗。

▶ 补冬

为了适应气候季节性的变化，调整身体素质，增强体质以抵御寒冬，全国各地在立冬日纷纷进行"补冬"。闽南地区家家杀鸡宰鸭，并加入中药合炖，以增加香味和营养素；也有的把西洋参或高丽参切片，包在鸡、鸭肚之中缝好合炖，让小孩子吃了长身体；有的用党参、川七合炖，以加强骨骼健壮。总之，大家都是想方设法大力进补。出嫁的女儿给父母送去鸡、鸭、猪蹄、猪肚之类营养品，让父母补养身体，聊表对父母的孝敬之心。

养冬、入冬

浙江地区将立冬称为"养冬",要吃各种营养品进补,如在洞头,这天要杀鸡或鸭给家人补身体;也有吃猪蹄进补的,说是吃前蹄可补手,吃后蹄可补脚。在台湾基隆,称立冬为"入冬",当地的习俗为杀鸡鸭或买羊肉,加当归、八珍等补药共炖;也有的将糯米、龙眼干、糖等蒸成米糕而食。

吃甘蔗、炒香饭

潮汕谚语说:"立冬食蔗不会齿痛"。据说这一天吃了甘蔗,可以保护牙齿,也有滋补的功效。有些汕头市民在立冬日还吃炒香饭。用莲子、磨菇、板栗、虾仁、红萝卜做成的香饭,深受汕头市民的青睐。

吃咸肉菜饭

江苏苏州传统风俗是立冬吃咸肉菜饭。咸肉菜饭用正宗霜打后的苏州大青菜及肥瘦兼有的咸肉,以及苏州白米精制而成。过去苏州人家烧咸肉菜饭非常考究,都在砖灶上烧。砖灶是用砖砌成的烧稻草的灶头。灶上有根长烟囱穿过屋面,其灶头拔风性能好,火候可根据柴薪多少进行调节,烧出的咸肉菜饭又香又糯。

吃饺子

在北方,立冬吃饺子已有上百年的历史。饺子有"交子之时"的意思,除夕夜吃饺子代表新旧两年的交替,而立冬则是秋冬季节的交替,所以也有吃饺子的风俗。天津立冬吃倭瓜饺子。立冬时,市场上很难买到倭瓜。这种倭瓜是夏天买的,存在小屋里或窗台上,经过长时间糖化,做饺子馅,味道既有别于大白菜,也与夏天的倭瓜馅不同,还要蘸醋加烂蒜吃,才算别有一番滋味。

吃荞面

北京人在立冬喜欢吃荞面。《京都风俗志》说,立冬日,或有食荞面等物，谓能益人。配上两碟现腌现吃的大白菜、萝卜或小黄瓜，加点麻油和醋一拌，吃起来十分爽口。

▶ 扫疥

上海人在立冬时"扫疥"。民初胡德编著《沪谚外编》上卷说："立冬日，以菊花、金银花、香草，煎汤沐浴，曰'扫疥'。"华北、华中一带，冬日天冷，洗澡不便，疥虫、跳蚤等寄生虫便乘机在人身上繁殖起来，皮肤病也容易流行、传染，上海人在立冬这天洗药草香汤浴，正是希望一举把身上的寄生虫全部杀死洗干净，整个冬天不得疥疮。

▶ 腌菜

立冬这天有的地方会祭拜地神，表示欢迎冬天的来临，更把初熟的新鲜蔬菜加以腌藏，以备冬日之需。北宋孟元老《东京梦华录》卷九形容当时汴京人在十月立冬时忙着腌菜的情景说："是月立冬，前五日，西御园进冬菜。京师地寒、冬月无蔬菜，上至宫禁，下及民间，一时收藏，以充一冬食用，于是车载马驮，充塞道路。"

虫类（选自《三才图会》）

立冬农历节日

下 元 节

农历十月十五是下元节。下元节又称下元日、下元。它的来历和道教密切相关。道教诸神中有三官大帝三位神仙，分别是天官、地官、水官，各自的职责是天官赐福，地官赦罪，水官解厄。

关于三官的来历有一种说法是，道教最高天神元始天尊"飞身到太虚极处，取始阳九气，在九土洞阴，取清虚七气，更于洞阴风泽中，取晨浩五气，总吸入口中，与三焦合于一处。九九之期，觉其中融会贯通，结成灵胎圣体"。后分别于农历正月十五日、七月十五日、十月十五日从中吐出三子。三子"皆长为昂藏丈夫，元始语以玄微至道，悉能通彻"。三子降临人间为三位传说中的帝王尧、舜、禹，"皆天地莫大之功，为万世君师之法"。后来，三人被元始天尊敕封为三官大帝。由于尧规定了天时，使七政相等，因此被任命为天官；舜把中国分为十二州，使全体百姓安居乐业，因此被任命为地官；禹治理洪水，使家家户户安全，因此被任命为水官。

由于三官的诞辰日是农历正月十五，七月十五，十月十五，民间把这三天称为上元节、中元节、下元节。由于下元节是水官的诞辰，也是水官解厄之辰，即水官根据考察，上报天庭，为人解厄，民间为了纪念他的功德，便在这一天举行祭祀活动。

《中华全国风俗志》记载："十月望为下元节，俗传水官解厄之辰，亦有持斋诵经者。这一天，道观做道场，民间则祭祀亡灵，并祈求下元水官排忧解难。"古代朝廷在这一天有禁止屠宰及延缓死刑执行日期的规定。宋代吴自牧《梦粱录》中说："十五日，水官解厄之日，宫观士庶，设斋建醮（醮jiào，古代结婚时用酒祭神的礼），或解厄，或荐亡。"河北《宣化县新志》记载："俗传水官解厄之辰，人亦有持斋者。"下元节的这种祭祀活动一直延续到近代。

三官大帝（选自《民间年画》）

每到这一天，道观做道场，民间则祭祀亡灵，持斋诵经，祈求下元水官排忧解难。四川绵阳、广安和湖北汉口等地，这天城隍出巡，到厉坛祭祀。四川乐

山、山东济南,富户做水官解厄醮。在江苏盐城,村民集资设供,祭祀三官,祭完后,聚众宴饮。湖北英山多设饭食赈孤。

在台湾,将"水官大帝诞辰"称为"三界公诞",彰化俗称"三界公生"。宜兰各家焚香,备牲醴,烧金纸,做三界寿。在基隆,漳州籍人家午夜以后、黎明之前准备鲜果、香花、牲醴祭祀水官大帝;泉州籍人家则不祭。一些寺庙演戏酬神,或献牲醴祭拜,祈求平安。

立冬诗词歌赋

冬 景
唐·刘克庄

晴窗早觉爱朝曦,竹外秋声渐作威。
命仆安排新暖阁,呼童熨贴旧寒衣。
叶浮嫩绿酒初热,橙切香黄蟹正肥。
蓉菊满园皆可美,赏心从此莫相违。

这首诗描写的是晚秋初冬景色,全诗按时间顺序,一气呵成,先写景,再叙事,最后一句抒怀,戛然而止。诗人没有因为冬天的到来而伤感,反而是一副眉飞色舞、得意享受的神情。

立 冬 日 作
南宋·陆游

室小才容膝,墙低仅及肩。方过授衣月,又遇始裘天。
寸积篝炉炭,铢称布被棉。平生师陋巷,随处一欣然。

人的生存空间可以很小,但是人的心灵可以很大。斗室如何拘束和压抑得了陆游的心胸呢?在这里心灵空间和生存空间构成的强烈反差,展示出一种生命的质量与人生的意境。全诗语句平朴,但气势不减,符合陆游的诗歌风范。

立冬时令谚语

流传于民间的关于立冬的谚语，内容丰富，语言生动，不仅满含百姓机警与智慧，也反映劳动人民对冬季到来的重视。

立冬打雷要反春。

立冬阴，一冬温。

立冬晴，一冬凌。

立冬无雨满冬空。

立冬晴，好收成。

立冬打雷三趟雪。

立冬打霜，要干长江。

立冬白一白，晴至割大麦。

冬前不下雪，来春多雨雪。

立冬雷隆隆，立春雨蒙蒙。

立冬交十月，小雪河封上。

立冬日，水始冰，地始冻。

立冬刮北风，皮袄贵如金；立冬刮南风，皮袄挂墙根。

立冬到冬至寒，来年雨水好；立冬到冬至暖，来年雨水少。

立冬北风冰雪多，立冬南风无雨雪。

重阳无雨看立冬，立冬无雨一冬干。

立冬无雨一冬晴，立冬有雨一冬阴。

立冬有雨防烂冬，立冬无雨防春旱。

立冬一片寒霜白，晴到来年割大麦。

立冬晴，一冬晴；立冬雨，一冬雨。

立冬太阳睁眼睛，一冬无雨格外晴。

立冬晴，一冬阴；立冬阴，雪迎春。

做田只惊立冬风,做人只惊老来穷。

冬前不结冰,冬后冻死人。

立冬那天冷,一年冷气多。

立冬西北风,来年哭天公。

立冬雪花飞,一冬烂泥堆。

立冬西北风,来年五谷丰。

每年阳历的11月22日、23日前后,太阳到达黄经240°交"小雪"节气。小雪包括两层意思,一是气温下降,降水在空中凝结成雪花,是降雪的起始时间;二是天还没有冷到极点,雪下得不是太大。

小雪农事气象

我国北京、天津、济南、郑州、西安等地,初雪期都在11月下旬,即"小雪"节气前后。然而,东北、内蒙古、新疆北部,此前一个月就下雪了。长江以南地区,通常要在"小雪"后一个月才见初霜。

小雪节气,南方地区北部开始进入冬季。因为北面有秦岭、大巴山屏障,阻挡冷空气入侵,削减了寒潮的严威,致使华南"冬暖"现象显著。全年降雪日数多在5天以下,比同纬度的长江中下游地区少得多。大雪以前降雪的机会极少,即使是隆冬时节,也难得观赏到"千树万树梨花开"的迷人景色。由于华南冬季气温常保持在0℃以上,所以积雪比降雪更困难。

寒冷的西北高原,常年10月就开始降雪。高原西北部全年降雪日数可达60天以上,一些高寒地区全年都有降雪的可能。小雪以后大地封冻,田间农

江行初雪图(五代 赵幹)

事活动基本结束,除大田里的地面上还有些作物,在上冻之前可以收外,人们大多在家中养羊、牛、存放干果、整理越冬物资。

小雪生活提示

小雪节气要预防冬季常发作的疾病:

抑郁症:冬季日照时间明显缩短,气候变冷以后人体的内分泌系统发生一系列的变化,干扰了体内生物钟的正常运转,使人感到心情忧郁、身体倦怠、懒散、精力不集中、烦闷等不适感,医学上称为"冬季抑郁症"。这时,应适当晒太阳和参加体育锻炼,提高机体适应能力。

糖尿病:糖尿病患者要做好下肢保暖。因为糖尿病患者下肢血供不好,发生冻伤后,伤口不易愈合。严重者还会出现坏死。把下肢保暖好后,促进血液循环,发生糖尿病的危险自然会降低。

慢性支气管炎:冬季是慢性支气管炎易发作季节,寒冷空气可刺激呼吸道,减弱呼吸道防御功能,引起支气管平滑肌收缩、痉挛等。导致慢性支气管炎发作,症状加重。因此应注意防寒保暖。

高血压、冠心病:冬季机体受低温刺激,可使交感神经兴奋,皮肤毛细血管收缩,特别是脑部小动脉血管收缩,血液循环阻力加大,导致血压突然升高,严重者可发生脑出血、脑梗死。寒冷刺激使肾上腺素血液黏稠度增高,易导致血栓形成而阻塞冠状动脉,引起冠心病加重,出现心绞痛、心肌梗死。因此,天气变冷后,中老年人尤其是已有高血压病的人应定期测量血压,要长期、规律、不间断地进行降压治疗,按时服用降压药,使血压稳定在正常范围。

腮腺炎:腮腺炎是初冬2岁以上儿童常发生的传染病,症状是高热39℃以上,腮腺肿大、疼痛,怕进酸食。腮腺肿胀一般以耳垂为中心,向前、后下发展,皮肤发亮但不发红,咀嚼时疼痛,有的男孩还会出现睾丸肿大。患腮腺炎时,搞好环境卫生,保持室内空气清新,勤饮水,保证充足的睡眠,及时治疗和隔离是十分重要的。

小雪民间禁忌

小雪忌讳天不下雪。农谚说,"小雪不见雪,来年长工歇",其意是到了小雪节气,还未下雪,我国北方冬小麦可能缺水受旱,病虫害也易于越冬,影响小麦生长发育而欠产,故不必请长工。这也从另一角度说明了"瑞雪兆丰年"的道理。

小雪养生保健

小雪前后,天气阴冷晦暗、光照少,人的心情容易郁闷,特别是那些患有抑郁症的人更容易加重病情。

为避免冬季给健康带来不利影响,建议大家变被动为主动,调节自己的心态,保持乐观,节喜制怒,经常参加一些户外活动以增强体质,多听音乐让那美妙的旋律为你增添生活中的乐趣。多食保护心脑血管的食品,如丹参、山楂、黑木耳、西红柿、芹菜、红心萝卜。适当地吃些降血脂食品,如苦瓜、玉米、荞麦、胡萝卜。

这个季节宜吃温补性食物和益肾食品。温补性食物有羊肉、牛肉、鸡肉、狗肉、鹿茸;益肾食品有腰果、芡实、黑木耳、黑芝麻、黑豆。

小雪营养药膳

▶ 黑豆花生羊肉汤

药膳配方
羊肉750克,黑豆50克,花生仁50克,木耳25克,南枣10颗,生姜2片,香油、盐适量,冷水3000毫升

制作程序
1. 将羊肉洗干净,斩成大块,用开水煮约5分钟,漂干净;将黑豆、花

生仁、木耳、南枣用温水稍浸后淘洗干净，南枣去核，花生仁不用去衣。

2. 煲内倒入 3000 毫升冷水烧到水开，放入以上用料和姜用小火煲 3 小时。

3. 煲好后，把药渣捞出来，用香油、盐调味，喝汤吃肉。

药膳功效

本方具有补肾益气、祛虚活血、益脾润肺等功效。

黑木耳粥

药膳配方

粳米 100 克，黑木耳 30 克，白糖 20 克，冷水 1000 毫升

制作程序

1. 粳米淘洗干净，用冷水浸泡半小时，捞出沥干水分。

2. 黑木耳用开水泡软，洗干净、去蒂，把大朵的木耳撕成小块。

3. 锅中加入约 1000 毫升冷水，倒入粳米，用旺火烧沸后，改小火煮约 45 分钟，等米粒涨开以后，下黑木耳拌匀，以小火继续熬煮约 10 分钟，见粳米软烂时调入白糖，即可盛起食用。

药膳功效

抗血小板凝结，有降低血脂和防止胆固醇沉积的作用。

红菱火鸭羹

药膳配方

火鸭肉、菱角肉各 100 克，香菇、丝瓜各 25 克，盐 3 克，味精 1.5 克，料酒 6 克，色拉油 5 克，高汤 500 克，冷水适量

制作程序

1. 香菇用温水泡发回软，去蒂，洗干净，切丁；丝瓜去皮，切丁；火鸭肉、菱角肉也切成丁。

2. 炒锅入色拉油烧热，烹入料酒，注入适量冷水烧沸，把各丁放入锅中煨熟，捞起，滤干水分，放在汤碗中。

3. 将高汤倒入锅中，用盐、味精调味，待微微煮滚，倒入汤碗里即成。

药膳功效
补肝肾，乌须发，美容颜，润肌肤。

小雪习俗大观

北方地区立冬前后开始腌藏寒菜，而位于华东的江浙一带因冷得较晚，小雪来时才腌寒菜。清代厉惕斋《真州竹枝词引》里形容江苏仪征在小雪时腌寒菜的情景说："小雪后，人家腌菜，曰'寒菜'。"除了腌寒菜外，仪征人还把糯米炒熟贮存起来，好在寒冬时泡开水吃："炒糯米曰'炒米'，蓄以御冬。"

除了腌菜炒米，江浙人还在小雪天里酿酒。《清嘉录》卷十说："乡田人家，以草药酿酒，谓之'冬酿酒'。有'秋露白'、'杜茅柴'、'靠壁清'、'竹叶青'诸名。十月造者，名'十月白'，以白面造酒，用泉水浸白米酿成者，名'三白酒'，其酿未煮，旋即可饮者，名'生泔酒'。

陕南秦巴山区每逢冬腊月，即"小雪"至"立春"前，家家户户杀猪宰羊，除留够过年用的鲜肉外，其余趁鲜用食盐配以一定比例的花椒、大茴香、八角、桂皮、丁香等香料，腌入缸中，7—15天后，用棕叶、绳索串挂起来，滴干水分，进行加工制作。选用柏树枝、甘蔗皮、椿树皮做柴草熏烤，然后挂起来用烟火熏干而成。熏好的腊肉不仅风味独特，营养丰富，而且具有开胃、祛寒、消食功能。陕南腊肉保持了色、香、味、形具佳的特点，素有"一家煮肉百家香"的赞语。

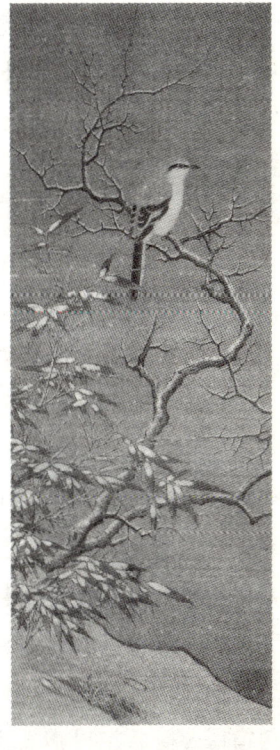

雪树寒禽图（宋　李迪）

小雪诗词歌赋

贺新郎·雪

南宋·葛长庚

是雨还堪拾。道非花、又从帘外，受风吹入。扑落梅梢穿度竹，恐是鲛人诉泣。积至暮、萤光熠熠。色映万山迷远近，满空浮、似片应如粒。忘炼得，我双睫。吟肩耸处飞来急。故撩人、粘衣噀袖，嫩香堪浥。细听疑无伊复有，贪看一行一立。见僧舍、茶烟飘湿。天女不知维摩事，漫三千、世界缤纷集。是剪水，谁能及！

噀(xùn)：含在口中而喷出。此词咏雪，善用比喻，联想丰富。如是雨堪拾、非花入户、鲛人诉泣、天女散花、天孙剪水等，都能将雪的物性特征表现得生动而富有情趣。词的构思新巧、笔调潇洒，全篇亦未出题字，但从始至终都可感到雪花纷纷扬扬，正在漫天飞舞。

逢雪宿芙蓉山主人

唐·刘长卿

日暮苍山远，天寒白屋贫。
柴门闻犬吠，风雪夜归人。

这首诗用极其凝练的诗笔，描画出一幅以旅客暮夜投宿、山家风雪人归为素材的寒山夜宿图。诗是按时间顺序写下来的。首句写旅客薄暮在山路上行进时所感，次句写到达投宿人家时所见，后两句写入夜后在投宿人家所闻。每句诗都构成一个独立的画面，而又彼此连属。

诗配画·逢雪宿芙蓉山主人（选自《唐诗画谱》）

诗中有画,画外见情。

小雪时令谚语

小雪时令谚语主要有:
小雪点青稻。
小雪无云大旱。
节到小雪天下雪。
小雪晴天,雨至年边。
小雪收葱,不收就空。
小雪封地,大雪封河。
小雪大雪,炊烟不歇。
小雪雪满天,来年必丰年。
小雪不封地,不过三五日。
小雪不分股,大雪不出土。
小雪不耕地,大雪不行船。
小雪地能耕,大雪船帆撑。
小雪下了雪,来年旱三月。
小雪不见雪,大雪满天飞。
小雪见晴天,有雨在年边。
小雪西北风,当夜要打霜。
小雪见晴天,有雪到年边。
小雪满田红,大雪满田空。
小雪不收菜,必定要受害。
小雪棚羊圈,大雪堵窟窿。
小雪节到下大雪,大雪节到没了雪。
小雪大雪不见雪,小麦大麦粒要瘪。
小雪封地地不封,大雪封河河无冰。
小雪封地地不封,老汉继续把地耕。
小雪不下看大雪,小寒不下看大寒。
小雪大雪不见雪,来年灭虫忙不撤。

每年阳历的12月7日、8日,太阳到达黄经255°交"大雪"节气。大雪意味着下雪次数增多,雪量增大,天气更加寒冷。

大雪农事气象

大雪节气,我国除华南和云南南部无冬区外,其余大部分地区均已披上冬日盛装。东北、西北地区平均气温下降至-10℃,黄河流域和华北地区气温也稳定在0℃以下。

气候正常年份,黄河流域及以北地区已有积雪出现,冬小麦已停止生长。江淮及以南地区的小麦、油菜仍在缓慢生长,要注意施好"腊肥",为安全越冬和翌年春季生长打下基础。华南、西南地区小麦已进入分蘖期,应施好分蘖肥,并注意冬作物的清沟排水。

天气虽然较冷,但贮藏的蔬菜、薯类、瓜果要勤于检查,适时通风,不可将窖封闭太死,以免升温过高、湿度过大出现烂窖现象。

大雪生活提示

冬季,老年人的体温持续在35℃以下,医学上称作"老人低温症"。老年人容易在冬季罹患此病,是因为身体机能老化,体内产热减少,能够觉察到温度降低的身体机能丧失了敏感度,在与寒冷的接触中,皮肤血管反应迟钝,不能很好地收缩,丢失的热量也比较多,因而不能使体温维持在一定的水平。

预防"老人低温症",首先要注意保暖,老人的居室温度最好保持在20℃左右,睡眠时,床上要采取一些,如使用电热毯、热水袋等保暖措施。其次,要多参加一些,如散步、打太极拳、做广播操、种花、养鸟等活动。第三,老年人冬季应多进食一些高热量的食物,但不宜多饮酒。如果体温一直不能回升,应及时到医院治疗。

大雪民间禁忌

雪对农作物有许多好处,可保暖,起到提升地温的作用;可防止春旱,有助于冬小麦返青;可冻死泥土中的病毒与病虫害。正由于有这些好处,所以在大雪时,忌讳无雪。"冬无雪,麦不结","大雪兆丰年,无雪要遭殃",这是辛勤劳作的农民千百年来经验的总结,也是对"大雪"作用的概括。

大雪养生保健

从中医养生学的角度看,大雪是"进补"的好时节。此时阴虚之人与阳虚之人的饮食有区别。阴虚是指精、血、津液亏耗,阴不制阳,阴液不足,其表现为五心烦热,即双手心、双脚心和胸心;还表现为面红上火、口腔咽喉干燥,干咳,口唇皲裂,夜出盗汗、皮肤干燥毛发干枯。因而宜防燥护阴、滋肾润肺,可食用一些如牛奶、豆浆、鸡蛋、甲鱼、鱼肉、芝麻、蜂蜜、百合、莲子、淮山药、银耳、萝卜、白菜、茄子、莲藕、菱角、香蕉、雪梨、甘蔗等柔软甘润的食物,忌食辣椒、胡椒、小茴香等燥热食品,以免化热伤阴。阳虚之人主要表现为面色苍白、四肢不温、神疲乏力、腰膝酸软、怕冷等,应食用一些如豆类、大枣、淮山药、桂圆肉、南瓜、韭菜、芹菜、栗子、鸡肉、狗肉、桃、椰子等温热、熟软的食物,忌食黏干硬生冷的食物。

大雪营养药膳

▶ 猪血归蓉羹

药膳配方
猪血 150 克，当归 6 克，肉苁蓉 15 克，熟大油 4 克，葱白 5 克，盐 2 克，味精 1.5 克，香油 3 克，冷水适量

制作程序
1. 将当归、肉苁蓉洗干净，放入锅内，注入适量冷水，煮取药液。
2. 将猪血整理干净，切成块，加入药液中煮熟，放入大油、葱白、盐、味精拌匀，食用时淋上香油即可。

药膳功效
补血止血，滋阴润肺，常用于治疗贫血、吐衄崩漏（衄 nǜ，泛指血）、阴虚燥咳、浮肿等症。

▶ 红枣羊骨糯米粥

药膳配方
糯米 100 克，羊胫骨 1 条，红枣 5 颗，葱末 3 克，盐 1 克，冷水适量

制作程序
1. 糯米淘洗干净，用冷水浸泡 3 小时，捞出沥干水分。
2. 红枣洗干净，剔除枣核。
3. 羊胫骨冲洗干净敲成碎块。
4. 取锅放入适量冷水，放入羊胫骨块，先用旺火煮沸，再改用小火熬煮至糯米熟烂。
5. 粥内下入葱末、姜末、盐调好味，再稍焖片刻，即可盛起食用。

药膳功效
本方具有滋补肝肾、添精止血的功效，可用于治疗虚劳羸弱、腰膝酸痛、

肾虚遗精、崩漏带下等症。

▶ 老鸭芡实汤

药膳配方
老鸭1只，芡实50克，盐少许，冷水适量

制作程序
1. 将老鸭去毛及内脏，清洗干净，将淘净的芡实填入鸭腹内缝口。
2. 放入沙锅内加适量水，以文火煨至鸭肉熟烂，加盐调味即成。

药膳功效
　　补中益气，补肾壮阳，利湿，缓解疲劳。适宜脾胃虚弱、消瘦乏力、消渴多饮及肾虚阳痿者服用。

大雪习俗大观

雪山萧寺图（宋　范宽）

　　大雪节气，全国各地更多的是在冰天雪地里赏玩雪景。南宋周密《武林旧事》卷三有一段话描述了杭州城内的王室贵戚在大雪天里堆雪山雪人的情形："禁中赏雪，多御明远楼，后苑进大小雪狮儿，并以金铃彩缕为饰，且作雪花、雪灯、雪山之类，及滴酥为花及诸事件，并以金盆盛进，以供赏玩。"

　　大雪白天短、夜间长，人们便利用这个特点，各手工作坊、家庭手工就纷纷开夜工，俗称"夜作"。如手工的纺织业、缝纫业、纸扎业、刺绣业、染坊到了深夜要吃夜间餐，这就是"夜作饭"的由来。为了适应这种需求，各饮食店、小吃摊也纷纷开设夜市，直至五更才结束，生意十

分兴隆。

我国北方冬季均有食饴糖的习俗。每到十月,街头出现不少敲锡锣卖饴糖的小摊贩。锡锣一敲,便吸引许多小孩、妇女、老人出来购买。妇女、老人食饴糖为的是在冬季滋补身体。

大雪诗词歌赋

白雪歌送武判官归京
唐·岑参

北风卷地白草折,胡天八月即飞雪。
忽如一夜春风来,千树万树梨花开。
散入珠帘湿罗幕,狐裘不暖锦衾薄。
将军角弓不得控,都护铁衣冷难着。
瀚海阑干百丈冰,愁云惨淡万里凝。
中军置酒饮归客,胡琴琵琶与羌笛。
纷纷暮雪下辕门,风掣红旗冻不翻。
轮台东门送君去,去时雪满天山路。
山回路转不见君,雪上空留马行处。

这是咏边地雪景,寄寓送别之情的诗作,全诗句句咏雪,勾画出天山奇寒。开篇先写野外雪景,把边地冬景比作是南国春景,可谓妙手回春。再从帐外写到帐内,通过人的感受,写天之奇寒。然后再移境帐外,勾画壮丽的塞外雪景,安排了送别的特定环境。最后写送出军门,正是黄昏大雪纷飞之时,大雪封山,山回路转,不见踪影,隐含离情别意。全诗连用四个"雪"字,写出别前、饯别、临别、别后四个不同画面的雪景,景致多样,色彩绚丽,十分动人。"忽如一夜春风来,千树万树梨花开",意境清新诱人,读之无不叫绝。

江 雪
唐·柳宗元

千山鸟飞绝,万径人踪灭。

孤舟蓑笠翁,独钓寒江雪。

这是一幅江乡雪景图。山山是雪,路路皆白。飞鸟绝迹,人踪湮没。遐景苍茫,迩景孤冷。意境幽僻,情调凄寂。渔翁形象,精雕细琢,清晰明朗,完整突出。诗采用入声韵,韵促味永,刚劲有力。历代诗人无不交口称绝。千古丹青妙手,也争相以此为题,绘出不少动人的江天雪景图。

沁园春·雪
毛泽东

北国风光,千里冰封,万里雪飘。望长城内外,惟余莽莽;大河上下,顿失滔滔。山舞银蛇,原驰蜡象,欲与天公试比高。须晴日,看红装素裹,分外妖娆。

江山如此多娇,引无数英雄竞折腰。惜秦皇汉武,略输文采;唐宗宋祖,稍逊风骚。一代天骄,成吉思汗,只识弯弓射大雕。俱往矣,数风流人物,还看今朝。

诗配画·江雪(选自《唐诗画谱》)

这是毛主席咏雪的佳词丽句。全词上片大笔挥洒,写北方雪景;下片纵横议论,评古今人物。上下浑融一气,构成了一个博大浩瀚的时空世界,铸就了一个完美独特的艺术整体,表现出一位伟大的无产阶级革命家超凡脱俗的精神境界。

大雪时令谚语

雪与人类生活和生产关系，在民间谚语中多有表现，内容涉及方方面面。这也是先人们在长期农事活动中的积累。

大雪天寒三九暖。

大雪不冻，惊蛰不开。

大雪下大雪，来年雨不缺。

寒风迎大雪，三九天气暖。

小雪不耕地，大雪不上山。

小雪地不封，大雪还能耕。

沙雪打了底，大雪蓬蓬起。

落雪是个名，融雪冻死人。

落雪见晴天，瑞雪兆丰年。

冬雪回暖迟，春雪回暖早。

冬季雪满天，来岁是丰年。

大雪冬至雪花飞，搞好副业多积肥。

到了大雪无雪落，明年大雨定不多。

先下大片无大雪，先下小雪有大片。

先下小雪有大片，先下大片后晴天。

冬雪消除四边草，来年肥多害虫少。

每年阳历的12月21日、22日左右，太阳到达黄经270°交"冬至"节气。冬至这天白天时间最短，黑夜时间最长。也就是从这天起，气温进入到了一年中最冷的时期。

冬至农事气象

民间有"不过冬至不冷"的说法。我国江淮之间到大巴山以北的广大地区，冬至气温已降到0℃以下，进入一年之中最冷的季节。常言说的"数九寒天"就是这个时期。

农事上，"冬至"后应集中力量，趁农闲大搞农田水利建设，并积肥造肥，为来年春种做好准备。及时消灭过冬虫卵。在华南地区，要施好菜、麦腊肥，防止冻害，谨防油菜发生早薹。

冬天夜长温度低，要饲喂好牛马等大牲畜，应加喂一次夜料，让牲畜常晒太阳，以增强耕畜的抗寒能力。

你知道吗：什么是冬九九？

冬九九是相对夏九九说的。在人们的习惯中，九九指的就是冬九九。我国传统是从冬至开始"数九"，也就是从冬至日算起，每九天一个段落，代表寒冷程度的加深，冬至这一天为"一九"的头一天，直到九九数尽，总共81天，寒冷才算结束。这81天时间叫做数九、九九、数九寒天。九九里以三九天最为寒冷。

我国许多地区依然流行着九九歌诀，因地区季节不同，农事有先有后，内容也有所区别。

一九二九，相唤不出手。三九二十七，篱头吹觱篥（觱篥bì lì，古代管乐器，用竹做管，用芦苇做嘴，汉代由西域传入）。四九三十六，夜眠如露宿。五九四十五，家家堆盐虎。六九五十四，口中呵暖气。七九六十三，行人把衣单。八九七十二，猫狗寻阴地。九九八十一，穷汉受罪毕，才要伸脚睡，蚊虫蠍蚤出。（《帝京景物略》）

一九二九，冰上行走；三九四九，掩门叫狗；五九六九，袖内拱手；七九河开，八九雁来；九九又一九，犁牛遍地走。（北京地区）

一九二九，哑门叫狗；三九四九，冻破碌碡；五九六九，开门大走；七九河开河不开，八九雁来雁准来；九九河重冻，米面撑破瓮。（黄河流域）

头九二九，相逢不出手；三九四九，冻得索索抖；五九四十五，穷汉街上舞；六九五十四，蚊蝇叫吱吱；七九六十三，行人着衣单；八九七十二，赤脚踩烂泥；九九八十一，花开添绿叶。（江苏地区）

冬至生活提示

冬天由于气温低，门窗紧闭，室内空气不断受到污染。污浊的空气里不仅氧气少，二氧化碳多，而且还有灰尘、病菌、有害气体，阳离子的浓度比室外多几倍到几十倍。人们在通风不良的房间里生活，会感到头昏脑胀，精神萎靡，甚至还可能患感冒等呼吸系统疾病。为了预防这些疾病的发生，所以冬季在室内要勤开窗、多通风。

冬至民间禁忌

河南一带忌冬至不吃饺子，否则会冻掉耳朵，且对农事收获不利。谚语说："冬至不过冬（指不吃饺子），扬场没正风。"湖北一带忌无雨。谚语说："立冬无雨看冬至，冬至无雨一冬晴。"意思是指来年天将大旱。

浙江绍兴冬至忌骂人、吵架，忌说不吉利的话。云南浪穹忌屠宰，忌戴孝之人进家门。浙江杭州冬至前一晚清扫屋内外地面，称"扫隔年地"，冬至日则不能扫地。湖州的老人和小孩子要早睡，认为冬至这天晚上阴气最重，而老人小孩阳气不足，必须避开，否则不利。

冬至养生保健

古人说:"冬至一阳生",指的是阴气到冬至时盛极而衰,阳气从此开始萌发。人体中的阳气,有推动、温煦、防御、固摄作用,是构成人体和维持人体生命活动的基本物质。所以冬至阳气开始强盛,仍须保护阳气,勿使情志过极,以免扰阳,应早卧晚起以护阳。饮食要养阴潜阳,温补阳气,增加高热量的食品以增强御寒能力。同时注意防寒保暖,一切都应注意敛阳护阴。

冬季是许多宿疾发作的时期,如呼吸系统、泌尿系统疾病在这时发病率相当高。饮食进补的基本原则是要顺应体内阳气的潜藏,以敛阳护阴为根本,以保证生命活动适应自然界的变化。具体的是应遵循增加热量、少食咸、多食苦、辨证施补等基本要领。

冬至营养药膳

▶ 甲鱼银耳汤

药膳配方
甲鱼1只,银耳50克,料酒、姜、葱、盐、味精、胡椒粉、香油各少许,冷水2800毫升

制作程序
1. 将甲鱼宰杀后,去头、尾、内脏及爪,将银耳用温水发透,去蒂头,撕成瓣;姜切片,葱切段。
2. 将甲鱼和银耳同放炖锅内,加入料酒、姜、葱、水,用武火烧沸,再用文火煮35分钟,加入盐、味精、胡椒粉、香油即成。

药膳功效
本方适用于阴虚火旺、肌肤不润、面色无华、眼角鱼尾纹多等症。

桑葚枸杞猪肝粥

药膳配方

粳米100克,猪肝100克,桑葚15克,枸杞10克,盐3克,冷水1000毫升

制作程序

1. 粳米淘洗干净,用冷水浸泡半小时,捞出,沥干水分。
2. 桑葚洗干净,去杂质;枸杞洗干净,用温水泡至回软,去杂质。
3. 猪肝洗干净,切成薄片。
4. 把粳米放入锅内,加入约1000毫升冷水,置旺火上烧沸,打去浮沫,再加入桑葚、枸杞和猪肝片,改用小火慢慢熬煮。
5. 见粳米熟烂时下入盐拌匀,再稍焖片刻,即可盛起食用。

药膳功效

补虚益精,清热明目,对虚劳发热、目赤肿痛、夜盲症患者最适宜。

虫草红枣烧甲鱼

药膳配方

甲鱼1只,冬虫夏草3克,红枣20克,料酒、精盐、葱、姜、蒜、鸡汤各适量

制作程序

1. 将甲鱼宰杀,去肠杂,剥去腿油,洗干净,切成4块;冬虫夏草洗干净,红枣用开水浸泡5分钟。
2. 甲鱼放入锅中,放入冬虫夏草、红枣,加料酒、精盐、葱段、姜片、蒜瓣和鸡汤,上笼隔水蒸2小时取出,拣去葱、姜、蒜即成。

药膳功效

滋阴益气,补肾固精。适用于腰膝酸软、遗精、阳痿、早泄、乏力、月经不调、白带过多等症。健康人食用能增强体质,防病延年。

冬至习俗大观

冬至又叫大冬、正冬。冬至前一天,叫做"小至"或"小冬",黄河流域也称"冬除"、"冬住"或"冬除夜",上海、江苏称"冬至夜",江苏连云港称"冬晚上"。冬至后一天,在山东叫做"至后"。

古人将冬至看成是阴阳二气的自然转化,是天赐之福。早在春秋战国时代,备受官民重视。商周和秦代,将"冬至"作为一年的岁首。汉代之后,确立冬至为"冬节",官府有一套隆重的祝贺仪式,叫"贺冬"。《后汉书》称,冬至前后,"百官进行祭天大典"。

冬至的活动曾经十分丰富,民间称为"肥冬瘦年"。

祭天

冬至日,古代朝廷有郊祀祭天的典礼。《礼记》卷二十六《郊特牲》说:"郊之祭也,迎长日之至也。"可见在周朝时就有皇帝率文武百官到城外南郊迎冬祭天了。此后,历朝在冬至都有这种典礼,礼成后百官还互贺冬节;唐代崔立之《南至隔仗望含元殿炉烟》说:"千官贺长至,万国拜含元。"

北宋时,皇帝率领文武百官到汴京城南一里多的郊天举行郊祀,对昊天上帝和太祖皇帝祭拜;南宋在杭州城南嘉会门外三里净明院附近的郊坛举行郊祀。元、明、清的郊祀,在北京南郊的天坛举行,礼成后回朝举办筵席。明代于慎行《冬至恭侍庆成大宴》说:"南郊夜燎泰坛烟,内殿朝开大庆筵;两陛衣冠承湛露,千门钟鼓震钧天;亲瞻玉几云霄上,久泛仙盃日月边;温旨三传咸已醉,欢声动地未央前。"可见朝廷里冬节庆筵的盛况。

清朝在冬至这天郊祀如仪,民初徐珂《清稗类钞·冬至郊天》说:"每岁冬至,太常侍预先知照各衙门,皇上亲诣圜丘,举行郊天大祭。前一日,御驾宿斋宫,午夜将事坛上帟幄皆蓝色。执事者衣青衣,王公大臣服貂蟒。坛旁有天灯竿三,高十丈,灯高七尺,内可容人,以为夜间骏奔助祭者之准望。届期,正阳门列肆悬灯彩,上辛常雩(雩yú,古代求雨的祭礼)亦如是。附近庙宇不准鸣钟擂鼓,亦不准居民施放鞭炮,以昭敬慎。"

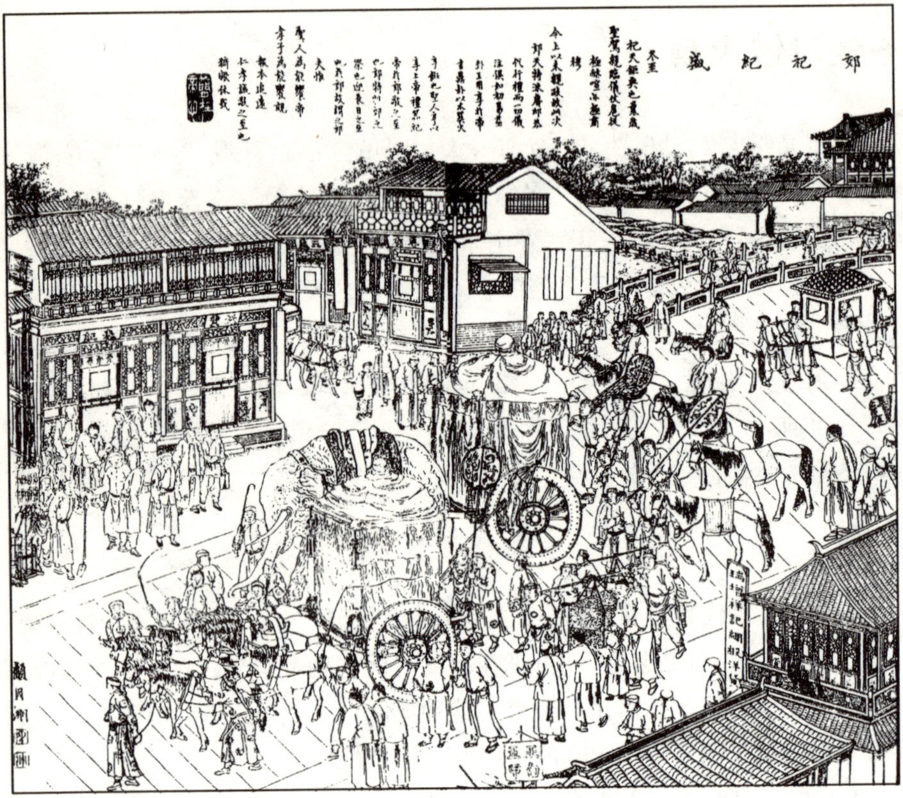

郊祀纪盛（选自《点石斋画报》）

▶ 拜冬

拜冬又称"贺冬"。宋代，人们每到冬至便更换新衣，庆贺往来，有如过年。清代顾禄《清嘉录》卷十一说："至日为冬至朝。士大夫家，拜贺尊长，又交相出谒。细民男女，亦必更鲜衣以相揖，谓之'拜冬'。"徐士宏《吴中竹枝词》说："相传冬至大如年，贺节纷纷衣帽鲜，毕竟勾吴风俗美，家家幼小拜尊前。"辛亥革命后仍然保留了这个习俗。上海地区过去最看重冬至节，冬至前夕称冬至夜，全家合聚欢筵，出嫁的女儿一定携带女婿回娘家吃晚饭。筵上尝新酿的甜白酒、花糕和粳粉圆子，然后在盘中垒上肉块祭祖，有的人家还悬挂祖先遗像。晚饭后，小辈向长辈拜礼。

履长

冬至对长辈们表示礼敬的习俗称为"履长"。《太平御览》引崔浩《妇仪》说:"近古妇人,常以冬至日上履袜于舅姑,践长至之义也。"这是履长风俗最早的形式,表示为长辈添寿。献履袜的风俗在魏晋时期尤其盛行,才高八斗的诗人曹植写有《冬至献袜颂表》,其中都是"迎福践长"一类的语词,所取的也是吉祥平安之意。

隆师

隆师即拜师,敬师,在中国伦理中,"一日为师,终生为父",师长和亲长具有几乎等同的地位。

山西民间有"冬至节,教书的"之说。这天,教书先生带领学生拜孔子,然后由学董带领学生拜先生,并牵头宴请先生。在山东潍坊,家塾学生在冬至日清晨更换新衣,去拜老师。河北新河的乡塾子弟还要携带酒肉拜谒。山西《虞乡县新志》说:"各村学校于是日拜献先师。学生备豆腐来献,献毕群饮,俗名为'豆腐节'。"

在河南洛宁,家塾、私塾全部放假,祭祀孔子,中午设宴款待老师。在陕西某些地区,冬至日馆东要带领家长和学生,手端方盘,盘中放四碟菜,一壶酒,酒杯,到学校慰问老师,学生向老师叩头请安,家长再和老师相互作揖问候。

冬至这天也有老师设宴答谢学生的。在河北定兴,"教授于家者,以此日宴饮弟子,答其终岁之仪,多食馄饨"。

拜圣

拜圣是拜大成至圣先师孔子。河北

先圣孔子像(唐 吴道子)

《固安县志》记述："冬至日，行祭先师礼，师生以次肃拜。"冬至也就成了拜圣的日子。

赠鞋

冬至节，民间习惯赠送鞋子。《中华古今注》记载："汉有绣鸳鸯履，昭帝令冬至日上舅姑。"后来，赠鞋给舅姑的习俗逐渐变成了舅姑赠鞋帽给甥侄了。过去的手工刺绣，送给男子的，帽子多做成虎形、狗形，鞋上刺绣的也是猛兽；送给女孩的，帽子多做成凤形，鞋上刺绣多为花鸟。

做冬至

浙江民间冬至在家祭祀祖先，有的到祠堂家庙里祭祀，称"做冬至"。一般人家在冬至前剪纸做男女衣服，冬至送到先祖墓前焚化，称"送寒衣"。祭祀之后，亲朋好友聚饮，称"冬至酒"，这样既怀念了亡者，又联络了感情。

吃馄饨

《燕京岁时记》记载："冬至馄饨夏至面。"冬至这天，京城人家大多吃馄饨。南宋时，临安（今杭州）也有每逢冬至吃馄饨的风俗。宋代周密说，临安人在冬至吃馄饨是为了祭扫祖先，也称"健馄饨"。只是到了南宋，才开始盛行冬至食馄饨祭祖的风俗。

在老北京，除了市面上叫卖的肥汤粉丝馄饨、白汤大馅馄饨、高汤卧果馄饨以及上海人卖的蛋片馄饨等各色品种外，各家还自己包馄饨、"喝"馄饨。

吃汤圆

江南盛行冬至吃汤圆。汤圆也称汤团，冬至吃汤团又叫"冬至团"。清代地方志记载，江南人用糯米粉做成面团，里面包上精肉、苹果、豆沙、萝卜丝等馅料。冬至团可以用来祭祖，也可用于互赠亲朋。在广西龙州，冬至称为"汤圆节"，这天早晨，家家做汤圆祭祀祖先，然后老少分食，晚上办酒席致祭，祭后举行家宴。上海过去最讲究吃汤团。人们在家宴上尝新酿的甜白酒、花糕和糯米粉圆子。有诗写道："家家捣米做汤圆，知是明朝冬至天。"

浙江温州的汤圆有甜糖、芝麻和咸肉等多种馅料。在宁海，用赤豆做馅制"糯米圆"，用肉做馅的称"肉炒圆"或"咸圆"。在宁波，汤圆称"冬至汤果"，有的在汤果中加番薯做成"番薯汤果"。

搓丸子

冬至前夕，广东、台湾等地舂米"搓丸子"。丸子的颜色有红有白，有的被捏成猪头、猪脚、花鱼（三牲）、荔枝、桃、梨、柑橘、香蕉（五果）等小巧玲珑的玩具，象征兴旺吉祥，因此"搓丸子"又叫'捏鸡母狗仔"。冬至早晨，农家要煮甜丸供奉祖先，然后当做早餐，还要将吃剩的几粒红丸粘贴在门户、谷仓、器物上，庆贺丰年，酬谢诸神。除此之外，许多人家还要蒸糕果、做寿龟、蒸年糕，象征年年高升，祈求福寿绵长。

捏冻耳朵

河南人冬至吃饺子俗称"捏冻耳朵"。相传南阳医圣张仲景曾在长沙做官，他告老还乡时正值大雪纷飞的冬天，寒风刺骨。他看见南阳白河两岸的乡亲有不少人的耳朵被冻烂了，就吩咐弟子在南阳关东搭起医棚，用羊肉、辣椒和驱寒药材放置锅里煮熟，捞出来剁碎，用面皮包成像耳朵的样子，再放到锅里煮熟，做成一种叫"驱寒矫耳汤"的药物施舍给百姓吃。服食后，乡亲们的冻耳朵都治好了。后来，每逢冬至进九，人们便模仿做着吃，因此形成"捏冻耳朵"这种习俗。

吃赤豆饭

在江南水乡，有冬至夜全家欢聚一堂共吃赤豆糯米饭的习俗。传说有一位叫共工氏的人，他的儿子不成才，作恶多端，死于冬至这一天，死后变成疫鬼，继续残害百姓。但是这个疫鬼最怕赤豆，于是人们在冬至这一天煮吃赤豆饭，用来驱避疫鬼，祛病防灾。

分胙肉

吃冬至肉的习俗流行于南方地区,肉主要用猪肉和酱烧熟。百姓们认为吃过冬至肉,能使身体强壮。有的地方冬至扫墓后,同姓宗族祠堂按人口分发冬至肉,称"分胙肉"。

冬至诗词歌赋

白居易像(选自《三才图会》)

冬至夜思家

唐·白居易

邯郸驿里逢冬至,抱膝灯前影伴身。
想得家中夜深坐,还应说着远行人。

冬至同元旦、寒食、端午、重阳等一样,是古代很重要的一个节日,所以引起诗人的乡思。远行人:诗人自指。诗人在节日的深夜灯前独坐,遥想家中的人们也一定是夜深不得眠,在怀念着出远门的亲人。诗中的后两句与王维的"遥知兄弟登高处,遍插茱萸少一人"有异曲同工之妙。

冬至日独游吉祥寺

北宋·苏轼

井底微阳回未回,萧萧寒雨湿枯荄。
何人更似苏夫子,不是花时肯独来?

荄(gāi):草根。吉祥寺:杭州有名的古刹,后改名为广福寺。吉祥寺中牡丹最盛。名人巨公皆纷纷游赏,题咏甚多。诗人在这一年的春天曾游吉祥寺,观赏牡丹,有《吉祥寺赏牡丹》绝句。此日正值冬至,诗人又来游吉祥寺了。所以说,"不是花时肯独来"。

冬 至 后
宋·张文潜

水国过冬至,风光春已生。梅如相见喜,雁有欲归声。
老去书全懒,闲中酒愈倾。穷通付吾道,不复问君平。

此诗先写景、言情,最后表明自己的志向,自然、简洁,无雕琢痕迹。

冬 至
童谣

大冬大似年,家家吃汤圆。
先生不放学,学生不给钱。

"大冬"即冬至,家家都吃汤圆,私塾要放假休息,如果不放假,学生就要拒付学费,可见当时社会对冬至的重视。

辛酉冬至
南宋·陆游

今日日南至,吾门方寂然。
家贫轻过节,身老怯增年。

陆游生活于1125—1210年间,活了85岁,辛酉年是1201年(宋宁宗嘉泰元年),此年他已经76岁了。"家贫轻过节",可能他懒得动了,而"身老怯增年"却是实话,因为"冬至"过后,马上就是新年,意味老人剩下的日子不多了。

扬州慢
南宋·姜夔

淳熙丙申正日,予过维扬。夜雪初霁,荠麦弥望。入其城则四壁萧条,寒水自碧,暮色渐起,戍角悲吟。予怀怆然,感慨今昔,因自度此曲。千岩

老人以为有《黍离》之悲也。

淮左名都,竹西佳处,解鞍少驻初程。过春风十里,尽荠麦青青。自胡马窥江去后,废池乔木,犹厌言兵。渐黄昏、清角吹寒,都在空城。

杜郎俊赏,算而今、重到须惊。纵豆蔻词工,青楼梦好,难赋深情。二十四桥仍在,波心荡冷月无声。念桥边红药,年年知为谁生?

淳熙丙申:公元1176年。至日:冬至这天。维扬:今天的扬州,千岩老人:南宋诗人萧德藻的号。姜夔身历高、孝、光、宁四朝,其青壮年正当宋金媾和之际,朝廷内外,文恬武嬉,将恢复大计置于度外。姜夔也曾因此而痛心疾首,深致慨叹。淳熙二年,他客游扬州时便有感于这座历史名城的凋敝和荒凉,而自度此曲,抒写黍离之悲。在作年可考的姜夔词中,这是最早的一首。上片由"名都"、"佳处"起笔,却以"空城"作结,其今昔盛衰之感昭然若揭。词的下片,作者进一步从怀古中展开联想:晚唐诗人杜牧的扬州诗历来脍炙人口,但如果他重临此地,必定再也吟不出深情缱绻的诗句,因为眼下只有一弯冷月、一泓寒水与他倘伴过的二十四桥相伴;桥边的芍药花虽然风姿依旧,却是无主自开,不免落寞。

冬至时令谚语

冬至谚语主要有:

冬至不离十一月。

冬至十天阳历年。

冬至无雨一冬晴。

冬节丸,一食就过年。

冬天不喂牛,春耕要发愁。

冬节夜最长,难得到天光。

冬至萝卜夏至姜,适时进食无病痛。

冬至天晴日光多,来年定唱太平歌。

冬在头,卖被去买牛;冬在尾,卖牛去买被。

冬在头，冷在节气前；冬在中，冷在节气中；冬在尾，冷在节气尾。

冬至在头，冻死老牛；冬至在中，单衣过冬；冬至在尾，没有火炉后悔。

冬至在月头，大寒年夜交；冬至在月中，天寒也无霜；冬至在月尾，大寒正二月。

冬至在月头，要冷在年底；冬至在月尾，要冷在正月；冬至在月中，无雪也无霜。

算不算，数不数，过了冬至就进九。

不到冬至不寒，不到夏至不热。

冬至江南风短，夏至天气干旱。

冬至羊，夏至狗，吃了满山走。

冬至一日晴，来年雨均匀。

冬至不下雨，来年要返春。

冬至出日头，过年冻死牛。

冬至天气晴，来年百果生。

犁田冬至内，一犁比一金。

冬至前犁金，冬至后犁铁。

冬至一场风，夏至一场暴。

冬至始打雷，夏至干长江。

冬至日头升，每天长一针。

冬至下雨，晴到年底。

冬至前后，冻破石头。

冬至过，地皮破。

每年阳历的1月5日、6日，太阳到达黄经285°交"小寒"节气。冷气积久而为寒，天气寒冷了，但还不是最冷的时候，又因为它与夏季的小暑节气相对应，故称"小寒"。

小寒农事气象

谚语说"热在三伏，冷在三九"，而这个"三九"，就处在小寒节气之间。这时，北京的日平均气温一般在0—5℃上下，极端最高气温也低于-1℃。东北北部地区日平均气温已在-30℃左右，午后最高气温平均也不过-20℃。黑龙江、内蒙古和新疆北纬4°以北的地区以及藏北高原，日平均气温在-20℃上下。而秦岭、淮河一线日平均气温则在0℃左右。

小寒农事活动不多，防止越冬植物受冻害是首要任务。冬小麦的抗寒能力有限，黄河流域在天气晴好时可以为麦田增施一些稀粪，作物此时可以吸收一定养分，冬季氮素挥发少，有利于肥力吸收。还可以到果园观察树木，遇有极端低温预报时，马上采取包裹等措施防冻。一些贮藏在窖中的瓜果蔬菜需要经常观察和翻动，以免受冻害。南方地区要注意给小麦、油菜等作物追施冬肥；海南和华南大部分地区做好防寒防冻、积肥造肥和兴修水利等工作。在冬前浇好防冻水、施足冬肥、培土壅根的基础上，寒冬季节要采用人工覆盖法，也是防御农林作物冻害的重要措施。当强寒潮到来之前，泼浇稀粪水，撒施草木灰，可有效减轻低温对油菜的危害。对于露地栽培的蔬菜，可用作物秸秆、稻草等稀疏地撒在菜畦上，能起到较好的保温防冻效果。遇到强低温来临，可再适当加厚覆盖物做临时性覆盖。

温棚蔬菜尽量多照日光，即使有雨雪低温天气，棚外草帘等覆盖物也不可连续多日不揭，以免影响植株正常的光合作用，造成营养缺乏。高山茶园，以及西北方向易受寒风侵袭的茶园，要用稻草、杂草或塑料薄膜覆盖篷面，以防止风抽而引起枯梢和沙尘对叶片的直接危害。雪后，应及早摇落果树枝条上的积雪，避免大风造成枝干断裂，影响来年春发。

你知道吗：冬季"寒潮"是如何形成的？

在冬季的时候，我们从电视机、收音机里能常常听到播音员发布中央气象台寒潮大风降温警报。什么是寒潮呢？按我国气象部门规定的标准：当冷空气侵入后，24小时内温度下降10℃以上、最低气温在5℃就是寒潮。寒潮来袭时，常刮五级甚至七级以上的大风。

侵入我国的寒潮的发源地，是在北冰洋和西伯利亚一带。那里，冬季日照短，一年中有许多日子完全见不到太阳，天气十分寒冷。在这样的环境下，空气体积收缩，气压增高得非常快，高压冷气团越来越强，最后就像决堤的洪水，向我国袭来。

影响我国的寒潮路径通常有三条：西路，自俄国新地岛以西的北冰洋洋面经西伯利亚进入新疆，然后沿着甘肃河西走廊进入华北、华中广大地区。东路，自东西伯利亚、鄂霍次克海，经过东北或朝鲜、日本海到达我国东南沿海。中路，由新地岛以东经贝加尔湖、蒙古人民共和国进入我国，这路寒潮势力最强，它直穿内蒙古高原、华北平原，到达长江流域，有时还越过南岭袭击华南地区，甚至能够到达海南岛。

小寒、大寒节气是寒潮的多发期。寒潮加剧天气的寒冷程度，容易形成冻害，对农作物的影响非常大。目前，我国气象部门对于寒潮的预报准确率大大提高，使广大农民能够及时采取预防措施，使作物遭受冻害的情况大为减轻。

小寒生活提示

小寒大寒，冷成冰团。小寒处在一年中最冷的时刻。这时正是人们加强身体锻炼，提高身体素质的大好时机。冬季锻炼身体，有几点要注意：第一，

冬季宜早睡晚起，锻炼的时间最好在日出后，气温略高时才开始。如早晨出现大风、大雾、寒流冷空气，就不要出门，可在室内、阳台进行锻炼。第二，由于天气寒冷，体表的血管遇冷收缩，血流缓慢，韧带的弹性和关节的灵活度降低，所以锻炼前要做好充分的热身活动，准备动作做好，可避免锻炼时发生肌肉损伤。第三，锻炼时宜穿合身的运动服，注意防寒保暖，做完热身活动后再脱下厚衣裤。锻炼后及时加穿衣服，注意保暖。第四，心脑血管疾病、胃肠道疾病、关节炎患者，尽量避免长时间在低温湿冷的环境中运动，运动中如感不适，应立即停止运动或上医院检查，以防不测。

小寒民间禁忌

小寒前后，来自北方的强冷空气及寒潮频袭中原大地，气候十分恶劣。这时候忌讳天暖，"小寒天气热，大寒冷莫说"，大寒会更冷。又忌讳不下雪，谚语说，"小寒大寒不下雪，小暑大暑田干裂"，第二年会出现干旱。

小寒养生保健

《黄帝内经》上有"春夏养阳，秋冬养阴"的养生格言，以指导人们顺其自然变化而进行保健。因此小寒的养生原则是敛藏精气、固本扶元，以"防寒补肾"为主。

人体在经过了春、夏、秋近一年的消耗，脏腑的阴阳气血会有所偏衰，合理进补既可及时补充气血津液，抵御严寒侵袭，又能使来年少生疾病，从而达到事半功倍的养生目的。

小寒常用补药有人参、黄芪、阿胶、冬虫夏草、首乌、枸杞、当归等；食补要根据阴阳气血的偏盛偏衰，结合食物之性来选择，可多吃羊肉、鸡肉、水鱼、核桃仁、大枣、淮山、莲子、百合、栗子等有补脾胃、健脾化痰、止咳补肺功效的食品和肉类。体质偏热、偏寒、易上火的人应缓补。平时生活上加强锻炼，注意保暖，特别是在寒流袭击的天气时，要防止呼吸道疾病的发生。

小寒营养药膳

▶ 虫草排骨炖鲍鱼

药膳配方
猪排骨200克,冬虫夏草3克,枸杞15克,鲍鱼肉60克,鸡汤、料酒、葱、姜各适量

制作程序
1. 将鲍鱼肉洗干净,排骨洗干净,切成小块,放入开水中氽一下,捞出,用凉水冲干净。
2. 鲍鱼、排骨放入沙锅,加入鸡汤,用微火炖煮3小时。
3. 加入料酒、冬虫夏草、枸杞、葱、姜、盐继续炖半小时即成。

药膳功效
补虚弱,壮腰膝,强筋骨,益气力。适用于老年人肺气肿、咳嗽、动脉硬化、白内障、骨质疏松。

▶ 百合花鸡蛋羹

药膳配方
鲜百合花25克,鸡蛋4个,菠菜叶30克,水发玉兰片、水发银耳、水发黑木耳均20克,香油3克,色拉油8克,湿淀粉30克,料酒10克,盐4克,味精2克,葱末3克,胡椒粉2克,素高汤200克,冷水适量

制作程序
1. 鲜百合花择洗干净,用开水烫一下捞出;蛋清、蛋黄分别打入两个碗里,每碗内放入适量盐、味精、胡椒粉,腌拌均匀。
2. 炒锅上火,放入适量冷水烧沸,下入鸡蛋清,待浮起时捞出控水,再放入鸡蛋黄,待熟后也捞出控水。
3. 坐锅点火,下色拉油烧至五成热时,放葱末炒香,加入素高汤、玉兰

片、银耳、黑木耳、百合花烧沸，加入料酒、盐、味精调味，放入蛋清、蛋黄、菠菜叶，用湿淀粉勾芡，最后淋上香油，出锅即成。

药膳功效

滋阴润燥，补气养血，可用于治疗贫血症。

▶ 枸杞海参汤

药膳配方

枸杞20克，海参（水发）300克，香菇50克，料酒20克，酱油10克，白糖10克，盐3克，味精2克，姜3克，葱6克，植物油35克

制作程序

1. 海参用水发透，切成2厘米宽、4厘米长的块；枸杞洗干净，去果柄、杂质；香菇洗干净，切成3厘米见方的块；姜切片，葱切段。

2. 将炒锅放到武火上烧热，加入植物油，烧六成热时加入姜、葱爆香，下入海参、香菇、料酒、酱油、白糖，加适量水，武火烧沸，文火焖煮，煮熟后加入枸杞、盐、味精即成。

药膳功效

补肝肾，益筋髓，壮筋骨。可治阳痿、遗精、滑精及肝肾两虚的腰膝冷痛、软弱无力等症。

小寒习俗大观

"小寒"是农历腊月的节气，古人称农历十二月为腊月。腊的本义是"接"，新旧交接的意思。进入腊月要进行重要的"腊

寒林平野图（北宋 李成）

祭"活动,《礼记·月令》有类似的话,季冬十二月,天子命典礼官吏举行大傩祭礼。"腊祭"的意思有三个,一是表示不忘记自己及其家族的本源,表达对祖先的崇敬与怀念。二是祭百神,感谢他们一年来为农业所做出的贡献。三是人们终岁辛劳,此时农事已息,借此游乐一番。

自周代以后,"腊祭"之俗历代沿习,从天子、诸侯到平民百姓,人人都不例外。"腊祭"多在宗庙、家庙中进行,也有的在郊外祭祀对农业起着重要作用的神灵。

小寒农历节日

腊 八 节

腊八也称腊日。中国远古时期,"腊"本是一种祭礼。人们常在冬月将尽时用猎获的禽兽举行大祭,以祈福求寿,避灾迎祥。古代"猎"字与"腊"字相通,"腊祭"就是"猎祭",因此将每年终了的十二月称作"腊月",把十二月初八称作"腊日"。

降魔得道图(佛画)

《礼记·月令》中说:"是月也,大饮蒸。天子乃祈来年于大宗。"从先秦时起,都是将"腊日"视为年节来过的,但并不固定在十二月初八这一天,直到魏晋南北朝时才固定下来。当时《荆楚岁时记》中有"腊鼓鸣,春草生"的谚语,反映人们在腊日这一天鸣鼓起舞,迎接新春的欢乐情景。

在腊八节,我国不少地方流行喝"腊八粥"的风俗。这个风俗起源于印度的佛教传说。传说十二月初八日是佛祖释迦牟尼降魔得道成佛的日子,因此寺院要做佛

事并熬粥供佛或施粥给穷苦的人。

《东京梦华录》说，腊八各大寺作浴佛会，"并送七宝五味粥与门徒，谓之'腊八粥'。都人是日各家亦以果子杂料煮粥而食也"。到了南宋，寺院中煮的腊八粥不仅供奉佛祖、自家食用，而且还赠送施主、富贵人家。吴自牧的《梦粱录》卷六说："（十二月）八日，寺院谓之'腊八'。大刹等寺，俱设五味粥，名曰'腊八粥'；亦设红糟，以麸乳诸果笋芋为之，供僧，或馈送檀施、贵宅等家。"由此可见，寺院中过佛成道节、食腊八粥的习俗早已传入民间，成为整个中华大地的腊八节习俗，而且使得这一原来为佛教的节日被民间世俗化，成为民间的传统节日了。

同为腊八粥，各地的花样却是争奇竞巧，品种繁多。清代富察敦崇在《燕京岁时记》里称北京的"腊八粥者，用黄米、白米、江米、小米、菱角米、栗子、去皮枣泥等，和水煮熟，外用染红桃仁、杏仁、瓜子、花生、榛穰、松子及白糖、红糖、葡萄以作点染"，颇有京城特色。

天津的腊八粥，同北京近似，讲究些的还要加莲子、百合、珍珠米、薏仁米、大麦仁、云豆、绿豆、桂圆肉、龙眼肉、白果、红枣及糖水桂花，色、香、味俱佳。近年还有加入黑米的。这种腊八粥可供食疗，有健脾、开胃、补气、安神、清心、养血等功效。

江苏腊八粥分甜咸两种，煮法一样。只是咸粥加青菜和油。苏州人煮腊八粥要放入茨菇、荸荠、胡桃仁、松子仁、芡实、红枣、栗子、木耳、青菜、金针菇。清代苏州文人李福曾有诗云："腊月八日粥，传自梵王国，七宝美调和，五味香掺入。"

陕北高原熬腊八粥除了用多种米、豆之外，还得加入各种干果、豆腐和肉混合煮成。通常是早晨就煮，或甜或咸，依人口味自选酌定。如果是中午吃，还要在粥内煮上些面条，全家人团聚共餐。吃完以后，将粥抹在门上、灶台上及门外树上，以驱邪避灾，迎接来年的农业大丰收。

甘肃的腊八粥用五谷、蔬菜，煮熟后除家人吃，还分送给邻里，还要用来喂家畜。兰州、白银，腊八粥煮得很讲究，用大米、豆、红枣、白果、莲子、葡萄干、杏干、瓜干、核桃仁、白糖、肉丁煮成。煮熟后先用来敬门神、灶神、土神、财神，祈求来年风调雨顺，五谷丰登，再分给亲邻，最后一家人享用。

小寒诗词歌赋

寒 夜
南宋·杜小山

寒夜客来茶当酒，竹炉汤沸火初红。
寻常一样窗前月，才有梅花便不同。

岁寒三友图（清 胡公寿）

这首诗是诗人在冬末的寒冷之夜招待来客时即兴之作，表现了一种"有客自远方来，不亦乐乎"的喜悦心情，炉内炭火炽红，茶水沸腾。窗外月光皎洁，和往常没有两样，但今夜却感觉那梅花的香气格外袭人。"茶当酒"表现了"君子之交淡如水"的高雅，"火初红"喻意待客的热情，"一样"与"不同"反映出诗人此时此刻的特有心境，寥寥数语，暗中呼应，其情景、心态、意境，栩栩如生，跃然纸上。

腊梅香
南宋·喻埗

晓日初长，正锦里轻阴，小寒天气。未报春消息，早瘦梅先发，浅苞纤蕊。揾玉匀香，天赋与，风流标致。问陇头人，音容万里，待凭谁寄。一样晓妆新，倚朱楼凝盼，素英如坠。映月临

风处,度几声羌管,愁生乡思。电转光阴,须信道,飘零容易。且频欢赏,柔芳正好,满簪同醉。

揾(wèn):用手指按、擦。这是一首咏梅的宋词,在小寒天气下,梅花不畏严寒"生发",还散发着香气,正如人们所说的"梅花香自苦寒来"。

小寒时令谚语

和其他节气一样,小寒的时令谚语也多与天气变化、农事活动有关系。

冷在三九,热在中伏。
腊七腊八,冻死旱鸭。
腊七腊八,冻裂脚丫。
腊月三白,适宜麦菜。
九里的雪,硬似铁。
麦苗被啃,产量受损。
三九、四九,冻破碓臼。
大雪年年有,不在三九在四九。
三九四九不下雪,五九六九旱还接。
薯菜窖,牲口棚,堵封严密来防冻。
数九寒天鸡下蛋,鸡舍保温是关键。
腊月大雪半尺厚,麦子还嫌被不够。
九里雪水化一丈,打得麦子无处放。
小寒节,十五天,七八天处三九天。
一早一晚勤动手,管它地冻九尺九。
草木灰,单积攒,上地壮棵又增产。
天寒人不寒,改变冬闲旧习惯。
腊月三场白,来年收小麦。
腊月三场白,家家都有麦。
腊月三场雾,河底踏成路。

三九不封河,来年雹子多。
避免畜啃青,认真订奖惩。
小寒胜大寒,常见不稀罕。
不怕家里少,就怕不去找。
牛喂三九,马喂三伏。
腊月栽桑桑不知。

牛(选自《三才图会》)

每年阳历的1月20日、21日，太阳到达黄经300°交"大寒"节气。大寒是冬季的最后一个节气，也是二十四节气中的最后一个节气，这时风猛、雪大、冰厚、气温低。

大寒农事气象

由于地面在夏秋季积累的热量，从冬至夜开始散发幅度加大，大寒时地面热量落到最低点，因而气温也降至最低。已有的气象记录显示，"大寒"前后，内蒙古北部海拉尔的极端最低气温是 $-43.3℃$，北京 $-22.8℃$，武汉 $-13℃$，上海 $-12℃$，广州也曾出现 $0℃$ 的低温。大寒天气真正是到了"天寒地冻"的程度。

大寒期间，时常有大雪降落，这时的大雪对冬小麦生长非常有利，盖在麦苗上的大雪可以保持地温，避免麦苗被严寒冻伤，麦田中的雪待来年融化时还可化做春水保证墒情。有了足够的雪水，还要有足够的肥料保证来年收成。

大寒生活提示

冬季是阴气盛极、万物收藏之季，自然界生物处于冬眠状态，以待来年春天的生机。人要懂得顺应自然的规律，冬季正是人体休养的好时节，应当注意保存阳气，养精蓄锐。冬季起居，应该与太阳同步，早睡迟起，避寒就暖，最好是太阳出来后起床，才能不扰动人体内闭藏的阳气。特别是老年人，冬天不宜早起。老年人气血虚衰，冬季锻炼，绝不可提倡"闻鸡起舞"。《黄帝内经》在论述冬季养生时说："早睡晚起，必待日光。"意思是说，冬天要早些睡，早晨不要起得太早，要等到太阳出来以后才能出门。这是因为冬天气候寒冷，气压较低，污浊的空气聚集在靠近地面的空间，太阳出来以后，气温升高，污浊空气会逐渐飘散，这时再出门才有利于健康。

大寒民间禁忌

民间在大寒节气忌天晴不雪。农谚说："大寒三白定丰年"、"大寒见三白，农人衣食足。"三白指下三场大雪。大寒忌晴宜雪的说法早在唐朝时就有了。唐代张文成《朝野佥载》中说："一腊见三白，田公笑赫赫。"为什么腊月下雪就预兆丰收呢？《清嘉录》卷十一《腊雪》说得好："腊月雪，谓之腊雪，亦曰'瑞雪'杀蝗虫、主来岁丰稔。"腊雪杀了蝗虫，次年不闹虫灾，自然丰收在望。

大寒养生保健

由于气候寒冷，阴盛阳衰，人体受寒冷气温的影响，机体的生理功能和食欲等都会发生变化。因此，大寒时合理地调整饮食，保证人体必需营养素的充足，安全、顺利地越冬是十分必要的。

冬天养生应以增加热能为主，可适当摄入富含糖类和脂肪的食物。蛋白质的供给量以占总热量的15%—17%为好，多吃瘦肉、鸡蛋、鱼类、乳类、豆类及其制品，这些食物所含的蛋白质，不仅便于人体消化吸收，而且富含必需氨基酸，营养价值较高，可增加人体的耐寒和抗病能力。

有句话叫"春夏养阳，秋冬养阴"，并不是说春夏补阳气，秋冬补阴气，而是因为春夏时人们喜欢吃寒凉食物，阳气易受伤，所以要特别注意保护好阳气；而秋冬季节，人们很注意温养阳气，尤其在北方，天气干燥，人们只顾养阳气，却忘了那些辛辣之品容易化燥伤阴，结果常常为了补而不慎伤着了阴津。所以秋冬北方人在补阳的同时要稍微在食物中加一点滋阴的东西。在吃完温热食物之后喝些枸杞茶，或者熬点枸杞粥，吃点六味地黄丸和起居地黄丸。

《内经》说,"诸寒收引,皆属于肾"。冬季的寒气容易伤肾,不注意保养,会出现周身骨骼拘急、抽搐、活动不利等中风症状。寒气伤肾,能引起各种虚寒性的性功能障碍。肾主骨,骨质增生、骨骼钙化等病也可以从肾上预防。

冬主藏,为春季的生发积蓄能量,瑞雪兆丰年,冬季藏得好,下一年才能生机勃勃,如此良性循环,自然延年益寿。

大寒营养药膳

▶ 椰子黄豆牛肉汤

药膳配方
椰子1个,黄豆150克,牛腱子肉225克,红枣4颗,姜2片,盐适量,冷水适量

制作程序
1. 将椰子肉切块,黄豆洗干净,红枣去核洗干净,牛腱子肉洗干净,氽烫后再冲洗干净。
2. 煲滚适量水,放入椰子肉、黄豆、牛腱子肉、红枣和姜片,水滚后改文火煲约2小时,下盐调味即成。

药膳功效
益气止渴,强筋壮骨,滋养脾胃,提高免疫力。

▶ 首乌粥

药膳配方
粳米100克,何首乌30克,红枣5颗,冰糖10克,冷水1000毫升

制作程序
1. 粳米淘洗干净,用冷水浸泡半小时,捞出沥干水分。
2. 红枣洗干净,去核,切片,何首乌洗干净,烘干捣成细粉。

3. 粳米放入锅内，加入约 1000 毫升冷水，用旺火烧沸后加入何首乌粉、红枣片，转用小火煮约 45 分钟。

4. 待米烂粥熟时，下入冰糖调好味，再稍焖片刻，即可盛起食用。

药膳功效
补肝肾、滋阴、润肠通便、益精血、抗早衰。

参芪归姜羊肉羹

药膳配方
羊肉 300 克，党参、黄芪、当归各 20 克，料酒 5 克，味精 1.5 克，色拉油 3 克，盐 2 克，香油 2 克，姜 15 克，湿淀粉 25 克，冷水适量

制作程序
1. 将羊肉撕去筋膜，洗干净，切成小块，调入料酒、色拉油、盐，拌匀腌 10 分钟。

2. 当归、党参、黄芪、姜用干净的纱布袋包扎好，扎紧袋口。

3. 将羊肉块、药包放入沙锅中，加适量冷水，用旺火煮沸，改用小火炖至羊肉烂熟，去药包，用湿淀粉勾芡，加入味精，淋上香油，即可盛起食用。

药膳功效
补诸虚不足，益元气，壮脾胃，去肌热，排脓止痛，活血生血，益寿抗癌。

大寒习俗大观

"过了大寒，又是一年。"这个"年"指的是农历年。再过十多天，"立春"踏雪而来，又是新的一年、新的一个季节了。

天津人每当腊月极寒冷之时，把若干好米洗干净蒸透，再铺摊在芦席上，等冷透后晒干，贮存到干净的瓷缸内，这种米叫"蒸腊米"，收藏几十年也不坏。老年体弱或有病人，用蒸腊米煮饭吃，有益脾胃；夏天吃这种米，可避免泻痢。

我国大多数地方，大寒之后开始进入繁忙的年货准备期。清代《真州竹枝词引》中有"腌肉鸡鱼鸭，曰'年肴'，煮以迎岁"的记载。对于大多数人家，忙年货是一种快乐。

拉冰床图（选自《北京民间风俗百图》）

此中國拉氷床之圖也京都城根護城河冬天凍氷時其人以木做成床下按鐵條二根在河内拔有來往人生之其人以繩拉之行走一門三里之遙每人給錢三百文

古代社会物质匮乏，生活单调，一年到头，大人孩子就盼着过年好好乐一乐。《燕京岁时记》载："每至十二月，于十九、二十、二十一、二十二四日之内，由钦天监选择吉期，照例封印，颁示天下，一体遵行。封印之日，各院部掌印司员必应邀请同僚欢聚畅饮，以酬一岁之劳。"

大寒农历节日

小 年

小年又称小岁、小年夜，是相对大年（春节）而言的。因地区不同，各地过小年的日期略有差异,大部分地区在农历十二月二十四日过节。北京、河南等地区十二月二十三日过节。东汉崔寔(寔(时音)放置,同"实")《四民月令》记载:"腊月日更新,谓之小岁,进酒尊长,修贺君师。"在宋代,过小年不出门拜贺,《太平御览》卷三十三引徐爱《家仪》说:"惟新小岁之贺,既非大庆,礼止门内。"这天合家团聚,欢宴饮酒,就像过大年一样。清代姚兴泉《龙眠杂忆》记安庆桐城县(今属安徽)腊月过小年的情景:"二十四晚,设酒醴以延祖先,自密室达门面,内外洞澈,灯烛辉煌,而花炮之声达于四巷,几与除夜无异,士人谓之小年。"

小年有许多习俗,体现了民间对它的重视。

祭灶

祭灶即祭祀灶君。灶君俗称灶君菩萨、灶王爷、灶公灶母、东厨司命。早在春秋时期,孔子《论语》就说了"与其媚于奥,宁媚于灶"的话。先秦

卖糖瓜糖饼图(选自《北京民间风俗百图》)

时期,祭灶位列"五祀"之一(五祭祀为祀灶、门、行、户、中雷五神。中雷即土神。也有人说五祀是:门、井、户、灶、中雷;行、井、户、灶、中雷)。

民间流传灶君是玉皇大帝派到人间察看善恶的大神。这位神仙的由来有几种说法。一种认为灶君是黄帝,《淮南子·微旨》中说:"黄帝作灶,死为灶神。"一种认为灶君是祝融,《周礼》中说:"颛顼氏有子曰黎,为祝融,祀以为灶神。"一种认为灶君是老妇,《礼记·礼器》中有"燔柴于奥"(燔 fán,焚烧)的记载。郑玄注说奥或作灶。孔颖达疏:奥即灶神。在春秋时,于孟夏之月祭祀,"以老妇配之",其祭"设于灶陉"。一种认为灶君是神仙,灶神是天上星宿之一,因为犯了过失,玉皇大帝把他贬谪到人间当了灶神,号为"东厨司命"。一种认为灶君是浪子,灶神姓张,是一位负情浪子,因羞见休妻而钻入灶内,后成为灶神。一种认为灶君是虫子变成的,《庄子·达生》中说:"灶有髻。"司马彪注:"髻音结,灶神名。赤衣如美女。"髻是一种虫。长年栖息在灶上,其身呈暗红色,头小,有丝状触角,善跳跃。俗称"灶马"或"灶鸡"。

相传灶君掌握一家的祸福,每年农历腊月二十三或二十四,要上天向玉皇大帝禀告人间善恶,所以家家户户在这一天将酒、糖、果等供品放在厨房灶神牌位下祭祀,祭祀后要烧掉灶神像,说是送灶神上天。灶龛两侧贴有"上天言好事,下界保平安"的联语和"一家之主"的横批。全家老小都要参加祭祀、磕头、行礼。有的由长子奉香、送酒,并为灶神的坐骑撒马料,从灶台一直撒到厨房门外小路。

为了防止灶神升天乱揭人间短处,供品中一定有胶牙糖做成的糖瓜、糖饼、年糕,为的是让这些食品将灶神的牙齿粘住,不让它发声;或敬上美酒一杯,认为可以使灶神喝醉不能言语,称之"醉司命"。浙江一带,祭灶日把饴糖拌上米粉做成元宝的形状,叫"糖元宝"。山东夜间在门外撒上草豆、放置清水,意思是喂饲神马,好让灶神骑着升天。苏州送灶神,民间将松柏枝、石楠、冬青一起扎成小把,称"送灶柴",沿街叫卖。

▶ 赶婚

过了腊月二十三,民间认为诸神上了天,百无禁忌。娶媳妇、出嫁不用挑日子，称为赶乱婚。直至年底，举行结婚典礼的非常多。民谣说"岁晏乡村嫁娶忙，宜春帖子逗春光。灯前姊妹私相语，守岁今年是洞房。"

▶ 梳洗

小年以后，大人、小孩都要洗浴、理发。民间有"有钱没钱，剃头过年"的说法。山西吕梁地区婆姨女子都用开水洗脚。未成年的少女，大人们也要帮她把脚擦洗干净，不留一点污秽。

▶ 扫家

过了二十三，离春节只剩下六、七天，过年的准备工作显得更加热烈了。要彻底打扫室内，俗称"扫家"，清理箱、柜、炕席底下的尘土，粉刷墙壁，擦洗玻璃，糊窗花，贴年画。

山西民间流传着两首歌谣，其一是："二十三，打发老爷上了天；二十四，扫房子；二十五，蒸团子；二十六，割下肉；二十七，擦锡器；二十八，沤邋遢；二十九，洗脚手；三十日，门神、对联一齐贴。"体现了时间紧迫和准备工作的紧张。其二是一首童谣："二十三，祭罢灶，小孩拍手哈哈笑。再过五、六天，大年就来到。辟邪盒，耍核桃，滴滴点点两声炮。五子登科乒乓响，起火升得比天高。"反映了儿童盼望过年的心理。

▶ 贴窗花

在所有过年的准备工作中，剪贴窗花是最盛行的民俗活动。窗花内容有各种动、植物掌故，如喜鹊登梅、燕穿桃柳、孔雀戏牡丹、狮子滚绣球、三羊（阳）开泰、二龙戏珠、鹿鹤桐椿（六合同春）、五蝠（福）捧寿、犀牛望月、莲（连）年有鱼（余）、鸳鸯戏水、刘海戏金蝉、和合二仙等。也有各种戏剧故事，谚语说："大登殿，二度梅，三娘教子四进土，五女拜寿六月雪，七月七日天河配，八仙庆寿九件衣。"体现了民间对戏剧故事的偏爱。刚娶新媳妇的人家，新媳妇要带上自己剪制的各种窗花，回婆家糊窗户，左邻右舍还要前来观赏，看新媳妇的手艺如何。

蒸花馍

腊月二十三后，家家户户要蒸花馍。花馍分为敬神和走亲戚用的两种类型。前者庄重，后者花哨。特别要制作一个大枣山，以备供奉灶君。"一家蒸花馍，四邻来帮忙"。这是女性一展灵巧手艺的大好机会，一个花馍，就是一件手工艺品。

吃饺子、炒玉米

祭灶节，北京等地讲究吃饺子，取意于"送行饺子迎风面"。山西东南部吃炒玉米，民谚有"二十三，不吃炒，大年初一锅倒"的说法。人们喜欢将炒玉米用麦芽糖粘结起来，冰冻成大块，吃起来酥脆香甜。

大寒诗词歌赋

大 寒 赋
晋·傅玄

五行倏而惊骛兮，四节终而电逝，谅暑往而寒来，十二月而成岁。日月会于析木兮，重阴悽而增肃。在途中冬之大寒兮，迅季旬而逾麎。彩虹藏于虚廓兮，鳞介潜而长伏。若乃天地凛冽，庶极气否，严霜夜结，悲风昼起，飞雪山积，萧条万里。百川咽而不流兮，冰冻合于四海，扶木憔悴于旸谷，若华零落於濛氾。

麎（cù）：紧迫。旸（cháng）：日出。旸谷：古书上指日出的地方。氾（fàn）：同泛。傅玄这首《大寒赋》写出了严冬的景象，天地凛冽、严霜夜结、飞雪山积，正是大寒节气的天气特征。

寒林骑驴图（北宋　李成）

答　人
唐·太上隐者

偶来松树下，高枕石头眠。
山中无历日，寒尽不知年。

太上隐者，唐代的隐士，隐居于终南山，自称太上隐者，生平不详。当时有人问他有多少岁，他就说：我偶尔会来到松树下，头枕石头睡觉。深山中没有日历，所以到了寒气消失的时候，我都不知道是哪年哪月。我连自己都不知道自己的年纪，怎么回答你呢？诗人这里以自己的隐居生活和山中的节气变化，向人们展示了一位不食人间烟火的高人形象。

村居苦寒
唐·白居易

八年十二月，五日雪纷纷。竹柏皆冻死，况彼无衣民！
回观村间间，十室八九贫。北风利如剑，布絮不蔽身。
唯烧蒿棘火，愁坐夜待晨。乃知大寒岁，农者尤苦辛。
顾我当此日，草堂深掩门。褐裘覆绝被，坐卧有余温。
幸免饥冻苦，又无垅亩勤。念彼深可愧，自问是何人？

绝（shī）：一种粗绸子。这首诗分两大部分。前一部分写农民在北风如剑、大雪纷飞的寒冬，缺衣少被，夜不能眠，他们是多么痛苦呵！后一部分写自己在这样的大寒天却是深掩房门，有吃有穿，又有好被子盖，既无挨饿受冻之苦，又无下田劳动之勤。诗人把自己的生活与农民的痛苦做了对比，深深感到惭愧和内疚，以致发出"自问是何人"的慨叹。

大寒时令谚语

有关大寒的谚语内容以大雪当日天气，预测后期的气象走势，以及来年庄稼收成情况为主，如：

大寒不寒，人马不安。

大寒不寒，春分不暖。

大寒不冻，冷到芒种。

大寒东风不下雨。

过了大寒，又是一年。

南风打大寒，雪打清明秧。

大寒见三白，农人衣食足。

大寒猪屯湿，三月谷芽烂。

大寒一夜星，谷米贵如金。

大寒到顶点，日后天渐暖。

大寒天气暖，寒到二月满。

大寒牛眠湿，冷至明年三月三。

南风送大寒，正月赶狗不出门。

大寒日怕南风起，当天最忌下雨时。

交了大寒就是雪，明年又是丰收年。

大寒雾，春头早；大寒阴，阴二月。

小寒不如大寒寒，大寒之后天渐暖。

数九寒天天不寒，来年田里少粮食。

主要参考书目

1. 周易
2. 史记
3. 全唐诗
4. 全宋词
5. 说文解字
6. 艺文类聚
7. 夏小正
8. 淮南子
9. 国语
10. 礼记
11. 后汉书
12. 黄帝内经
13. 天工开物
14. 大清通礼
15. 齐民要术
16. 本草纲目
17. 太平御览
18. 月令七十二候集解
19. 武林旧事　宋·周密
20. 东京梦华录　宋·孟元老
21. 帝京岁时纪胜　清·潘荣陛
22. 燕京岁时记　清·富察敦崇
23. 岁时广记　宋·陈元靓
24. 荆楚岁时记　南朝梁·宗懔
25. 吕氏春秋　秦·吕不韦
26. 通俗编　清·翟灏
27. 风土志　西晋·周处
28. 菽园杂记　明·陆容
29. 清嘉录　清·顾禄
30. 梦梁录　宋·吴自牧
31. 点石斋画报　近代·吴友如
32. 自习画谱大全　清·马骀
33. 芥子园画谱　清·佚名
34. 三才图会　明·王圻　王思义
35. 清俗纪闻　近代·方克
36. 北京民间风俗百图　清·佚名
37. 家常营养滋补药膳　日知生活　上海科学普及出版社　2007年
38. 中华养生药膳大全　黄兆胜　广东旅游出版社　2006年
39. 中国二十四节气药膳　彭铭泉　人民军医出版社　2007年
40. 药膳本草养生大全　郭桂明　张雪松　北京图书馆出版社　2006年
41. 四季养生药膳　三才文化　汕头大学出版社　2006年
42. 中国药膳大辞典　王者悦　大连出版社　2002年
43. 药膳滋补汤　蒋米琪　河南科学技术出版社　2005年
44. 家庭药膳　方宣城，程久兵　中医古籍出版社　2007年
45. 中华药膳大宝典　吴家镜　华南理工大学出版社　2006年
46. 中国民俗学　乌丙安　辽宁大学出版社　1985年
47. 台湾风俗志　片冈岩　众文图书公司　1987年
48. 中国谚语　郑勋列　郑晴　东方出版中心　1996年
49. 中华二十四节气　王修筑　气象出版社　2006年
50. 节令　黎亮　张琳琳　重庆出版社　2006年
51. 农业气象　李亚敏　化学工业出版社　2007年
52. 现代气象观测　张霭琛　北京大学出版社　2000年
53. 气象与农业生产300问　钮学新　浙江大学出版社　2008年
54. 耕云插雨话气象　江晓华　沙承璋　农村读物出版社　2004年
55. 细说汉字　左民安　九州出版社　2005年

56. 中国民俗通志　齐涛　山东教育出版社　2007年
57. 中国的民间节日　范玉梅　人民出版社　1986年
58. 农村节气与节日　樊增效　农村出版社　1985年
59. 中国传统节日　罗启荣　阳仁煊　科学普及出版社　1986年
60. 中华民俗风情博览　朱宁虹　中国物资出版社　2005年
61. 春俗大观　黄世堂　晏政风　湖北人民出版社　1994年
62. 中国民间禁忌　任骋　中国社会科学出版社　2004年
63. 中国民俗　蒯大申　祁红　安徽教育出版社　2002年
64. 新年风俗志　娄子匡　上海文艺出版社　1989年
65. 年节趣话　马宏智　陕西人民出版社　1982年
66. 立春风俗考　简涛　上海文艺出版社　1998年
67. 中国传统节日趣谈　李尚元　山东友谊出版社　1989年
68. 中国节气与节日　巫其祥　中国文联出版社　2002年
69. 山东民俗　山曼等　山东友谊出版社　1988年
70. 节日　纪念日　上海教育出版社　1993年
71. 中华文明　刘东　社会科学文献出版社　1994年
72. 北京的庙会民俗　习五一　北京出版社　1999年
73. 风俗探幽　陶思炎　东南大学出版社　1995年
74. 中国新年礼俗　黄景春　上海辞书出版社　2001年
75. 中国传统节日文化　杨琳　宗教文化出版社　2000年
76. 岁时佳节记趣　殷登国　广西人民出版社　1987年
77. 中国民俗采英录　丘桓兴　湖南文艺出版社　1987年
78. 中华全国风俗志　胡朴安　河北人民出版社　1986年
79. 中国风俗辞典　叶大兵　乌丙安　上海辞书出版社　1990年
80. 中国少数民族节日　胡起望　项美珍　商务印书馆　1996年
81. 中国古代节日文化　宋兆麟　李露露　文物出版社　1991年
82. 老北京的年节　常人春　陈燕京　中国城市出版社　2000年
83. 古今中外节日大观　梁全智　梁黎　山西人民出版社　1985年
84. 二十四节气与养生　望岳　吉林科学技术出版社　2007年
85. 二十四节气美味家常菜　李颖　科技文献出版社　2008年
86. 曲敏黎养生十二说　曲敏黎　中国对外翻译出版社　2008年
87. 古代天文历法讲座　张闻玉　广西师范大学出版社　2008年
88. 最新实用万年历　牛秀珍　中医古籍出版社　2005年
89. 阴阳干支万年历　李海燕　河北人民出版社　2005年
90. 二十四节气与农业生产　韩湘铃　马思延　金盾出版社　1991年
91. 二十四节气与农事活动　李士高　陕西科学技术出版社　2007年
92. 中国地方志民俗资料汇编　丁世良　赵放　北京图书馆出版社　1989年